U0117725

多媒体设计与制作技术

蔡永华 主编

于万国 孟伟 尚宇辉 李铁松 副主编

清华大学出版社

北京

内 容 简 介

本书由多媒体设计技术基础入手,系统地介绍了 Authorware 7.0 各种功能的使用方法,内容安排由浅入深,突出"理论与实例"相结合,具有理论够用、实例丰富的特点。

本书共 9 章,分别讲述计算机多媒体的基本概念、基本原理、多媒体信息和多媒体关键技术;多媒体制作软件 Authorware 7.0 的具体使用和设计方法;Authorware 7.0 综合程序设计制作实例及打包发布过程;艺术字的制作、平面图像设计、特效文字的制作、二维动画的制作、三维素材的制作、抓图和视频转换工具等多媒体素材采集软件的应用方法。

本书以实例驱动知识点,力求做到基础理论与实例有效结合、内容丰富、步骤清晰,并从课堂教学实际、实用性、易掌握性出发,精心设计短小精悍、简单易懂的经典实例,以便读者牢固掌握每一节的主要内容。

本书可作为高等院校、高等职业技术院校的多媒体设计课程的教材,尤其适合于广大的师范类院校学生加强实践应用,进一步提升素质教育。同时也可作为从事多媒体创作及相关工作人员的参考资料,以及多媒体制作技术的培训教程。

图书在版编目(CIP)数据

多媒体设计与制作技术/蔡永华主编.--北京:清华大学出版社,2011.4
(21 世纪高等学校规划教材·计算机应用)
ISBN 978-7-302-24750-0

Ⅰ. ①多…　Ⅱ. ①蔡…　Ⅲ. ①多媒体-软件工具,Authorware 7.0　Ⅳ. ①TP311.56

中国版本图书馆 CIP 数据核字(2011)第 026158 号

责任编辑:魏江江
责任校对:白　蕾
责任印制:王秀菊

出版发行:清华大学出版社　　　　　　　地　　　址:北京清华大学学研大厦 A 座
　　　　　http://www.tup.com.cn　　　邮　　　编:100084
　　　　　社　总　机:010-62770175　　邮　　　购:010-62786544
　　　　　投稿与读者服务:010-62795954,jsjjc@tup.tsinghua.edu.cn
　　　　　质　量　反　馈:010-62772015,zhiliang@tup.tsinghua.edu.cn
印 装 者:北京市清华园胶印厂
经　　销:全国新华书店
开　　本:185×260　印　张:19.5　字　数:472 千字
版　　次:2011 年 4 月第 1 版　　印　次:2011 年 4 月第1次印刷
印　　数:1~3000
定　　价:29.50 元

产品编号:038166-01

编审委员会成员

出 版 说 明

随着我国改革开放的进一步深化,高等教育也得到了快速发展,各地高校紧密结合地方经济建设发展需要,科学运用市场调节机制,加大了使用信息科学等现代科学技术提升、改造传统学科专业的投入力度,通过教育改革合理调整和配置了教育资源,优化了传统学科专业,积极为地方经济建设输送人才,为我国经济社会的快速、健康和可持续发展以及高等教育自身的改革发展做出了巨大贡献。但是,高等教育质量还需要进一步提高以适应经济社会发展的需要,不少高校的专业设置和结构不尽合理,教师队伍整体素质亟待提高,人才培养模式、教学内容和方法需要进一步转变,学生的实践能力和创新精神亟待加强。

教育部一直十分重视高等教育质量工作。2007 年 1 月,教育部下发了《关于实施高等学校本科教学质量与教学改革工程的意见》,计划实施"高等学校本科教学质量与教学改革工程(简称'质量工程')",通过专业结构调整、课程教材建设、实践教学改革、教学团队建设等多项内容,进一步深化高等学校教学改革,提高人才培养的能力和水平,更好地满足经济社会发展对高素质人才的需要。在贯彻和落实教育部"质量工程"的过程中,各地高校发挥师资力量强、办学经验丰富、教学资源充裕等优势,对其特色专业及特色课程(群)加以规划、整理和总结,更新教学内容、改革课程体系,建设了一大批内容新、体系新、方法新、手段新的特色课程。在此基础上,经教育部相关教学指导委员会专家的指导和建议,清华大学出版社在多个领域精选各高校的特色课程,分别规划出版系列教材,以配合"质量工程"的实施,满足各高校教学质量和教学改革的需要。

为了深入贯彻落实教育部《关于加强高等学校本科教学工作,提高教学质量的若干意见》精神,紧密配合教育部已经启动的"高等学校教学质量与教学改革工程精品课程建设工作",在有关专家、教授的倡议和有关部门的大力支持下,我们组织并成立了"清华大学出版社教材编审委员会"(以下简称"编委会"),旨在配合教育部制定精品课程教材的出版规划,讨论并实施精品课程教材的编写与出版工作。"编委会"成员皆来自全国各类高等学校教学与科研第一线的骨干教师,其中许多教师为各校相关院、系主管教学的院长或系主任。

按照教育部的要求,"编委会"一致认为,精品课程的建设工作从开始就要坚持高标准、严要求,处于一个比较高的起点上;精品课程教材应该能够反映各高校教学改革与课程建设的需要,要有特色风格、有创新性(新体系、新内容、新手段、新思路,教材的内容体系有较高的科学创新、技术创新和理念创新的含量)、先进性(对原有的学科体系有实质性的改革和发展,顺应并符合 21 世纪教学发展的规律,代表并引领课程发展的趋势和方向)、示范性(教材所体现的课程体系具有较广泛的辐射性和示范性)和一定的前瞻性。教材由个人申报或各校推荐(通过所在高校的"编委会"成员推荐),经"编委会"认真评审,最后由清华大学出版社审定出版。

目前,针对计算机类和电子信息类相关专业成立了两个"编委会",即"清华大学出版社计算机教材编审委员会"和"清华大学出版社电子信息教材编审委员会"。推出的特色精品教材包括:

(1) 21世纪高等学校规划教材·计算机应用——高等学校各类专业,特别是非计算机专业的计算机应用类教材。

(2) 21世纪高等学校规划教材·计算机科学与技术——高等学校计算机相关专业的教材。

(3) 21世纪高等学校规划教材·电子信息——高等学校电子信息相关专业的教材。

(4) 21世纪高等学校规划教材·软件工程——高等学校软件工程相关专业的教材。

(5) 21世纪高等学校规划教材·信息管理与信息系统。

(6) 21世纪高等学校规划教材·财经管理与计算机应用。

(7) 21世纪高等学校规划教材·电子商务。

清华大学出版社经过二十多年的努力,在教材尤其是计算机和电子信息类专业教材出版方面树立了权威品牌,为我国的高等教育事业做出了重要贡献。清华版教材形成了技术准确、内容严谨的独特风格,这种风格将延续并反映在特色精品教材的建设中。

清华大学出版社教材编审委员会

联系人:魏江江

E-mail:weijj@tup.tsinghua.edu.cn

前　言

多媒体技术诞生于 20 世纪末,是一种多学科交叉的综合技术,是近年来发展最为迅速的高新技术之一。超大规模集成电路的密度和速度的提高,大容量光盘的出现,高速通信的实现,给计算机的多媒体化奠定了物质基础。多媒体技术作为一门重要学科,为传统计算机技术带来了深刻的变革,使计算机具有综合处理文本、图形、图像、动画、音频和视频的能力,从而更贴近生活,更好地服务于社会。

将多媒体技术引入计算机辅助教育领域,不仅可以灵活地产生、集成、存储和运用多种媒体信息,更可以有效地增强教育过程中的人机交互能力和知识表达能力,从而显著地提高课件综合质量。多媒体技术在教育中的应用,将成为今后 CAI 研究的重点领域。

Authorware 是美国 Macromedia 公司的产品,自 1987 年问世以来,获得的奖项不计其数,其面向对象、基于图标的设计方式,使多媒体开发不再困难。Authorware 版本不断更新,功能不断增强,当前广泛使用的版本为 Authorware 7.0。

本书系统地介绍了 Authorware 7.0 各种功能的使用方法,内容安排由浅入深,使读者可以逐步深入了解 Authorware 7.0。在内容编写方面,突出"理论与实例"相结合,具有理论够用、实例丰富的特点,以实现低层次的计算机基础教育向高层次的计算机应用与研究教育的转化。本书适合于多媒体创作者使用,尤其适合于广大的师范类院校学生加强实践应用,进一步提升素质教育。

本书共分 9 章,第 1 章主要阐述计算机多媒体的基本概念、基本原理、多媒体信息和多媒体关键技术;第 2~7 章主要讲述多媒体制作软件 Authorware 7.0 的具体使用和设计方法,是全书的重点部分;第 8 章讲述了 Authorware 7.0 综合程序设计制作实例及打包发布过程,通过本章的学习可以系统地掌握 Authorware 7.0 程序设计的方法和技术;第 9 章主要讲述艺术字的制作、平面图像设计、特效文字的制作、二维动画的制作、三维素材的制作、抓图软件和视频转换工具的应用等方法。

本书的写作大纲、统稿和审稿工作由蔡永华完成。本书第 1~4 章和附录由蔡永华编写,第 5、6 章由孟伟编写,第 7、8 章由于万国编写,第 9 章由尚宇辉编写,图片处理、素材整理由李铁松完成,另外,郝金声也参与了部分图片的处理、素材的整理及校稿等工作,在此向他们表示由衷的感谢。

由于时间仓促,加之作者水平有限,书中难免会有不足或疏漏,恳请各位读者不吝指正。

编　者
2011 年 1 月

目 录

第1章
多媒体信息与多媒体技术基础

在经济全球化、信息社会化、产业知识化的大趋势下,学习和掌握一定的信息知识、信息处理技能是非常必要的。多媒体信息的应用越来越广泛,多媒体给人们的工作和生活增添了许多异彩。

多媒体技术是集文字、声音、图形、图像、音频、视频、动画和计算机技术于一体的综合技术。它以计算机软硬件技术为主体,包括数字化信息技术、音频和视频技术、通信和图像处理技术以及人工智能技术和模式识别技术等。因此多媒体技术是一门多学科多领域的高新技术,多媒体技术是本世纪信息技术研究的热点之一。

1.1 多媒体基本概念

系统理论家早就告诉人们,世界上任何对象(如人、动物、植物、机器或其他任何东西)都只能处理三类基本的东西:原料、能源和信息。原料和能源是容易看得到的,而信息总是充当一个看不见的角色,却"默默无闻"地发挥着无比重要的而且越来越重要的作用。从基因遗传密码,到人类为传递信息而创造出的无比复杂的语言;从地外星系传来的各种宇宙信号到商业经济情报,信息的巨大物化力量正通过信息的共享特性得到充分体现,以计算机网络技术和多媒体技术为代表的信息技术正将我们带入信息时代。

1.1.1 媒体

所谓"媒体"是指承载信息的载体,根据 CCITT 的定义,"媒体"有以下 5 种:感觉、表示、显示、存储、传输媒体。其核心是表示媒体的存在形式和表现形式,如数值、文字、声音、图形、图像等。这个术语早期被称为"媒介",以示与信息的存储实体(如磁盘、光盘、纸张等"媒体")和传播信息的介质(如电缆、光缆、无线电波等"媒质")以及表现信息的设备(如显示器、打印机、扬声器等)的区别。后来由于译法的原因,也就统称为"媒体"了。

1.1.2 多媒体

"多媒体"一词引自视听工业,它是英文"multimedia"的译文,与多媒体相对应的一词叫单媒体"monomedia"。从文字上理解"多媒体"就是"多种媒体的综合",那么相关的技术也就是"怎样进行多种媒体的综合的技术"了。但到目前为止,对于多媒体有多种不同的说法,很不统一。正因为如此,很多人往往会提出以下一些问题:电视算不算多媒体? 可视图文呢？各种家电的组合呢？各种彩色画报呢？为什么以前也有计算机图形、图像，而不称为多媒体呢？多媒体究竟是指多种媒体呢，还是指处理多媒体的系统呢？

实际上，"多媒体"常见的形式有文字、图形、图像、声音、动画、视频等，那些可以承载信息的程序、过程或活动也是媒体。对多媒体含义的描述是：使用计算机交互式综合技术和数字通信技术处理多种表示媒体——数值、文本、图形、图像、声音、动画和视频，使多种信息建立逻辑连接，集成为一个交互系统。多媒体系统是指用计算机和数字通信网络技术来处理和控制多媒体信息的系统。

1.1.3　多媒体主要特性

多媒体的主要特性有：多样性、集成性和交互性。

多媒体的"多样性"指的是信息载体的多样化、多维化，把计算机所能处理的信息空间范围扩展和放大，而不再局限于数值、文本或是被特别对待的图形或图像。利用计算机技术可以综合处理文字、声音、图形、图像、动画、视频等多种媒体信息，从而创造出集多种表现形式为一体的新型信息处理系统，使用户更全面、更准确地接收信息。

多媒体的"集成性"，即指多媒体信息媒体的集成和处理这些媒体设备的集成，对于前者，这种集成包括信息的多通道统一获取、统一储存和组织、多媒体信息表现合成等方面。总之，不应对单一形态进行获取、加工和理解，而应更加看重媒体之间的关系及其所蕴含的大量的信息。对硬件来说，多媒体的各种设备应该成为一体，对软件来说应该有集成一体化的多媒体操作系统、适合于多媒体信息管理和使用的软件系统和创作工具以及各类应用软件。

多媒体的"交互性"，将为各种应用提供更为有效的控制和使用信息的手段。交互可以增加对信息的注意力和理解，延长信息保留的时间。当交互性引入时，"活动"本身作为一种媒体便介入了信息转变为知识的过程。借助这种活动，我们可以获得更多的信息。

1.1.4　多媒体分类

多媒体根据其不同的抽象程度可分成若干层次，每一层次又可具体分为不同的媒体类型，其分类如图 1-1 所示。

在多媒体软件设计和制作过程中，经常要采用的多媒体素材主要有文字、声音、图形、图像、音频、视频和动画等。

- 文字：包括符号和语言文字两种类型，它们是用以传递媒体信息的最为主要的媒体类型。在多媒体软件中适当地使用简洁的符号和语言文字，可以更加精确地表达相应的媒体信息。
- 声音：在多媒体软件中经常使用的主要是语音和音乐，它们都是人类在生活、生产实践中创造出来的高度抽象化的声音符号。语音一般用来对多媒体软件中比较抽象或难以理解的内容进行适当的解说，而音乐通常用来为多媒体软件创造一种愉快、轻松、和谐的背景环境。
- 图形：又称矢量图，它是对图像进行抽象化的结果，以指令集合的形式来描述反映图像最重要的特征，这些指令描述一幅图中所包含的直线、圆、弧线、矩形的大小和形状，也可以用更为复杂的形式来表示图像中曲面、光照、材质等效果。在计算机上显

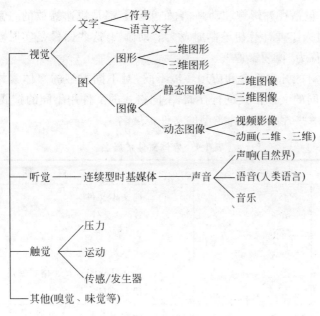

图 1-1　多媒体分类图

示一幅矢量图时,需要使用专门的软件读取并解释相应的指令,然后将这些指令表示的内容还原到计算机屏幕上。由于矢量图是采用数学方法来描述的,不仅能对图形进行随意的移动、旋转、放大、缩小、扭曲、变形等操作并保持图形不失真,而且去掉了一些不相关的信息,使得图形的数据量大大减少。矢量图原图及其放大图,如图 1-2 所示。

- 静态图像:又称位图,一幅图像就如一个矩阵,矩阵中的每一个元素(称为一个像素)对应于图像中的一个点,而相应的值对应于该点的灰度(或颜色)等级,当灰度(或颜色)等级越多时,图像就越逼真。位图适合表现层次和色彩比较丰富,包含大量细节,具有复杂的颜色、灰度或形状变化的图。分辨率是影响位图质量的重要因素,它有三种形式:屏幕分辨率,指某一特定显示方式下,以水平的和垂直的像素表示全屏幕的空间;图像分辨率,指图像在水平和垂直方向上单位尺寸内的像素个数;像素分辨率,指一个像素的长和宽的比例。由于位图是采用像素点阵组成画面,图像的数据量通常比较大,而且对其进行缩放时会引起图像的明显失真,如放大到一定程度会出现“马赛克”现象。位图原图及其放大图,如图 1-3 所示。

图 1-2　矢量图原图及其放大图

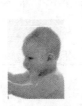
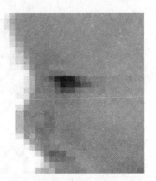

图 1-3　位图原图及其放大图

- 动态图像：包括视频影像和动画，它们实质上都是快速播放的一系列静态图像。这些图像通过人工或计算机绘制时，称为"动画"；这些图像是实时获取的人文和自然景物图时，称为"视频影像"。

由于多媒体素材的开发平台和应用环境不同，对不同类型的媒体素材或者同种媒体素材往往都会采用不同的文件格式进行存储，不同格式的文件用不同的扩展名来加以区别，如表 1-1 所示列出了一些常用的媒体类型的文件扩展名。

表 1-1　媒体文件扩展名

媒体类型	文件扩展名	说　　明
文字	txt	纯文本文件
	doc	Word 文件
	wps	WPS 文件
	wri	写字板文件
	rtf	Rich Text Format 格式文件
	hlp	帮助信息文件
声音	wav	标准 Windows 声音文件
	mid(rmi)	乐器数字接口的音乐文件
	mp3	MPEG Layer Ⅲ 声音文件
	au(snd)	Sun 平台的声音文件
	aif	Macintosh 平台的声音文件
	vqf	最新的 NTT 开发的声音文件
图形图像	bmp	Windows 位图文件
	pcx	Zsoft 的位图文件
	gif	图形交换格式文件
	jpg	JPEG 压缩的位图文件
	tif	标记图像格式文件
	eps	PostScript 图像文件
	psd	Photoshop 中自建的标准文件格式
动画	gif	图形交换格式文件
	flc	Autodesk 的 Animator 文件
	fli	Autodesk 的 Animator 文件
	swf	Macromedia 的 Flash 动画文件
	mmm	Microsoft Multimedia Movie 文件
视频影像	avi	Windows 视频文件
	mov	Quick Time 视频文件
	mpg	MPEG 视频文件
	dat	VCD 视频文件
	ram(ra、rm)	RealAudio 和 RealVideo 的流媒体文件
	asf	Microsoft Media Server 的流媒体文件

1.2　多媒体信息

1.2.1　图形、图像的基本概念

1. 图形与图像的区别

在计算机图形学中,图形(Graphics)和图像(Image 或 Picture 等)这两个概念是有区别的:图形一般指用计算机绘制(Draw)的基本几何图形,如直线、圆、圆弧、矩形和任意曲线等;图像则指由扫描仪、数码相机、数字化设备等输入的实际场景画面。在计算机中,图形是矢量的概念,它的基本元素是图元,也就是图形指令,而图像是位图的概念,它的基本元素是像素。

- 矢量图:图形的内容通过一组指令来描述,再通过专门的软件将图形的指令转换成可在屏幕上显示的形状和颜色。存储量小、变换不失真是矢量图形的最大优点。在微型计算机上常用的矢量图形的文件类型有.3DS、.DXF 和.WMF 等。
- 位图:由数字阵列信息组成,阵列中的各个数字用来描述构成图像的各个像素点的强度和颜色等信息。位图适合于表现含有大量细节的画面,与矢量图相比,位图占用的存储空间较大。
- 图像的指标:决定位图质量的主要因素有分辨率和颜色深度等。
- 图像分辨率:指图像在水平与垂直方向上单位尺寸内的像素个数。分辨率越高,显示图像的逼真度和清晰度越高。
- 颜色深度:位图图像中各像素的颜色信息用若干数据位来表示,这些数据位的个数称为图像的颜色深度,如颜色深度为 1 的图像只能有两种颜色(黑色和白色),深度为 24 的图像有 16 兆种颜色,如表 1-2 所示。

表 1-2　颜色深度与显示的颜色数目

颜色深度	颜 色 总 数	图 像 名 称
1	2^1 即 2	单色图像
4	2^4 即 16	索引 16 色图像
8	2^8 即 256	索引 256 色图像
16	2^{16} 即 65 536	HI-Color 图像
24	2^{24} 即 16 772 216	True Color 图像(真彩色)

2. 图形、图像格式

在实际设计和应用中,由如下几种方式得到图形和图像。

- 多媒体计算机中通过彩色扫描仪,可把各种印刷图像和彩色照片数字化后,送到计算机存储器中;
- 可通过视频信号采集卡把摄像机、录像机等中的彩色全电视信号数字化后,存到计算机存储器中;
- 计算机本身也可以通过各种软件,生成二维、三维几何图形、图像,存在计算机存储器中。

采用上述方式形成的数字化图形、图像,都以文件的形式存储在计算机存储器中。目前比较流行的图形、图像的文件格式有:GIF、TIF、TGA、BMP、PCX、JPG/PIC、PCD 等。

- BMP 位图格式:最典型的应用 BMP 格式的程序就是 Windows 的画笔。文件几乎不压缩,占用磁盘空间较大,它的颜色存储格式有 1 位、4 位、8 位及 24 位,该格式是当今应用比较广泛的一种格式。
- GIF 格式:该图形格式在 Internet 上被广泛地应用,原因主要是最多支持 256 种颜色已经能满足网页设计的需要,而且文件较小,非常适合网络传输和使用。
- JPEG 格式:可以用不同的压缩比例对这种文件压缩,其压缩技术十分先进,对图像质量影响不大,因此可以用最少的磁盘空间得到较好的图像质量。
- PCX 格式:PCX 格式是 Zsoft 公司在开发图像处理软件 Paintbrush 时开发的一种格式,存储格式从 1 位到 24 位,它是经过压缩的格式,占用磁盘空间较少。由于该格式出现的时间较长,并且具有压缩及全彩色的能力,所以 PCX 格式现在仍是十分流行。
- PSD 格式(Photoshop 格式):Adobe 公司开发的图像处理软件 Photoshop 中自建的标准文件格式就是 PSD 格式,在软件所支持的各种格式中,PSD 格式存取速度比其他格式快很多,功能也很强大。由于 Photoshop 软件越来越广泛地应用,所以这个格式也逐步流行起来。PSD 格式是 Photoshop 的专用格式,可以存储图层、通道、遮罩等多种设计信息。
- TIFF 格式:TIFF 格式具有图形格式复杂、存储信息多的特点。3DS、3DS MAX 中的大量贴图就是 TIFF 格式的。TIFF 最大色深为 32 位,可采用 LZW 无损压缩方案存储。
- PNG 格式:PNG(Portable Network Graphics)是一种新兴的网络图形格式,结合了 GIF 和 JPEG 的优点,具有存储形式丰富的特点。PNG 最大色深为 48 位,采用无损压缩方案存储。著名的 Macromedia 公司的 Fireworks 的默认格式就是 PNG。
- SVG 格式:SVG 是 Scalable Vector Graphics 的缩写,含义是可缩放的矢量图形。它是一种开放标准的矢量图形语言,可设计高分辨率的 Web 图形页面。该软件提供了制作复杂元素的工具,如渐变、嵌入字体、透明效果、动画和滤镜效果,并且可使用平常的字体命令插入到 HTML 编码中。开发 SVG 的目的是为 Web 提供非栅格的图像标准。

1.2.2　色彩的基本概念

在美术绘画中常称红、黄、蓝三色为三原色,而把两种原色混合起来可以产生橘黄、绿、紫三种次色。把一种原色和一种次色混合起来,可以得到三次色。但色彩在计算机屏幕上不是这样显示的,在纸上也不是这样印刷的。

一般来说,绘画三原色红、黄、蓝是在白色的背景上涂以色彩,计算机三基色红、绿、蓝则是在黑色的背景着色。它们本质的区别在于:绘画中的色彩显示是通过吸收光而产生的,如绘画中的红苹果是因为颜料吸收除红色以外的光,所以显示红色。而计算机却是通过电子枪发射能量不同的电子流轰击屏幕内壁的荧光层时,激发出不同颜色、不同亮度的色彩。

通常所看到的颜色含有更丰富的内容,颜色的三要素包括亮度、色调和饱和度。

- 亮度:亮度是表示人的眼睛所感觉到的颜色明亮程度的物理量。人的眼睛对于亮度的感觉是和颜色的不同光谱分布有关的。相同强度的各种颜色照到人眼上,对不同的颜色的亮度感觉却不同,实验证明:人的视觉对各种颜色的亮度感觉是按白、黄、青、绿、紫、红、蓝、黑的顺序逐渐降低的。

- 色调:色调是表示颜色的种类,是当人眼看到一种或多种波长的光时所产生的彩色感觉,它取决于颜色的波长,是决定颜色的基本特性。

- 饱和度:饱和度是表示颜色浓或淡的程度的物理量,它是按各种颜色混入白色光的比例来表示的。100%饱和度的颜色就是完全没有混入白色光的单色光,饱和度越高,感觉到颜色也就越浓,颜色越鲜明或说越纯。如果大量混入白色光,则使饱和度降低。饱和度还和亮度有关,因为若在饱和的彩色光中增加白光的成分,彩色变得更亮,但饱和度却降低了。

通常把色调和饱和度通称为色度,亮度表示某彩色光的明亮程度,而色度则表示颜色的类别与深浅程度。

彩色可用亮度、色调和饱和度来描述,人眼看到的任一彩色光都是这三个特性的综合效果。亮度是光作用于人眼时所引起的明亮程度的感觉,它与被观察物体的发光强度有关。如果彩色光的强度降到使人看不到了,在亮度标尺上它应与黑色对应。同样,如果其强度变得很大,那么亮度等级应与白对应。对于同一物体,照射的光越强,反射光也越强,不同的物体在相同照射情况下,反射越强者看起来越亮。此外亮度感还与人类视觉系统的视敏函数有关,即便强度相同,不同颜色的光当照射同一物体时也会产生不同的亮度。

1. 颜色与视觉

无论哪一种视觉媒体形式,都是通过人的眼睛接收的,视觉的特性对媒体信息的处理和传递起了相当大的作用。

1) 颜色现象

颜色视觉是一种高级的智能活动。许多动物的视觉比人类要好,例如,在分辨率方面,鹰眼睛的分辨率就比人要高,它能在高空看到地上的小猎物;而人类视觉的色彩分辨能力比大多数动物好,人能分辨波长相差 4~5m 的不同颜色,而猫却辨别不出波长相差 40~50m 的不同颜色。

- 可见光:电磁波的范围很宽,但可见光仅占其中很小的一部分,波长从 380nm~780nm。颜色与波长有关,不同波长光呈现不同颜色,随着波长的减小,可见光颜色依次为红、橙、黄、绿、青、蓝、紫。只有单一波长成分的光称为单色光,含有两种以上波长成分的光称为复合光。人眼感受到复合光的颜色是组成该复合光之单色光所对应颜色的混合色。在辐射功率相同的条件下,不同波长的光不仅给人不同的彩色感觉而且也给人不同的亮度感觉。人眼一般感到红光最暗,蓝光次之,而黄绿光最亮。

- 视觉颜色:是外界刺激作用于人的视觉器官而产生的感觉。人的感觉习惯是色调、强度、饱和度。人的视觉对蓝色的分辨率较高,对绿色的分辨率较低。

- 注视点:人在观察媒体的时候,注视点集中在图像的黑白交界处或拐弯处、运动变化部分及图像中特别不规则的部分。

- 视野范围：人眼的视野相当宽广，左右视角约为$180°$，上下约$60°$。但视力好的部位仅限于$2°\sim3°$，可用于视觉媒体细节的观察。而在周边，则主要识别特征。
- 视觉范围及对比灵敏度：视觉范围指的是人眼所能感觉到的亮度范围。这个范围非常宽，但人眼并不能同时感受。在平均亮度适中时，能感受的亮度上、下限之比为$1000:1$。对于不同亮度的背景，人眼能察觉到的最小亮度差异也不同。人眼分辨亮度的能力与背景亮度有关，也就是对比灵敏度不同。对比度$Cont=B_{max}/B_{min}$是视觉媒体的一个重要参数，它的含义指出重现图像的亮度无需等于实际图像的亮度，只需保持$Cont$不变就可以了。人眼不能分辨的亮度差别也不用在重现时复制，这个规律对于图像传输等通信场合的应用十分重要。

2）颜色的反射和吸收

光照到物体表面的作用分两部分：一是界面反射，反射光源的光谱；二是深入内部，它又包括本体反射和被吸收的部分。本体反射是指光进入表面被染料粒子反射——漫反射，反映了物体固有的颜色。吸收是指只反射与材料自身相同波长的光，而其他光则被吸收。

人们要辨别物体的颜色，应想办法去掉界面的反射，剩下本体反射，才能获得物体自身的颜色。

同一个颜色信号（RGB）在不同的显示器上显示的颜色不同，原因是它显示的是设备的显示色，而不是信号的真正颜色，所以要对各个显示器作必要的标定——校正。

3）颜色立体

从三棱镜的分色可以知道，颜色的渐变为红-橙-黄-绿-青-蓝-紫。其中红与橙之间的差异小，红与黄之间的差异变大，红与绿之间的差异更大，但红与紫之间的差异又变小了，这种现象称为颜色的牛顿环。可见，由白到黑的变化是灰度的直线关系，而彩色为环形关系，这就形成了颜色的纺锤体，如图1-4所示。

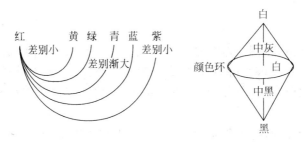

图1-4　颜色的渐变关系与纺锤体模型

颜色之间差别最大的是互补色，互补色（饱和的）以一定的比例混合便产生白光。但应注意，准确的说法不能简单地说红与绿是互补色，而应该说是什么波长的颜色与什么波长的颜色是互补色。

2. 彩色空间表示

在一个典型的多媒体计算机系统中，常常涉及用几种不同的彩色空间表示图形和图像的颜色，如计算机显示时采用RGB彩色空间；彩色印刷时采用CMYK彩色空间；彩色全电视信号数字化时采用 YUV 彩色空间；为了便于彩色处理和识别，视觉系统又经常采用 HIS 彩色空间。

彩色图像进入计算机是多媒体计算机处理图像信息的第一步。一幅彩色图像可以看成是二维连续函数 f(x,y)，其颜色是位置(x,y)的函数。从二维连续函数到离散的矩阵表示，涉及不同的空间位置。取亮度和颜色值作为样本，并用一组离散的整数值表示，这一过程包含两个子过程，前者叫采样，后者叫量化，统称为数字化。

1) 加性色彩和减性色彩

牛顿发现白光经过三棱镜后分解出红、绿、蓝三种分量，而在没有光线的黑暗区域把适量的红、绿、蓝三色加在一起形成白色。也可以用不同量的红、绿、蓝三种颜色产生各种不同的色彩，所以红、绿、蓝三色称为加性原色。

加性原色主要用于产生透射色。显示器和扫描仪等设备均利用有色光，通过把不同量的红、绿、蓝三种分量组合起来，产生各种色彩。

颜料有选择地吸收(或减去)一些颜色的光，并反射其他颜色的光。当物体把所有波长的光都反射回来，得到的反射光是白光，当加入不同量的青、品红和黄色三种颜料之后，就可以得到不同的颜色，而加入适量的青色、品红色和黄色就可以得到黑色。

由于青色、品红色和黄色吸收与其互补的加性原色，所以把青色、品红色和黄色这几种颜色叫做减性色彩。彩色印刷设备利用减性原色产生各种色彩。颜料的色彩取决于吸收和反射的光的波长。黄色颜料吸收蓝光，反射红光和绿光；青色颜料吸收红光，反射绿光和蓝光。

加性色彩和减性色彩也是互补色的关系，加性色彩和减性色彩及其混合色彩的关系如图 1-5 所示。

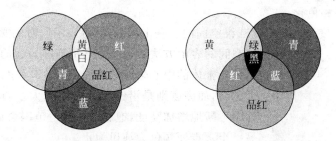

图 1-5 加性色彩、减性色彩及混合色彩

2) 三基色(RGB)原理

自然界常见的各种颜色光，都可由红(R)、绿(G)、蓝(B)三种颜色光按不同比例相配而成，同样绝大多数颜色光也可以分解成红、绿、蓝三种色光，这就是色度学中的最基本原理：三基色原理。当然三基色的选择不是唯一的，也可以选择其他三种颜色为三基色，但是，三种颜色必须是相互独立的，即任何一种颜色都不能由其他两种颜色合成。由于人眼对红、绿、蓝三种色光敏感，由这三种颜色相配所得的彩色范围也最广，所以一般都选这三种颜色作为基色。

把三种基色光按不同比例相加称之为相加混色，由红、绿、蓝三基色进行相加混色的情况如下：

$$红色＋绿色＝黄色$$
$$红色＋蓝色＝品红$$
$$绿色＋蓝色＝青色$$
$$红色＋绿色＋蓝色＝白色$$

黄色、品红和青色为相加二次色，此外还可以看出：

$$红色＋青色＝绿色＋品红＝蓝色＋黄色＝白色$$

所以称青色、品红和黄色分别是红、绿、蓝三色的补色。

由于人眼对于相同程度单色光的主观亮度感觉不同，所以，用相同亮度的三基色混色时，如果把混色后所得色光亮度定为 100％ 的话，那么人的主观感觉是绿光仅次于白光是三基色中最亮的。红光次之，亮度约为绿光的一半；蓝光最弱，亮度约为红光的 1/3。当白光的亮度用 Y 来表示时，它和红、绿、蓝三色光的关系可用如下的方程描述：

$$Y＝0.299R＋0.587G＋0.114B$$

这是常用的亮度公式，它是根据美国国家电视制式委员会 NTSC 制式推导得到的，如果采用 PAL 电视制式时，白光的亮度公式将作如下改动：

$$Y＝0.222R＋0.707G＋0.071B$$

公式不同的原因是由于所选取的显示三基色不同，三基色亮度比例等于合成补色的基色亮度比例之和。

3）色彩模型

一个比较好的描述彩色的模型采用色调、饱和度和亮度来描述，这三个分量定义了一个彩色空间，即一个三维模型，其中一条轴用以表示色调，一条轴用以表示饱和度，一条轴用以表示亮度。

4）色彩空间和色轮

把色调、饱和度和亮度当作三维空间的三条坐标轴，就可表示所有的彩色。最普遍的彩色空间的表示方法就像两个底部连在一起的直立圆锥体。色调是绕锥体的中心轴线径向分布的，饱和度是离中心轴线越远越大，而亮度则是沿锥体越向上越大。如果从锥体的中心开始不断地增加亮度，饱和度的取值范围会逐渐减小，直到在另一个顶点处颜色为纯黑为止。

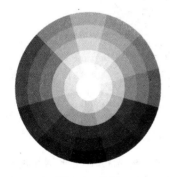

图 1-6　色轮

色轮是表示颜色的另一种通用的方法，事实上，它是彩色空间的一个横截面。在色轮中没有考虑颜色的亮度，轮周上的各个点分别代表红、橙、黄、绿、青、蓝、紫这样一种渐变的色调，而离色轮的中心越远，即越靠近边沿，颜色的饱和度越大。位于色轮直径两端的颜色为互补色。色轮如图 1-6 所示。

3. 彩色空间的表示及转换

离散化一幅彩色图像，是要把连续函数 $f(x,y)$ 在空间坐标和彩色幅度上离散化。空间坐标 x、y 的离散化分格通常取 128、256、512 或 1024，而彩色幅度如何变化，主要取决于所选的彩色空间。

彩色空间有以下几种：

1) BGB 彩色空间

计算机的彩色显示器的输入需要 R、G、B 三个彩色分量,通过三个分量的不同比例,在显示屏幕上合成所需要的任意颜色。在 RGB 彩色空间,任意彩色光(F)的配色方程可表达为

$$F=r[R]+g[G]+b[B]$$

式中,r、g、b 为三色系数,r[R]、g[G]、b[B]为 F 色光的三色分量。任意一种色光,它的色度可由相对色系数中的任意两个确定。因此,各种彩色的色度可以用二维函数表示。用 r 和 g 作为直角坐标系中两个直角坐标所画的各种色度的平面图形叫 RGB 色度图。

2) YUV 和 YIQ 彩色空间

现代彩色电视系统中,彩色信号经分色棱镜分成 R_0、G_0、B_0 三个分量的信号,分别经放大和 V 校正得到 RGB 信号,再经过变换电路得到亮度信号 Y、色差信号 R-Y 和 B-Y,最后发送端将 Y、R-Y 及 B-Y 三信号进行编码,用同一信道发送出去,这就是常用的 YUV 彩色空间。采用 YUV 彩色空间的好处是:一方面亮度信号 Y 解决了彩色电视机与黑白电视机的兼容问题;另一方面对色度信号 U、V,可以采用"大面积着色原理"。用亮度信号 Y 传送细节,用色差信号 U、V 进行大面积涂色。因此彩色图像的清晰度由亮度信号的带宽保证(PAL 制亮度信号 Y 的带宽采用 4.43MHz),而把色度信号的带宽变窄(PAL 制色度信号带宽限制在 1.3MHz)。

多媒体计算机中采用了 YUV 彩色空间,数字化后通常为 Y:U:V=8:1:1 或者是 Y:U:V=8:2:2,实现方法是处理亮度信号 Y,将每个像素都数字化为 8 位(256 级亮度),而 U、V 色差信号每四个像素用一个 8 位数据表示,使粒度变大。如将一个像素用 24 位表示压缩为用 12 位表示,对这种变化人的眼睛却感觉不出来。

NTSC 制选用了 YIQ 彩色空间,Y 仍为亮度信号,I、Q 仍为色差信号,但它们与 U、V 是不同的,其区别是色度矢量图中的位置不同,Q、I 为互相正交的坐标轴,它与 U、V 正交轴之间有 33°夹角,I、Q 与 V、U 之间的关系可以表示成

$$I=V\cos33°-U\sin33°$$
$$Q=V\sin33°+U\cos33°$$

选择 YIQ 彩色空间的好处是,人眼的彩色视觉特性表明,人眼分辨红、黄之间颜色变化的能力最强,而分辨蓝与紫之间颜色的变化能力最弱。在色度矢量图中,人眼对于处在红、黄之间,相角为 123°的橙色及其相反方向相角为 303°的青色,具有最大的彩色分辨力,因此把通过 123°-0-303°线的色度信号称为 I 轴,它表示人眼最敏感的色轴。

3) HSI 彩色空间

采用 HSI(Hue Saturation and Intensity)彩色空间能够减少彩色图像处理的复杂性,增加快速性,它更接近人对彩色的认识和解释。美国 Data Translation 公司生产的视频信号获取器 DT287HSI 彩色帧获取器,就采用 HSI 彩色空间。

饱和度(Saturation)是颜色另一个属性,它描述纯颜色用白色冲淡的程度,高饱和度的颜色含有较少的白色。亮度是非彩色属性,它描述亮还是暗。彩色图像中的亮度对应于黑白图像中的灰度。在图像处理过程中经常采用某种算术操作或算术算法调整饱和度,例如作为边缘检测回边缘增强的 Sobel 算子(卷积运算),在 HSI 彩色空间只要对亮度信号进行操作就可获得良好效果,而在 RGB 彩色空间却要做卷积运算,就不大方便。在图像处理和

计算视觉中,大量算法都可在 HIS 彩色空间中方便地使用,它们可以分开处理而且是相互独立的。因此,在 HSI 彩色空间可以大大简化分析和处理的工作量。

4)其他彩色空间表示

彩色空间表示方法有许多种,如 CIE(国际照明委员会)制定的 CIE XYZ,CIE LAB 彩色空间,CCIR(国际无线电咨询委员会)制定的 CCIR601-2YCbCr 彩色空间等。

4. 印刷色彩和计算机色彩

- 透射色:电视和计算机屏幕上显示图像或胶片的投影,用扫描仪对胶片扫描等,都需光线透过物体,这样形成的彩色属于透射色。

- 反射色:印刷品和照片上的彩色是通过光线反射产生的,通过这种方式产生的彩色叫反射色。减性原色主要用于产生反射色。

- 色调:通常所说的"颜色"(如红色、紫色、橘黄色等)指的是色调,而饱和度是指一种给定颜色的纯度或强度。颜色中的灰色成分越多,饱和度就越小,如果某种颜色的饱和度为零,则这种颜色为中性灰度。亮度用于标明色彩的亮暗,也就是指颜色和黑、白色的接近程度。如果颜色的亮度为零,则这种颜色是黑色。

- 彩色背景:人对色彩的感觉受其背景的强烈影响。在设计彩图的时候,应注意背景对颜色的影响是很大的。把单纯颜色的物体放在相同色调的背景和放在互补色调的背景之下效果是完全不同的。色彩在暗背景下观察会显得亮一些,而在亮背景下观察则会显得暗一些。两种不同的颜色在不同的背景下观察可能会显得很相似,而在同一背景下观察则差别很大。

- 印刷色彩和 CMYK:CMYK 颜色是四色打印机或印刷机采用的颜色。印刷机采用两种不同的彩色印刷方法,一种为点色印刷,一种为原色印刷。在点色印刷中,为了精确地印出所需色彩,不同的颜色要采用不同的颜料来调和油墨,这些油墨都是在印刷之前预先调制好的。油墨供应商把其油墨的颜色编了号,据此,美工可以根据其编号选定颜色。点色印刷主要用于双色或三色印刷,在高质量的五色印刷中当作原色使用。

  在原色印刷中,只利用青色、品红色、黄色和黑色四种油墨印刷各种颜色,通常把四种颜色简称为 CMYK。青色、品红色和黄色为减性原色,把这三种颜色混合在一起得到的是黑色,那为什么还要使用黑色油墨呢?这主要是因为油墨除了具有颜色特性外,还有许多其他特性。而且,把等量的青色、品红色和黄色油墨混合在一起产生的不是黑色,而是咖啡色,因此,又使用了第四种颜色——黑色的油墨。

- 计算机色彩和 RGB:彩色印刷采用特殊调配的油墨或不同百分比的 CMYK 原色来印刷颜色,而计算机则采用强度变化的红、绿、蓝色在屏幕上显示颜色。当然,这种 RGB 彩色模型也用在大多数的扫描仪中,这主要是因为扫描仪和显示器一样,利用了彩色光线。

  RGB 转换成 CMYK 时,关键问题是保证颜色能够从一种模式转换到另一种模式。RGB 是基于发射光原理,而 CMYK 是基于反射光原理,其根本性质是不相同的,因此,在显示器上所见到的图形的颜色不能在打印机中被精确地复制出来。

1.2.3　动画

动画由一系列静止画面按一定的顺序排列而成,这些静态的画面称为动画的帧,每一帧与相邻的帧略有不同。当帧画面以一定的速度连续播放时,由于视觉的暂留现象造成了连续的动态效果。为了帮助计算机用户制作和使用动画,许多软件厂家设计了多种动画制作软件,其中美国 Autodesk 公司的 3D Studio、3D Studio MAX 是具有代表性的软件。

1. 动画的种类

根据动画画面形成的规则和形式,动画可以分为过程动画、运动动画和变形动画。

- 过程动画:过程动画是指根据程序员或用户提供的指令进行运动的动画,这些指令也称为脚本(Script)。动画中运动的主体称为角色(Actor),角色按照用户描述的路径进行运动。过程动画最适合于描述一个实体构造和建筑过程,如演示或模拟复杂几何形体怎样由简单形体拼接而成的等。有些多媒体创作软件就是模仿过程动画的方法来安排程序动作的。
- 运动动画:运动动画中,物体的运动一般由运动物体的物理规律进行描述。它能够真实地再现譬如物体的碰撞、小球反弹、抛射体的运动轨迹以及实验室或自然界所发生的、可以根据数学公式进行描述和处理的其他现象。
- 变形动画:变形动画(Morphing)是近年来很流行的一种动画形式,通过连续的颜色插值和路径变化,可以将一幅画面渐变为另一幅画面。

2. 动画制作技术

影响动画质量的主要因素是硬件因素,即 CPU 速度、内存容量、屏幕分辨率和颜色深度。

- CPU 的时钟频率:CPU 的时钟频率直接影响动画的速度,要实现动画的连续播放,需要速度较快的计算机。
- 内存容量:内存容量对图像的存储非常关键。如果没有足够的内存,动画的图像就必须存储在硬盘上,这将大大影响动画的实时效率。
- 所使用的屏幕分辨率和颜色深度:这也是影响动画图像和速度的一个重要因素。

实现动画的技术如下:

- 帧动画:帧动画也称为全屏动画和页动画。事先建立许多全屏图像,并将每幅图像存储起来。播放的时候,将这些图像页按适当的顺序和适当的速度复制到屏幕上,以产生动画效果。帧图像可以做得很大,以至于满屏。3D Studio 采用的就是这种方法。
- 位块动画:位块动画也称为块图形动画。它仅对屏幕的一小部分进行操作,其特点是具有快速的运行能力。
- 实时动画:帧动画和位块动画都是在播放之前将动画中的每一幅画面绘制并保存,而实时动画则是在动画的播放过程中绘制每一幅画面。在实时动画中,计算机的CPU 交替进行图像的建立和图像的显示,而在帧动画和位块动画的播放中,CPU 全部用来播放动画。要实现实时动画,至少需要两个图像缓冲区:当一个图像缓冲区的内容显示在屏幕上的时候,在另一个缓冲区中绘制下一幅图像。

- 调色板动画:调色板动画也称为色彩循环动画。该方法的特点是静态的,图像显示在屏幕上不变,通过不断改变调色板的颜色值,使屏幕上图像的颜色不断地变化,产生动画效果。

3. 动画文件格式

多媒体应用中使用的动画主要有两种形式:一种是 Autodesk 公司的 FLIC 格式,另一种是 Macromedia 公司的 MMM 格式。

- FLIC 动画:早期的 FLIC 动画只支持分辨率为 320×200、颜色深度为 256 色的动画,其文件的扩展名为.FLI。较新的版本支持的分辨率和颜色深度都比较高,动画的扩展名也改为.FLC。在 Windows 下播放 FLIC 动画一般要用到 Autodesk 公司提供的 MCI 驱动和相应播放程序 AAPlay,这个程序不但能够播放动画,还能加入声音,增强播放效果。在应用程序中也可以实现对 FLIC 动画的播放,譬如在 Visual C++中就有对 FLIC 动画的支持。
- MMM 动画:MMM 格式的动画用 Macromedia 公司的著名多媒体创作软件 Director 生成,一般集成在完整的应用程序中,单独出现的文件比较少。

1.2.4　数字音频

一个多媒体系统,如果仅仅是文本、图像、视频和动画的结合,而没有背景声音、音乐等演播支持,即使是五彩缤纷的多媒体演示也会因无声无息而变得十分平淡。

本节将对多媒体 PC 中的数字音频部分进行有关介绍,并就音频处理问题,为用户提供具体的使用操作过程。

1. 数字音频基础

1) 音频知识简介

声音是一种波,按其频率可分为三种:次声(频率低于 20Hz)、超声(频率高于 20kHz)和可听声(频率在 20Hz～20kHz 之间)。"次声"和"超声"这两类声音是人耳听不到的;人耳可以听到的声音称为可听声,多媒体音频信息就是指这一类声音。

按声音来源不同,音频又可划分成三类:

- 语音:由口腔发出的声波,频率在 200Hz～3.4kHz 之间,主要用于信息解释说明、叙述、答问等,也可作为命令参数等输入语言;
- 音乐声:由各种乐器产生,只要在音频范围内都可存在。其本身可供欣赏,也可作为背景烘托气氛,是多媒体音频信息的重要组成部分;
- 效果声:多数由大自然物理现象产生,如刮风、下雨、打雷等;还有一些由人工产生,如爆破声等。这些效果应用在多媒体中,对语音和文字起补充作用。

音频信号是随时间变化的连续的模拟信号,它们由波形组成,波形的峰和谷代表不同的音调;而 PC 只能处理数字信号。因此,在计算机处理音频信号之前,首要的一步是把音频信号变成用"0"和"1"表示的数字信号,这个过程称为数字化,或者叫做模(拟)/数(字)转换,即 A/D 变换(Analog/Digital)。完成这个转换的器件称为模数转换器,常用 ADC(Analog to Digital Converter)表示。

　　计算机对音频信号处理完成之后,得到的信号依然是数字信号。这时,如果把这种信号直接送给喇叭发声,人们就根本听不懂,因此,必须再把数字音频信号转变成模拟信号,即数/模转换(D/A 变换)。完成这个转换的器件称为数模转换器,常用 DAC(Digital to Analog Converter)表示。

　　由此可知,音频先通过模数转换器数字化,再通过数模转换器播放出来。这一过程是由声卡来完成的。

　　2) 数字音频处理

　　各种声源(如麦克风、磁带录音、无线电和电视广播、CD 等)所产生的音频都可以进行数字化。音频的数字化就是将随时间连续变化的声音波形信号通过模/数转换电路转换成计算机可以处理的数字信号。

　　音频的数字化过程包括采样(Sampling)和量化(Quantization)这两个步骤。采样就是每隔一段相同的时间间隔读一次波形的振幅,将读取的时间和波形的振幅记录下来。量化是将采样得到的在时间上连续的信号(通常为反映某一瞬间波形幅度的电压值)加以数字化,使其变成在时间上不连续的信号序列,即通常的 A/D 变换。例如,在 0～10V 之间的电压有无穷多个数,但只用 0～9 共 10 个数来近似表示,像 0.15、0.001 这一类的数就可用“0”表示。

　　显然,用来表示一个电压值的数位越多,音频的分辨率和质量就越高。如国际标准的语音编码采用 8 位,对应着 256 个量化级；而量化(即分辨率)为 16 位,则对应 65 536 个量化级。

　　总的来说,对音频质量要求越高,保存这一段声音的文件就越大,也就是要求的存储空间越大。

　　采样频率(Sample Rate,用 fs 表示)、样本大小(bit per sample,用 BPS 表示,即每个声音样本的比特数)和声道数,这 3 个参数决定了音频质量和文件大小。

- 采样频率：采样频率就是每秒钟采集多少个声音样本。它反映了计算机读取声音样本的快慢。采样频率越高,也就是采样的时间间隔越短,在单位时间里计算机读取的声音数据就越多,声音波形就表达得越精确,声音便会越真实,但需要的存储空间也就越大。

　　　采样频率与声音本身的频率是两个不同的概念。采样频率是每秒钟量度声音信号的次数,而声音的频率是声音波形每秒钟振动的次数。根据采样定理,即奈奎斯特理论(Nyquist Theory),采样频率不应低于声音信号本身最高频率的两倍,即 fs≥2fmax,这样才能把以数字表达的声音还原成原来的声音。在多媒体中,CD 质量的音频最常用的三种采样频率是：44.1kHz、22.05kHz、11.025kHz。

- 样本大小：样本大小又称量化位数,反映计算机量度声音波形幅度的精度。其比特数越多,量度精度越高,声音的质量就越高,而需要的存储空间也相应增大；相反,比特数越少,需要的存储空间也就越小,但声音质量越差。

- 声道数：立体声文件比单声道的音质要好很多,其文件大小也是单声道的两倍。

　　长期以来,立体声似乎就是双声道的代名词。这是由于早期最重要的存储声音的媒体是接触式唱片,而唱片上的 V 形刻槽只能记录最多两条声道的模拟信号,这就使得后来的录音机、调频广播、录像机、数字激光唱盘等都采用两个声道的规格。

随着科学技术的发展,声音转换成数字信号之后,计算机很容易处理,如压缩(Compress)、偏移(Pan)、环绕音响效果(Surround Sound)等,因此,更多的声道和更逼真的音响效果已经在计算机中出现。例如,MPEG-2 数字影视标准和杜比 AC-3 都采用 5＋1 个声音通道,5＋1 个声音通道包括左、中、右三个主声道,左后、右后两个环场声道,以及一个次低音声道。

音频数字化后需要占用很大的空间,其大小可用以下公式表示:

$$声音文件大小＝采样频率×量化位数×声道数×时间(s)/8$$

如采用 44.1kHz 的采样频率对声波进行采样,用 16 位来量化,则录制 1 秒钟的双声道声音需要 176.4KB。由此可见,解决音频信号的压缩问题是十分必要的。然而压缩对音质效果又可能有负作用。为实现这两方面的兼顾,CCITT(国际电报电话咨询委员会)推荐使用 G.711 标准,即 PCM(Pulse Code Modulation)脉冲编码调制。它用离散脉冲表示连续信号,是一种模拟波形的数字表示法。例如,在 CD-DA 盘上的声音信号就是用 PCM 编码的数字信号。

此外,一种更有效的压缩算法,即 ADPCM(Adaptive Differential PCM)——自适应差分脉冲编码调制,已被作为 G.721 标准向全世界推荐使用。这是一种组合使用自适应量化和自适应预测的波形编码技术,根据输入信号幅度的大小,改变预测量和量化阶大小,对预测值与实际样本值之差进行量化。一般能够得到 2∶1 的压缩比而不会明显失真。它的基本思想有两个:一个是自适应,就是量化间隔大小的变化,自动地去适应输入信号大小的变化;另一个是对样本值之间的差值进行编码。

经过自适应差分脉冲编码调制后,采样的数据所需的存储空间可以减少一半。

3) 数字音频与 MIDI

MIDI(Musical Instrument Digital Interface)可译成电子乐器数字接口,是 1983 年制定的各种乐器和计算机之间交换音乐信息的标准协议,被广泛应用于音乐行业。

MIDI 信息实际上是一段音乐的描述。当 MIDI 信息通过一个多音色(Multi-Timbral)和多音调(Polyphonic)的合成器(Synthesizer)进行播放时,该合成器对一系列的 MIDI 信息进行解释,然后产生出相应的一段合成乐音。

必须注意的是,MIDI 并不是数字化的声音,它仅仅是以数字形式存储音乐的一种速记表示。MIDI 文件是用来记录音乐"动作"的一套与时间有关的指令,即命令约定。它指示乐器(即 MIDI 设备)要做什么、怎么做,如播放音符、加大音量、生成音响效果等。用 MIDI 指令写成的音乐文件通常用 MID 作为文件的扩展名。简明的 MIDI 信息可以引起复杂声音的生成,或在乐器、声音合成器上产生出美妙的音乐。因此,MIDI 文件比等效的(按每秒发出的声音计)数字化波形文件(通常用 WAV 作为文件的扩展名)要小得多。

音频媒体有数字音频、合成 MIDI 音频和 CD 音频三种形式。

数字音频大多是波形文件,也称 WAV 文件,可以是录制的声音,比如解说和音响效果。数字音频是声音的实际表示,它代表了声音的瞬间幅度。因为它与设备无关,任何一种具有声卡功能的设备都可播放,每次播放时它都放出相同的声音。从这一点看,它的一致性好,但代价较高,因它的数据文件要求较大的存储空间。而 MIDI 文件则是一种计算机生成的、能够在几乎全部 PC 声卡上播放的合成乐音。它与设备有关,即 MIDI 音乐文件所产生的声音是与用来回放的特定的 MIDI 设备紧密联系的。

与数字音频相比,MIDI 有四个主要优点和两个大的缺点。

其优点为:

- 文件紧凑,所占空间小,因为 MIDI 文件存储的是命令,而不是声音波形数据。MIDI 的文件大小与回放质量完全无关。
- 如果所用的 MIDI 声源较好,MIDI 有可能产生比数字音频更好的质量。
- MIDI 数据是完全可编辑的,在不需要改变音调或降低音质的情况下,通过改变 MIDI 文件的播放速度可以改变其播放长度。另外,可以用多种方法来处理它的每一个细节,但这些方法都不能用于处理数字音频。
- 可以作背景音乐。因为 MIDI 音乐可以和其他的媒体,如视频、图形、动画、语音等一起播放,以增强演示效果。

其缺点是:

- 因 MIDI 数据并不是真实的声音,所以,仅当 MIDI 回放设备与产生时所指定的设备相同时,回放结果才是精确的。
- MIDI 不易用来回放语言对话。

在多媒体教学中,数字音频用得比 MIDI 多。一是在应用软件和系统支持方面都有更多的选择,不管对 Macintosh 还是 Windows 平台均如此;二是为创建数字音频所要求的准备与编辑工作,不需要掌握许多音乐理论知识,而 MIDI 则要求比较多。

2. 声卡及其应用软件

处理音频信号的 PC 插卡是声卡(Audio Card),又称音频卡。如果没有声卡,PC 发出的声音一般只是简单的"嘀嘀"声,而不是动人的音乐、语音解说或者其他录制下来的声音。因此,声卡是普通 PC 向多媒体计算机 MPC(Multimedia PC)升级的一个基本部件,它使 MPC 具有较高品质的音频媒体处理能力。

简单地说,当一个多媒体应用需要发声时,它通过主板向声卡发出播放声音的指令,声卡便会分析音频文件、解释数字的内容,然后在喇叭或者耳机上发出声音。

根据 MPC 规范,声卡必须包括以下标准设备:

- 一个 16 位模/数转换器,能通过一个外部声源,如麦克风等,在 11.025kHz 和 44.1kHz 的采样频率下生成音频波形文件。
- 一个 16 位数/模转换器,能处理在 11.025kHz 和 44.1kHz 的采样频率下生成的音频波形文件。
- 一个 MIDI 合成器,能合成 4~9 种不同的乐音。

此外,声卡还提供了连接其他音频设备到 MPC 上的基本接口,这些设备包括麦克风、CD-ROM 驱动器、扬声器等。

音频处理功能如下:

- 录制、编辑、复制和回放数字音频文件。

    声音源可以是麦克风、录音机或者激光盘等。在声音处理软件控制下,经过声卡采样,将其数字化成数字音频文件,并可以播放这些文件或对它们进行编辑等操作。不同的声卡和软件驱动程序录制的音频文件格式可能不同,但通常它们之间可以相互转换。例如,Creative Labs 公司用 VOC 作数字音频文件的扩展名,而在 Microsoft 的 Windows 下则以 WAV 为扩展名,它们之间就可以相互转换。Windows 操作系统下的"录音机程序"能把不同声音源的音频数字化后合成为 WAV 文件,然后可以对 WAV 文件进行简单的剪裁、粘贴、两个文件混合等操作,还能加入回音以及对音量、回放速度和倒放等进行控制。WAV 文件还可通过支持对象连接和嵌入服务器(OLE)加入到其他 Windows 应用程序中。

- 控制不同声音源的音量,混合后再数字化。声卡驱动程序中通常有 Mixer 程序,用来控制声卡上的混音器,实现模拟混音。
- 在记录和回放数字音频文件时进行压缩和解压缩,以节省音频文件的磁盘空间。对于立体声,如果不进行压缩,其数字化后播放每分钟的数据量,要占据 10MB 的磁盘空间,即使是单声道,也不会少于 1MB。
- 通过采用语音合成技术,能让计算机朗读文本。
- 语音识别功能,可让用户通过说话实现和计算机的交互,指挥计算机工作。这一功能对软、硬件要求都很高。大多数语音识别程序要求使用标准的 PC 声卡,有些还需要使用专用的扩展卡。
- 具有 MIDI 接口。计算机可以控制多台带 MIDI 接口的电子乐器,通过最常用的外部 MIDI 设备——键盘合成器(如 Casio 或 Yamaha 等)演奏,在计算机里以 MIDI 文件录制电子合成音乐。MIDI 音乐存放成 MID 文件比以 WAV 格式存放的文件更节省空间。MID 文件也能被编辑和回放(例如用 Windows 下的媒体执行程序 Media Player),甚至可在计算机上作曲,通过喇叭播放或控制电子乐器。
- 放大音频输出信号、输出功率,使该信号能够驱动小的扬声器。
- 立体声合成,实现立体声方式的数/模转换和模/数转换。
- 通过 SCSI 电缆的连接器来控制 CD-ROM 驱动器。

SCSI 是 CD-ROM 驱动器的标准接口,但有些声卡为了特定牌子或模式的驱动器需要使用特殊的连接器。有些制造商提供 CD-ROM 接口作为选择。

购买声卡时,通常都附带有应用软件,也就是音频混合控制器。可以录制、编辑和播放数字音频文件,也可以播放(但不能录制)MIDI 文件。这些软件主要以光盘的形式提供,都需要安装后才能使用。

3. 数字音频的格式

常用的音频文件格式有:CD(. cda)、MIDI(. mid,. rmi)、Movie(. mpg,. dat,. mpa)、Audio(. mp3,. mp2,. mp1,. mpa,. abs)、AC3(. ac3)、DVD(. vob)、WAVE(. wav)、Text(. txt)、声霸(. voc)、MAC 声音(. snd)、Amiga 声音(. svx)和 AIFF(. aif)等。音频的属性以音量和音质作为基本控制因子,量化指标有频率(Hz)、采样位数(位)和通道(单/双/立体声)、传输率(KB/s)等。

1.2.5 数字视频处理

数字视频也被称为数字电影,大多数视频文件播放的同时都有同步音频输出,所以数字电影的叫法应该更确切一些。数字视频不仅是传统电影、电视的补充载体，还可以应用于课件制作、产品演示节目、多媒体编程、网络视频节目广播等方面。

多媒体中，数字视频以其直观和生动等特点而得到广泛应用。视频和动画一样，也是由一幅幅帧序列组成，这些帧以一定的速率播放，从而得到一种连续运动的感觉。所以数字视频的处理在多媒体素材处理中意义很大。

1. 数字视频基础

1）模拟视频和数字视频

模拟视频是基于模拟技术以及图像的广播与显示所确定的国际标准，如大家日常使用的电视和录像等。模拟视频图像具有成本低和还原度好等优点。因此在电视上看到的风景录像，往往具有身临其境的感觉。但它的最大缺点是经过长时间的存放之后，视频质量将大为降低，而且经过多次复制之后，图像的失真就会很明显。而数字视频可以弥补这些缺陷。它不仅可以无失真地进行无限次复制，而且还可以对视频进行创造性的编辑，如特技效果等。

数字视频是基于数字技术以及其他更为拓展的图像显示标准。数字视频有两层含义：一是模拟视频信号输入计算机进行数字化视频编辑，最后制成数字视频产品；二是指视频图像由数字摄像机拍摄下来，从信号源开始，就是无失真的数字视频，视频图像输入计算机时不再考虑视频质量的衰减问题。现在的数字视频技术主要还是第一层含义，即模拟视频的数字化处理、存储和输出技术。

2）全屏幕与全运动视频

全屏幕视频是指显示的视频图像应该充满整个屏幕，因此这与显示分辨率有关，对于标准VGA，全屏幕意味着640×480分辨率，而对于Super VGA则可能是800×600或1024×768等分辨率，甚至更高。全运动视频是指以每秒30帧的速度刷新画面，这样快的速度不会产生闪烁和不连贯。

全屏幕和全运动是两个不同的概念，比如在微型计算机上，可以在一个小窗口内实现全运动视频，也能以全屏幕显示静止图像。但随着数字视频技术的发展和微型计算机速度的不断提高，使得在微型计算机上编辑全屏幕全运动高质量的视频图像已成为可能，并迅速地变为现实。

3）视频的数字化

视频的数字化是指在一段时间内以一定的速度，对模拟视频信号进行捕捉，并加以采样后形成数字化数据的处理过程。通常的视频信号都是模拟的，在进入计算机前必须进行数字化处理，即模/数转换和彩色空间变换等。视频信号数字化与音频信号数字化一样，是对视频信号进行采样捕获，其采样深度可以是8位、16位或24位等。采样深度是经采样后每帧所包含的颜色位，然后将采样后所得到的数据保存起来，以便对它进行编辑、处理和播放。

视频信号的采集就是将模拟视频信号经硬件数字化后，再将数字化数据加以存储。在使用时，将数字化数据从存储介质中读出，并还原成图像信号加以输出。视频信号的采集可分为单幅画面采集和多幅动态连续采集。在单幅画面采集时，可以将输入的视频信息定格，并将定格后的单幅画面以多种图像文件格式加以存储，对于多幅动态连续采集，可以对视频信号进行实时、动态的捕获和压缩，并以文件形式加以存储。

对视频信号进行数字化采样后,则可以对数字视频进行编辑或加工。比如复制、删除、特技变换和改变视频格式等。

4) 数字视频压缩

当看电视时,大约每秒26.9MB的原始数据闪烁,并且不包括声音。如果要想在计算机上播放一个"原始的"全尺寸的视频文件,计算机不得不从硬盘驱动器上以每秒32MB的速度传输数据。现今的大部分计算机只可达到每秒4MB,大部分的数字视频从CD-ROM中以每秒300~900KB的速度播放,从因特网上以每秒1~5KB的速度播放,由此可见,数字电影就是高效的数据压缩和解压缩模式,将数据量减少至易于控制的速率。

又如,如果显示器满屏的分辨率是640×480个像素,若每个像素用24位颜色来表示,则一帧视频图像需占640×480×24/8=900KB存储空间。如果按每秒以29帧的速度来播放,则每秒约占22MB存储空间,可见要将不经过压缩的数字视频数据存放到计算机中是完全不现实的。而且典型的硬盘驱动器的传输速率较低,CD-ROM驱动器的传输率更低,这样的传输速率远不能满足动态视频的需要。

解决这一矛盾的最好方法是对视频数据进行压缩。因为视频图像数据具有很大的压缩潜力,像素与像素之间在行或列方向上都有很大的相关性,因此整体上数据的冗余度很大,在允许一定限度失真的前提下,能够对视频图像数据进行很大程度的压缩。

衡量一种数据压缩方案的好坏有三个重要指标:一是压缩比要大,即压缩前后所需的信息存储量之比要大;二是实现压缩的算法要简单,压缩/解压缩速度要快,尽可能地做到实时压缩/解压缩;三是恢复效果要好,即尽可能地恢复原始数据。其中,压缩比是首要的,但它受其他因素的制约。比如压缩比要高,恢复后的图像质量很可能就会降低,恢复效果也不好,或者实现压缩的算法复杂程度增加,处理的时间延长等。因此一定要综合考虑,取折中的压缩比。

常用的压缩编码方法可分为两大类:一类是冗余压缩法,又称无损压缩法。主要采用哈夫曼编码、算术编码、行程编码等;另一类是摘压缩法,也称有损压缩法。主要包括预测编码、变换编码、子带编码、矢量化编码、混合编码和小波编码等。无损压缩法由于不会产生失真,因此常用于文本和数据的压缩,它能保证完全地恢复原始数据,但这种方法的压缩比低,一般在2∶1~9∶1之间,而有损压缩法由于允许一定程度的失真,可用于图像、声音、动态视频等数据的压缩。

图像的压缩目前已经有JPEG(Joint Photographic Experts Group)静态图像压缩编码国际标准和MPEG(Moving Pictures Experts Group)动态图像压缩编码国际标准可供遵循。JPEG是一种压缩比为20∶1的帧内压缩方法,MPEG是压缩比可达100∶1~200∶1的帧间压缩方法。在有数据压缩卡和解压缩卡的情况下,可以基本保证视频信号的完整性和连续性。

5) 数字视频格式

- Video for Windows:Windows 3.x和Windows 9.x使用的标准视频软件是Video for Windows。所使用的文件称为"音频-视频交错文件(Audio-Video Interleaved)",其扩展名为.avi。AVI格式文件是将视频和音频信号混合交错地储存在一起。原始(未压缩)的AVI文件是将整个视频流中的每一幅图像逐幅记录,信息量大得惊人。譬如用视频捕捉卡将一段来自摄像机或电视的视频信号捕捉为标准的 PAL 视频格式,短短几秒钟文件体积就将超过 10MB。

- ActiveMovie 格式:Video for Windows 作为 Windows 操作系统标准组成部分,是一种可扩展的视频体系,其采用的主要压缩方式有 Cinepak、Indeo 和 RLE 等。ActiveMovie 是扩展 VFW(Video for Windows)文件格式的一种 ActiveX 模块,对于使用 Windows 9x OS 以上视窗操作系统的用户,由于系统内置了 ActiveMovie,因此可方便地高质量播放包括 MPG、DAT、QT 和 MOV 等格式的视频文件。

- QuickTime 格式:QuickTime 是 Apple 计算机公司于 1991 年出版的数字视频格式标准,其使用的数字视频文件的扩展名为 .mov。QuickTime 原是 Macintosh 系列计算机使用的一种视频软件,随着大量原本运行在 Macintosh 上的多媒体软件向 PC/Windows 环境的移植,导致了 QuickTime 视频文件的流行。国际标准组织将确认 QuickTime 文件格式为 MPEG4 标准文件格式。

- MPEG 格式:MPEG 是"运动图像专家组(Moving Picture Mxperts Groups)"的意思,使用 MPEG 方法可以用于压缩全运动视频图像。MPG 格式文件是目前多媒体计算机上全屏幕活动视频标准文件。它在 1024×786 的分辨率下可以用每秒 25 帧(PAL 制式)或 30 帧(NTSC 制式)的速率同步播放 128 000 种颜色的全运动视频图像和 CD 音乐伴音,并且其文件大小仅为 AVI 文件的六分之一。1993 年推出的 MPEG-2 压缩技术,采用可变速率(Variable Bit Rate,VBR)技术,能够根据动态画面的复杂程度,适时改变数据传输率获得较好的编码效果,目前使用的 DVD 就是采用了这种技术。MPEG-4 是一个正在制定的国际标准,它支持用于通信、访问和数字视听数据处理的新方法(特别是基于内容的)。考虑到低损耗、高性能技术提供的机会和面临迅速扩展的多媒体数据库的挑战,MPEG-4 将提供灵活的框架和开放的工具集,这些工具将支持一些新型的和常规的功能。由于快速发展的技术使得工具软件的下载极为便利,因此这种方式极具吸引力。

- Video CD 和 Karaoke CD 格式:该格式的数据文件的扩展名为 .dat,结构与 MPG 格式基本相同,需要一定硬件的支持才可播放。标准 VCD 图像的分辨率只有 352×240 大小,与 AVI 或 MOV 格式视频相差无几,由于 VCD 的帧率要高得多,加上有 CD 音质的伴音,所以整体的观看效果要比前者好得多。

- RealVideo 格式:RealVideo 的视频文件格式 RAM 是因特网上最为流行的数字视频文件格式之一。RealPlayer 支持它的播放。RealPlayer 是一种可以附加到浏览器上,通过 HTTP 调用 RealMedia 文件的指令激活、启动播放器,能看到、听到文件内容。最新版本的 RealPlayer G2 播放器,支持在线即时欣赏,音频和视频效果都不错。

其他类型如下:

- DVD:是 CD、LD、VCD 的替代产品,这是按照 MPEG-2 标准制作的高清晰画面(水平分辨率可达 540 线)高品质音响(杜比 AC-3 音效处理)的存储介质。VCD 单张盘片只能容纳 74 分钟的相当于录像带的低质量双声道的动态数据,而 DVD 单张盘片可容纳两个小时以上的高清晰全动态视频数据,支持六声道环绕音响,通过附加的数据轨道能实现多种语言的配音和字幕并且具有更强的纠错能力。现在 DVD 也可以在计算机上直接播放。计算机上看 DVD 也有软硬两种方法，"硬"方法是利用 DVD 硬解压卡进行 MPEG-2 解压缩。硬解压画面细腻清晰，音效满意，但需要购买一块 MPEG-2 解压卡。随着 CPU 和图形加速卡速度的提升，使 DVD 软解压成为可能，在 PⅡ CPU 和专门为 DVD 优化过的显示卡的驱动下，软解压已可以有和硬解压一样的效果，软解压代替硬解压已是大势所趋。常见的 DVD 软解压软件有 PowerDVD、XingDVD 和超级解霸。

- SVCD：是英文 Super VCD 的缩写，采用 MPEG2 编码及解压缩技术，拥有 4 声道或双立体声，图像分辨率为 480×576，水平清晰度达 350 线。SVCD 标准是电子行业第一个由中国人自己研究制定的产品标准。

- DVCD：以 DVD＋VCD 的面目出现。DVCD 碟没有统一的行业标准，DVCD 的容量是 VCD 的两倍，是一种高密度光碟，为 CD 改进型产品，DVCD 的特点是用一张光碟可以储存 90 分钟左右的电影，其图像和伴音采用 MPEG-1 方式压缩，清晰度和音质同 VCD 一样。

2. 视频卡

视频卡是基于微型计算机的一种多媒体视频信号处理平台，它可以汇集视频源或音频源的信号，经过捕捉、存储、编辑和特技等操作，产生非常漂亮的视频图像画面。

标准的视频制作系统主要由计算机、MPEG-1 视频图像采集压缩卡、CD-R 刻录机、信号源设备（如录像机、摄像机等）、监视器、VCD 播放机等硬件设备组成，再配以相应的刻录软件和视频编辑软件。

由于 MPEG-1 视频图像采集压缩卡价格昂贵，可用视频捕获卡来代替。不过 MPEG-1 视频图像采集压缩卡可以直接生成制作视频 MPG 文件，而用视频捕获卡只能得到 AVI 格式的文件，需要通过软件将 AVI 格式编辑转换成 MPG 文件格式。

视频处理的好坏主要取决于视频卡的质量。目前视频卡的各种产品名目繁多，归纳起来主要有视频采集卡、压缩/解压缩卡、视频输出卡和电视接收卡等几种。

- 视频采集卡：又称视频捕获卡（Video Capture card），其主要功能是从活动模拟视频中实时或非实时捕获静态图像或动态图像。它可以将摄像机、录像机和影碟机中的模拟视频信号转录到计算机内部，也可以通过摄像机将现场的图像实时输入计算机。

  国内市场上大众化的视频采集卡是 Creative 公司的 Video Blaster 系列，主要有 SE、SE100、FS200 和 RT300 等多种型号，它们含有从静态捕获到实时动态捕获视频图像的功能。另外 Intel 公司的 ISVR（Intel Smart Video Record）也是一块性能很稳定的视频捕获卡。

- 压缩卡：主要用于制作影视节目和电子出版物。影视节目和电子出版物各有国际标准，影视节目制作采用 Motion-JPEG 标准，因为在非线性编辑系统中需要对每一幅图像单独加工，因此只能采用没有帧间压缩的方法，为保证图像质量，压缩比只有 9∶1～7∶1。电子出版物和 VCD 采用 MPEG 标准，压缩比可高达 100∶1～200∶1。

- 解压缩卡：主要是指能看 VCD 电影的 MPEG 解压缩卡，俗称电影卡。在 386 或 486 主机上，没有电影卡根本不能看 VCD。在 586/133MHz 以上的主机上，CPU 的运算速度已经可以满足 MPEG-1 标准算法的解码要求,因此采用软解压也是一种很好的解决方案。目前买电影卡的另一个目的在于大部分这种卡上都有视频输出端和音频输出端,它们可以连接到电视机或大屏幕投影电视上播放 VCD,以便在娱乐场所使用。

- 视频输出卡:经过计算机处理的视频信息可以用计算机文件的方式进行出版和发行,但通常的方式是以录像带的形式进行传播或直接在电视上收看。计算机的 VGA 显示卡输出不能直接连在录像机或电视机上,必须进行编码。完成这种编码的接口卡称为视频输出卡或视频编码卡,它将信息编码成 NTSC 制式或 PAL 制式的视频信号在电视机上播放或存入录像带中。

- 电视接收卡:计算机中的显示器有着与电视相似的原理,而且显示器的分辨率和稳定性等指标比电视机高得多。只是由于显示器没有高频电视信号的输入电路设备,才不能接收电视节目。视频捕获卡的视频输入端可以接录像机、摄像机等模拟视频设备,所缺少的只是高频电视信号的接收、调谐电路,如果在视频捕获卡上增加这部分电路,就可以收看电视节目。

  电视接收卡有两种类型:一种是将高频接收和调谐的电路和视频捕获卡的功能集成在一块卡上,卡上有外接天线插孔,插上天线就可以收看电视。另一种是在视频捕获卡的视频输入端上接一高频头,这种高频头只有火柴盒大小,直接附在视频捕获卡的侧面,电视的选台、调谐搜索等控制通过软件完成。前者可以直接对电视信号进行捕获、存储编辑和处理。

1.3　多媒体发展与应用

1.3.1　多媒体技术的发展

国外对多媒体的研究始于 20 世纪 80 年代初,之后这项技术迅速崛起和飞速发展。有人把它称为继纸张印刷术、电报电话、广播电视、计算机之后,人类处理信息手段的又一大飞跃。

1984 年,Apple 公司推出的 Macintosh 机引入了位图(Bitmap)的概念来处理图像,并使用了窗口(Window)和图符(Icon)作为用户接口。在这一基础上进一步发展,特别是在 1987 年 8 月引入了超级卡片(Hypercard)以后,使 Macintosh 机成为使用方便、能够处理多种信息媒体的计算机。

1985 年,Commodore 公司研制成功 Amiga 系统,它可以说是世界上最早的多媒体计算机系统。随后,该公司又推出了 Amiga500、1000、1500、2000、2500 和 3000 等型号产品,它们可分别配置 M68000、M68020、M68030 等不同型号的 CPU 以及不同容量的 RAM。为了适应不同用户对多媒体技术的要求,该公司还提供了一个多任务的 Amiga 操作系统,具有上下拉菜单、多窗口、图符以及 PM(Presentation Manager)等功能,同时还配备了包括绘制动画、制作电视片头及作曲等大量应用软件。最近该公司又推出了一个多媒体著作工具(Amiga Vision),为用户提供一个完备的图符编程语言。

1986 年 4 月,Philips 公司和 Sony 公司联合推出了交互式紧凑光盘系统 CD-I(Compact

Disc Interactive),同时还公布了 CD-ROM 的文件格式,这就是以后的 ISO 标准。该系统把高质量的声音、文字、计算机程序、图形、动画以及静止图像等多媒体信息以数字的形式存放在容量为 650MB 的 5 英寸只读光盘上。可以通过与该系统相连的家用电视机、计算机显示器和 CD-I 系统进行通信,使用鼠标、操作杆或遥控器等定位装置,选择人们感兴趣的视听材料进行播放。

1983 年,在 RCA 公司的戴维·沙诺夫研究中心开始了交互式数字视频系统 DVI (Digital Video Interactive) 技术的研究开发工作。1987 年 3 月在第二次 Microsoft CD-ROM 会议上,首次公布了 DVI 技术的研究成果,它以计算机为基础,用标准光盘来存储和检索静止图像、活动图像、声音和其他数据。1989 年 Intel 公司和 IBM 公司在国际市场上推出了 DVI 技术第一代产品 Action Media 750,1991 年又在美国 Comdex 展示会上推出了第二代 DVI 技术产品 Action Media 750 Ⅱ。DVI 系统的特点是:以 IBM PC/AT、386、486 或兼容机为平台,在其内置了 Intel 专用芯片构成的 DVI 接口板(DVI 视频板、DVI 音频板以及 DVI 多功能板),同时配置了 CD-ROM 驱动器、带有放大器和音响效果的 RGB 彩色监视器组成 DVI 用户系统。在此之上再配置与多媒体有关的外设:视频信号数字化器(连接到 DVI 视频板上)、音频信号数字化器(连接到 DVI 音频板上)、扩展的视频 RAM(连接到 DVI 视频板上)、大容量的光盘或硬盘、磁带机、录像机、音响设备、监视器以及扫描仪或摄像机等组成 DVI 开发系统。

随着多媒体技术的发展,为促进多媒体计算机的标准化,1990 年 11 月 Microsoft、Philips 等 14 家厂商联合成立了"多媒体微机市场协会"(Multimedia PC Marketing Council)。这个协会在 1991 年推出第一层次的 MPC 技术规范。1993 年推出第二层次的 MPC 技术规范,1995 年 6 月又推出了第三层次的 MPC 技术规范。按照 MPC 标准,多媒体计算机由个人计算机、CD-ROM 驱动器、声卡、音响或耳机以及 Windows 操作系统五部分组成,同时对个人计算机的 CPU、内存、硬盘、显示功能等作了基本要求。

1991 年第六届国际多媒体和 CD-ROM 大会宣布了 CD-ROM/XA 标准,目的是弥补原有标准在音频方面的缺陷。

1992 年 11 月 MPEG-Ⅰ成为国际标准,1994 年 11 月 MPEG-Ⅱ作为国际标准获得通过。

1992 年 7 月,在美国芝加哥召开的计算机图形学国际会议是一个大型的学术会议,大会有两个特约报告:一个是 AT&T Lab 的罗伯特·温基(Robert Winchy)作的报告,题目是"图像通信(Communication with Image)",他说:"光纤将铺到每个家庭,未来的通信将使用视频和图像通信"。另一个是 SGI 公司总裁吉姆·克拉克(Jim Clark)作的报告,题目是"电视计算机(Tele-Computer)"。他在引言中的第一句话就是"多媒体意味着音频、视频、图像和计算机技术集成到同一数字环境,它将允许许多新的应用",他讲述了数字音频、数字视频、数字技术的各种数字参数分辨率、编码与解码、帧频、压缩和解压缩算法等。

1992 年 11 月,在美国拉斯维加斯举行的 Comdex'92 博览会上有两个热点:一个是笔记本计算机;另一个就是多媒体计算机。会上 Intel 和 IBM 共同研制的 DVI Action Media 750 Ⅱ荣获了最佳多媒体产品奖和最佳展示奖。在多媒体和图像处理方面发表了两个专题报告,一个是 IBM 公司多媒体技术副总裁迈克尔·布劳恩(Michael Braun)的报告:特征描述——数字革命(FeaTure Presentation—the Digital Revolution),他说:"将声音、文本、视频、动画以及通信结合为一体的多媒体技术将改变我们的工作、教育、培训以及家庭娱乐,改变我们未来的生活"。另一个是国际创建研究中心总裁蒂姆·巴雅(Tim Bajarn)的报告"长期考虑的多功能板面(Plenary panel:Under standing debate)",其主要论点是:通信、娱乐、出版和计算机融为一体,文章论述了它们的今天和明天。

1993 年 8 月,在美国加利福尼亚州阿纳海姆召开了由美国计算机学会举办的第一届多媒体技术国际会议,有 2 万人参加,盛况空前。会议从四个地区(美洲、亚洲、澳洲以及欧洲)的 200 多篇论文中选出 52 篇在大会上宣读,并汇成文集。论文分 17 个专题,主要涉及多媒体计算机的下述几个热点课题:视频信号的压缩编码与解码;超媒体和文件系统;通信协议和通信系统;多媒体工具(包括著作语言);多媒体系统中的同步机制;协同工作系统。多媒体技术国际会议是一个系列会议,每年举行一次。

1993 年 12 月,英国计算机学会在英国利兹召开了多媒体系统和应用国际会议,会议有 19 篇论文在大会发表并收入到论文集中,同时有 5 个综述性专题报告:多媒体技术综述、多媒体和超媒体系统介绍、多媒体应用概况、多媒体工艺和硬件、在教育领域多媒体技术的应用。19 篇论文主要涉及:可接收视频信息的高速网、多媒体信息管理和超媒体工具、多媒体引擎的定义、智能多媒体系统、仿真和培训系统中的多媒体技术、CD-ROM——未来的电子出版物。

多媒体技术是一个方兴未艾的技术领域。当前,各方面的人士都在尽最大可能推出自己的具有多媒体性能的计算机软硬件产品,不断有新技术、新产品出现。值得注意的是,多媒体技术使现代音像技术、计算机技术和通信技术三大信息处理技术紧密地结合起来,各方面的专家和技术人员从各自的角度出发,向同一个目标前进。专家预测,在 20 世纪末至 21 世纪初,多媒体会无所不在,其发展和未来将改变人们的工作、通信和生活方式。

1.3.2　多媒体技术的应用

多媒体技术的出现改变了人类社会的生活方式、生产方式和交互方式,促进了各个学科的发展和融合,以下是多媒体技术诸多应用中的几个典型方面。

1. 多媒体会议系统

多媒体会议系统实现了处于不同地理位置上的人们进行"面对面"交流的功能,体现了超越空间的协同工作能力。多媒体会议系统可分为两大类,一类是基于会议室的视频会议系统;另一类是桌面视频会议系统。前者主要用于会议室,在分布于不同地理位置上的会议室内设一个节点(终点会议室)。桌面会议系统是基于微型计算机的会议系统,它既可以作为会议系统使用,也可以作为独立微型计算机使用,方便、灵活。国外的著名产品有:Intel 公司的 Proshare 系统,支持 H.320 协议,在局域网和窄带 ISDN 网上可以实现 20 帧/秒的传输;CLI 公司的 Desktop Video,在 ISDN 网上使用。Microsoft 的 Net meeting 可以通过 Internet 或 intranet 召开会议,它提供了向用户发送呼叫、通过 Internet 或 intranet 与用户交谈、与其他用户共享同一应用程序、在联机会议中使用白板画图、发送在交谈程序中输入的消息、向参加会议的每位用户发送文件等功能。

2. 多媒体视频点播系统

视频点播系统(VOD)允许用户任意点播系统中的影片、信息、新闻、卡拉 OK、游戏、教学节目和其他资料,并可随意切换、重复点播,用户能够控制快进、快退、向前与向后查看、开始、暂停、取消或移到别的场景。VOD 系统由视频服务器、数字视频解码器/接收器(机顶盒)、宽带交换网络和用户接入网络四部分构成。视频服务器主要用于为用户提供视频数据流、响应用户的请求、协调多个用户的传送。一般视频服务器可以安装上百至上千部电影或其他视频资料,供用户点播。机顶盒的功能是节目选择、解码以及状态诊断和出错处理。宽带交换网络主要提供节目和信令数据的传输与交换。用户接入网络是指从交换局到用户之间的线路设备。

3. 多媒体监控及监测系统

现在有不少企业为了提高效率,减少人员开销,实行无人管理,即采用监控、监测系统。采用监控、监测系统能够定期采集仪器仪表数据,一旦发现问题,采用自动控制或人工干预进行处理,以维护系统的正常运行。如电力系统对电厂、变电站的管理,以及石油、化工行业中的现场管理。另外,一些部门由于特殊的要求也需要进行实时监控,如海关、银行,以及一些危险部门的管理监控。将多媒体监控系统用于交通管理,其成效也是显著的。现在城市的交通拥挤现象非常普遍,如果在各个重要的交通路口对行人和车辆进行实时监控,使监控中心每时每刻都能够准确地观测到各重要交通枢纽和干线上行人、车辆的动态分布情况,就可以根据这一分布进行疏导,这将大大改善和减轻长期困扰人们的交通拥挤现象。

4. 远程医疗和教学系统

多媒体技术发展到现在已经具备了进行远程医疗和远程教学的条件。利用全双工的音频及视频传输系统,可以与病人面对面地交谈,进行远程咨询和检查。通过远程医疗系统,还可以在远程专家指导下进行复杂的手术。在医院与医院之间,甚至国家与国家的医疗系统之间建立信息通道,实现信息共享,有利于推动整个医疗事业的发展。国外已经在不同网络如 ISDN、Internet、ATM 和公用电话网上实现了远程医疗。在波黑战争中,美国后方医疗中心就是借助远程医疗系统帮助前方抢救伤员的。

远程教育在未来的教育中将起到举足轻重的作用,它打破了教育在时间和空间上的限制,使受教育者高效、自由、创造性地进行学习,使更多的人受到更好的教育。目前一些学校和教育部门已经通过因特网或其他信道实现了远程教学。

5. 电子出版物

光盘具有存储量大、收藏方便和数据不易丢失等优点,它将在某些领域取代传统的纸张印刷出版物,成为集声、文、图于一体的电子出版物。多媒体电子出版物这几年发展迅速,如《计算机世界报》的电子版已经发行几年,反响颇好。未来的图书馆将走向数字化,实现无纸图书馆。

实现 CAI(计算机辅助教学)的课件也在日益增多,如各种计算机语言的学习、操作方法的学习、程序设计的学习等。由于光盘技术的发展,VCD 和 DVD 不断推出新品种,价格也在不断降低。在美国,光盘的电子读物一般低于图书价格,这给电子出版物提供了广泛的发展空间。

6. 多媒体家电

多媒体家电是多媒体应用中的一个巨大领域。目前,利用计算机就可以看电视。数字电视已走入市场,它是将电视信号进行数字化采样,经过压缩后进行播放,保证了电视图像的高清晰度。其他家电,如电话、音响、传真机、录像机等也会随着多媒体家电的发展而逐渐走向统一和融合。

7. 多媒体数据库

多媒体数据库支持文字、文本、图形、图像、视频、声音等多种媒体的集成管理和综合描述,支持同一媒体的多种表现形式,支持复杂媒体的表示和处理,能对多种媒体进行检索和查询。多媒体数据库有非常广阔的应用领域,如 CAI 课件、办公自动化、医疗诊断、馆藏管理、计算机辅助设计以及地理信息系统等。

多媒体数据库可以通过以下几种途径实现:一是在现有的商用数据库管理系统基础上增加接口,以满足多媒体应用的需要;二是建立基于一种或几种应用的专用多媒体信息管理系统;三是从数据模型入手,研究全新的通用多媒体信息管理系统。

多媒体技术的应用还有很多领域,如多媒体著作工具、CSCW(计算机支持的协同工作)、多媒体网络、虚拟现实等。随着社会信息化的加速和网络技术的发展,多媒体技术将进一步大放光彩,成为人们生活和工作中不可或缺的一部分。

1.4　数据压缩

数据压缩技术经过近四十年的发展,已经进入了成熟的实用阶段。数据压缩是一种数据处理的方法,其作用主要是将一个文件的数据量减少,而又基本保持原来文件的信息内容。通过数据压缩技术来提高数据存取和传输的速度,同时节省存储数据的空间。当使用被压缩的数据时,则需要通过压缩的反过程——解压缩,将数据还原,其过程如图 1-7 所示。

原文件　→　压缩　→　解压缩　→　还原

图 1-7　数据压缩和解压缩过程

1.4.1　数据压缩的原因

对多媒体数据进行压缩的一个重要原因是:经过数字化的视频、音频、图形、图像等多媒体的数据量非常大,如一幅未经压缩的、分辨率为 640×480 的真彩色图像的数据量就达 7.37MB。如果不对经过数字化之后的视频、音频、图形、图像等进行适当的压缩处理,计算机系统将无法对如此巨大的数据量进行存取和交换,特别在目前的网络传输条件下,要在网上进行大量多媒体信息的传输就会变得非常困难。

另一个原因是:视频、音频、图形、图像等多媒体本身具有很大的压缩潜力。比如对于位图格式的图像来说,不同像素之间在水平方向和垂直方向上都具有很大的相关性,整体上数据的冗余度很大,在允许一定限度失真的前提下,可以对图像数据进行很大程度的压缩。又如对于视频或者动画,在人眼允许的误差范围内,可以通过减少图像帧数来减少整体数据量。

衡量一种数据压缩技术的好坏有三个重要指标:一是压缩比要大,即压缩前后所需的信息存储量之比要大;二是实现压缩的算法要简单,压缩、解压速度快,尽可能做到实时压缩解压;三是恢复效果要好,要尽可能地恢复原始数据。

1.4.2　数据压缩的方法

随着数据压缩技术的发展,适合各种应用场合的编码方法也不断产生,目前常用的压缩编码方法可以分为两大类:冗余压缩法和熵压缩法。

冗余压缩法,也称无损压缩法。其方法是在压缩时去掉或减少数据中的冗余,而这些冗余值是可以重新插入到数据中的,这是一个可逆的过程。因此采用冗余压缩法不会产生数据失真,一般用于文本、数据的压缩,以保证完全地恢复原始数据,但这种方法的压缩比比较小,一般在2∶1~5∶1之间。典型的冗余压缩法有 Huffman 编码、Fano-Shannon 编码、算术编码、游程编码、Lempel-Zev 编码等。

熵压缩法,也称有损压缩法。这种压缩方法会减少信息量,且减少的信息不能再恢复,是一种不可逆的过程,会使原始数据产生一定程度的失真。这类压缩方法可用于图像、声音、动态视频等数据的压缩,压缩比可达几十到上百。

1.4.3　数据压缩的标准

1. 音频压缩

音频的技术参数主要有声音采样频率、采样的信息量、声道数、数据量。根据音频信号的质量层次,可分为三种不同的压缩标准:一是电话质量的语音压缩标准;二是调频广播质量的音频压缩标准;三是高保真立体声音频压缩标准。目前国际上比较成熟的高保真立体声音频压缩标准为"MPEG 音频"。

2. 图像压缩

图像的技术参数主要有分辨率、图像颜色数、调色板、彩色空间、帧数、数据量、图像质量。图像压缩标准可分为两种:一是静态图像压缩标准,主要有 ISO 制定的 JPEG 标准和 JBIG 标准,JPEG 标准可以支持很高的图像分辨率和量化精度,适用黑白及彩色照片、传真和印刷图片的压缩,JBIG 标准是针对二值图像制定的,常用的文件格式为 1728×2376 或 2304×2896;二是动态图像压缩标准,主要有 MPEG 标准和 P×64 标准的视频编码标准,MPEG 标准发展到目前已经历了三个阶段,即 MPEG-1 标准,它适用于分辨率低、低码率、无差错、逐行扫描的图像;MPEG-2 标准,它是一种数字电视的标准,主要针对较高分辨率、高码率、隔行扫描、信道有误码的电视图像;MPEG-4 标准,是一种支持视听数据即自然或人工视听对象的通信、存取和管理,提供一个可以实现交互性和高压缩比,以及具有高度灵活性和可延展性的新的多媒体视听标准,在移动和 PSTN 的视频应用中的码率为 5~

64kbps,在电视和电影应用中的码率可达 4Mbps。

1.5 光盘存储系统

光盘存储系统由光盘驱动器和光盘盘片组成,光学存储的基本特点是用激光引导测距系统的精密光学结构取代硬盘驱动器的精密机械结构。光盘驱动器的读写头是用半导体激光器和光路系统组成的光学头,记录介质采用磁光材料。驱动器采用了一系列透镜和反射镜,将微细的激光束引导至一个旋转光盘上的微小区域。由于激光的对准精度高,所以写入数据的密度要比硬磁盘高得多。

1.5.1 光盘的分类及 ISO 标准

1. 光盘的分类

常用的光盘有如下几类:

- 只读型光盘:只读型光盘包括 LV、CD-ROM 等,CD-ROM 光盘主要用于存储和分发不需要更改的数据、文本、声音和图像。
- 一次写光盘:一次写光盘(WORM)可一次写入,任意多次读出,与 CD-ROM 相比,具有由用户自己确定记录内容的优点。
- 可重写光盘:可重写光盘(E-R/W,Rewritable 或 Erasble)像硬盘一样可任意读写数据,它分磁光型(MOD)和相变型(PCD)两种。

2. 光盘的 ISO 标准

光盘的数据格式在国际标准化组织(ISO)的标准中作了详细规定。ISO 标准包括数据格式、编码方法、物理尺寸以及 CD 技术等多方面的说明。而记载各种光盘数据格式的规范文本的封面都被赋予一种颜色加以区别,人们也就习惯把光盘的标准以其文本的封面颜色来划分。

- 红皮书(Red Book):红皮书是 CD 标准的第一个文本,是一种用于 CD 音乐的规范。发表于 1981 年,描述了 CD-DA 的信息、编码格式,遵循该标准的光盘能在任意激光唱机中播放。其采样频率为 44.1kHz,每个样本为 16b,还定义了 CD 的尺寸、物理特性、编码、错误校正方法等。
- 黄皮书(Yellow Book):CD-ROM 的开发人员在 1985 年提出了"High Sierra 标准",1988 年在此基础上作修改,于 1989 年发表了 ISO9660 标准,这就是常说的黄皮书。ISO9660 标准规定了 CD-ROM 的基本数据格式,是 Red Book 标准的扩充,能存放计算机用的数据。黄皮书又可细分为 Mode 1 和 Mode 2 两组标准。Mode 1 包括 ISO9660 和 HFS;Mode 2 为 CD-ROM XA(扩展结构)。CD-ROM XA 提供了声音压缩和声音质量水平的选择。1991 年又制定了 ISO9660 Ⅱ 。
- 绿皮书(Green Book):绿皮书是 1987 年制定的交互式光盘 CD-I(CD-Interactive)的标准,是用于家庭娱乐的交互式 CD 的专用格式。它把高质量的声音、文字、动画、图形及静止的图像都以数字形式存放于 CD-ROM 盘上,并实现了交互式操作。

- 橙皮书(Orange Book):橙皮书是 Yellow Book 的扩展,于 1989 年发表,在黄皮书的基础上增加了可写入的各种 CD 的格式标准,包括可写光盘(Recordable)、盒式光磁系统和柯达光电 CD(Photo CD)的标准。Orange Book 允许多段写入,并在 Orange Book Part II 中描述了刻录 CD-R 盘的条件。

- 蓝皮书(Blue Book):蓝皮书是 1985 年制定的 CD-WORM(Write Once/Read Many)标准,是一种一次写入、多次读出的光盘,从而弥补了光盘不能写入用户信息的缺陷。由于这个规范与作为 CD 逻辑格式基本出发点的红皮书完全不兼容,因此没有得到推广,代替它而产生的标准是橙皮书的第二部分 Part II,与红皮书的逻辑格式完全兼容,成为了 CD-R 的基准。

- 白皮书(White Book):该标准是 1992 年制定的,其技术从绿皮书(Green Book)演化而来,采用了 CD-ROM XA 格式,主要应用于全动态 MPEG 音频视频信息的存储。目前,VCD(VCD1.1、VCD2.0)节目均采用这种格式。

- CD-ROM XA 规范:该规范于 1988 年制定,允许数据和音频视频信号交替地在盘上放置,使用这种格式便于开发人员制作丰富多彩的多媒体节目。1991 年又制定了 CD-ROM XA II 规范,它对应于 ISO9660 II。

- CD-DV 规范(Digital Vision):CD-DV 是 1992 年 Philips、Sony 和 JVC 按黄皮书制定的规范,具有全动态数字画面,可播放 Photo-CD。

光盘的系列及它们之间的关系如图 1-8 所示。

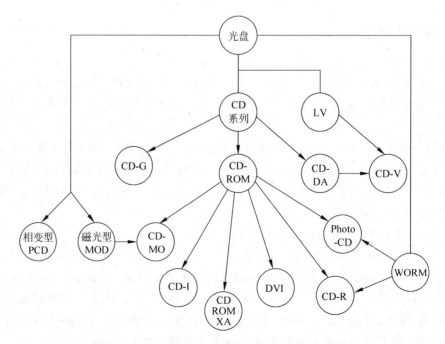

图 1-8　光盘的系列及它们之间的关系

1.5.2　光盘系统的技术指标

与光盘存储系统有关的技术指标包括尺寸、容量、平均存取时间、数据传输率、误码率、接口标准和格式标准等。

1. 尺寸

光盘的尺寸多种多样,LV 的直径为 12in(300mm),CD 激光唱盘、CD-ROM 为 5.25in,WORM 一次写光盘为 14.12in 和 5.25in,可擦写光盘向小尺寸方向发展,主要尺寸为 5.25in 和 3.5in。

2. 容量

光盘的容量分为格式化容量和用户容量两个概念。

- 格式化容量是指按某种光盘标准进行格式化后的容量,采用不同的光盘标准就有不同的存储格式,容量也不同。如果改变每个扇区的字节数,或采用不同的驱动程序,都会使格式化容量有较大的差别。例如,Sony 的 SMO-D501 光盘,若格式化使每个扇区为 1024B 时,格式化容量是 325MB,而采用每扇区为 512B 时,格式化容量只有 297MB。
- 用户容量是指盘片格式化后允许对盘片执行读写操作的容量,由于格式本身、校正、检索等需要占用一定的容量空间,因此,用户容量比格式化容量小。

CD-ROM 盘的容量为 650MB 和 680MB,由于光盘外圈 5mm 区容易出错,所以有些 CD-ROM 盘的容量标为 650MB。

DVD 盘的容量可达 4.7GB。

目前正研究一种晶片存储技术,它可以把文字、声音、图像信息作数字化编码,在一个固定晶片的整个厚度上储存信息,使容量的利用率更高。

此外,还出现了全息存储技术。采用全息存储技术可大大提高激光光盘信息的存储量。例如美国科学家采用全息技术的固定晶片,它可以比现有的光盘多存储一千余倍的信息量,而体积却比现在的光盘还要小。

3. 平均存取时间、平均寻道时间、平均等待时间

平均存取时间是指从计算机向光盘驱动器发出命令开始,到光盘驱动器在光盘上找到需读/写的信息的位置,可以接受读/写命令为止的一段时间。而光学头沿半径移动全程 1/3 长度所需的时间为平均寻道时间。盘片旋转一周的一半时间为平均等待时间。把平均寻道时间、平均等待时间、读/写光学头稳定时间三者相加,得到的就是平均存取时间。

4. 数据传输率

数据传输率因观察角度和使用范围不同而有多种不同的概念:

- 一般所谓的数据传输率:一般所谓的数据传输率是指单位时间内从光盘驱动器送出的数据比特数。该数值与光盘转速、存储密度有关。光盘在实现了可重写功能之后,当前的光盘技术研究主要是围绕提高数据传输率、缩短平均存取时间而开展工

作。对于 CD-ROM,其数据传输率已从初期的 150KB/s 提高到 1500KB/s。

- 同步传输率、异步传输率、DMA 传输率：数据传输率也指控制器与主机之间的传输率。它与接口规范、控制器内的缓冲器大小有关。SCSI 接口的同步传输率为4MB/s,异步传输率为 1.5MB/s。AT 总线上规定的 DMA 方式的传输率为 1MB/s。
- 突发传输率：光盘驱动器或控制器中都包含有一个 64KB、256KB 或 512KB 的缓冲存储器。为了提高数据传输率,读数据过程中先把数据存入缓冲器,然后作集中传送,另一方面,如果下次读的是同一内容,就不必从光盘上去读取,而直接把缓冲器中的数据传送主机,这种传输率称为突发传输率。
- 持续传输率：当传送的数据量很大时,缓冲器就起不到提高传输率的作用了,这时的传输率称为持续传输率。

5. 误码率

采用复杂的纠错编码可以使误码率降低,如果光盘存储的是数字或程序,对误码率的要求就高；如果存储的是图像或声音数据,对误码率的要求就低。CD-ROM 要求的误码率为 $10^{-12} \sim 10^{-16}$。

6. 平均无故障时间

CD-ROM 的平均无故障时间 MTBF(mean time between failures)要求达 25 000h。

1.5.3　LV 和 CD-DA 光盘的原理

1. LV(Laser Vision)激光视盘

LV 光盘是激光视盘的一种,直径通常是 12in(30cm),两面都可以记录信号,一片双面 LV 光盘可播放 2 个小时。记录在 LV 光盘上的电视信号是模拟信号,而不是数字信号。视盘上除了存放视频信号以外,还有两个光道用于存放双声道音频信号,激光束读取视盘上信息的方向是从内圈向外读的。模拟电视图像信号和模拟声音信号都是经过 FM(Frequency Modulation)频率调制、线性叠加,然后进行限幅放大,限幅后的信号以 $0.5\mu m$ 宽的凹坑长短来表示。LV 光盘存储模拟电视图像信号是以电视帧为基础,每帧由两个交叉扫描场组成,每场的开头有一段垂直消隐时间,用于存储命令代码,以便计算机控制。

LV 激光视盘有两种类型,一种是恒线速盘 CLV(constant linear velocity)；另一种恒角速盘 CAV(constant angular velocity)。

- CLV 盘：恒线速盘以线速为常数的方式读取视频和音频数据,盘片的旋转速度与读出光学头所处的半径成反比,读出光学头离盘片中心越远、旋转的角速度越低,读中心光道时的转速为 1800r/min,读至外圈光道时的转速为 600r/min。每个扇区之间没有间隙,以紧凑格式存放数据,这就充分利用了光盘的存储空间。一片 12in 的 CW 盘,每面可记录 60min 的电视节目,可以存储 10.8 万幅单独 NTSC 制图像,或者 9 万幅 PAL/SECAM 制的图像,CLV 格式每面存储的信息是 CAV 格式的两倍。
- CAV 盘：恒角速盘是指盘片的旋转角速度不论内圈外圈都保持不变。对于记录 PAL/SECAM 制电视信号的 CAV 盘,转速为 1500r/min,即每秒钟 25 转,如果盘片每转一圈（360°角）读出一幅图像，则符合 PAL/SECAM 制电视的播放标准；对于 NTSC 制电视信号的盘，转速为 1800r/min，即每秒钟 30 转。一片 12in 的 CAV 盘，每面可记录 30min 的电视节目，存有 5.4 万幅单独的 NTSC 制图像，或 45 万幅 PAL/SECAM 制图像。CAV 盘的优点是采用类似磁盘的信息格式，单帧访问、搜索、帧序列的随机访问的功能较强。

2. CD-DA(Compact Disk-Digital Audio)激光唱盘

CD-DA 的全称是激光数字音频盘，简称为 CD 盘，符合红皮书标准。直径为 4.72in（120mm），每片盘能播放 72min 高质量的音乐节目。现在也把 CD 盘的音频信号质量作为一个标准，称为 CD 质量的声音。声音的质量被分成 4 个档次，依次为 CD 质量、FM（Frequence Modulation）调频质量、AM（Amplitude Modulation）调幅质量及电话语声质量，CD 质量是最高档次的质量。

CD-DA 盘与 Laser Vision 盘的一个差别是，CD-DA 盘上记录的信息是数字信号，而不是模拟信号。数字记录代替模拟记录的优点是，CD-DA 激光唱盘包含了 Philips 公司开发的光盘技术和 Sony 公司开发的错误校正技术，对干扰和噪声不敏感，而且可以校正由盘本身的缺陷、划伤或沾污而引起的错误。

CD-DA 记录音响信号的方法是首先把模拟的音响信号进行 PCM（脉冲编码调制）数字化处理，再经过 EFM（8 到 14 位调制）编码之后记录到盘上。光盘上每个凹坑的长度和每个非凹坑的长度是 $0.3\mu m$ 的整数倍，最长不超过 11T（T 为周期），而最短不小于 3T。LV 盘上的凹坑和非凹坑长度则没有这种限制，它只受调频信号周期的限制，它们的长短反映的是调频信号的周期。在 CD 盘上，凹坑的端部（正沿和负沿）代表二进制数中的 1，而凹坑和非凹坑的平坦部分代表 0，0 的个数取决于它们的长度。

1.5.4　CD-ROM 的结构和数据存取原理

1. CD-ROM 光盘技术的概况和特点

由于 CD-DA 系统的开发成功，人们开始注意到，可以利用 CD-DA 作为计算机的大容量只读存储器，CD-ROM 就在这个基础上研制出来了。

CD-ROM 盘具有如下的特点：

- CD-ROM 盘是单面只读光盘：因为做一个双面盘的成本比做两片单面盘的成本还要高。因此 CD-ROM 盘有一面专门用来印制商标，另一面用来存储数据。
- CD-ROM 盘是大容量存储器：CD-ROM 盘用来存储文本、计算机程序等数据时，考虑到光盘外圈 5mm 区容易出现缺陷，因此通常按 550MB 的存储空间计算。用来存储声音、视频图像等对误码率要求不高的数据时，可以提供 650M～680MB 的存储空间。
- CD-ROM 盘写入与读出的对称性：软盘、硬盘和磁带都可以由用户在同一计算机平台上把信息写入这些磁存储器，写入后也可以在同样的计算机平台上把信息读出，从这个角度看，写入和读出是对称的。但 CD-ROM 盘的写入与读出又是非对称性的。计算机平台上处理过的信息不能直接写到 CD-ROM 盘上，需要通过专用设备才能把信息存放到盘上。

2. CD-ROM 的盘片结构

标准的 CD-ROM 盘片和 CD-DA 盘片一样,它们具有完全相同的尺寸和机电特性。盘片的直径为 4.72in(120mm),中心定位孔直径为 15mm,厚度为 1.2mm,质量为 14～18g。CD-ROM 盘片的径向截面结构模型如图 1-9 所示,共有三层:

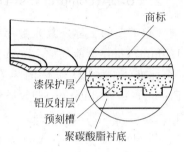

图 1-9　CD-ROM 盘片的径向截面图

- 聚碳酸脂做的透明衬底:CD-ROM 盘片的底层是用聚碳酸脂(Polycarbonate)压制出的透明衬底。压制出的预刻槽用于光道径向定位。
- 铝反射层:CD-ROM 盘的第二层是铝反射层,目的是提高盘片的反射率。
- 漆保护层:最上面的一层是涂漆的保护层。保护层上印有标识符,凡带有 MPC 标识符的盘,都可以在 MPC 系统中读出。

3. CD-ROM 的物理格式和逻辑格式

CD-ROM 的标准是 ISO9660(Yellow Book),该标准的核心思想是把光盘上的数据以数据块的形式来组织,它分几级定义了 CD-ROM 数据结构:逻辑块、逻辑扇区、记录、文件、卷(整个盘)、卷集。

CD-ROM 盘属于 CLV 的类型,CD-ROM 盘的物理格式规定,1 秒钟分成 75 个数据块,称之为扇区,但由于 CD-ROM 采用恒线速 CLV 方式,每个扇区同等长度,因此扇区的边界不能像磁盘一样,不是两道沿半径扇开的直线。每个扇区都要有地址。这样,盘上的数据就能从几百兆字节的盘空间上迅速找到。为了降低误码率,采用增加一层错误检测和错误校正的方案。错误检测采用循环冗余检测码(CRC);错误校正采用里德-索罗蒙码(Reed Solomon)。

CD-ROM 扇区格式的定义分为 Mode 1 和 Mode 2 两组标准。Mode 1 包括 ISO9660 和 HFS;Mode 2 为 CDEROM XA 扩展结构。

Mode 1 主要用于存储软件程序等对误码率要求较高的数据,在每个扇区有 2352 个字节,开始的 12 个字节作为同步码 SYNC。接下去的 4 个字节作为扇区头,扇区头包括以时、分、秒为地址的 3 个地址字节,1 个 Mode 字节。然后 2048 个字节用于存储用户数据,扇区最后的 288 个字节作为纠错码(Error Correct Code,ECC)和检错码(Error Detect Code,EDC),采用 ECC 和 EDC 码后,可将误码率从 9～10 降低到 10～12 以下,满足文字、程序等数据存储的要求。

Mode 2 主要用于存储图像、声音等对误码率要求不高的数据,在这种格式中没有 ECC 和 EDC 码。

4. CD-ROM 读取原理和数据组织

CD-ROM 标准使用与 CD-DA 相同规格的盘和光学技术,使用相同的原版盘制作和压制方法。这两种盘的主要差别是用户的数据结构,以及寻址和纠错能力。

CD-ROM 盘上的光道与软盘、硬盘上的磁道不同。磁盘上的磁道是同心环,而 CD-ROM 上的光道是螺旋线形光道,CD-ROM 盘的道密度为 160 000TPI(Tracks Per Inch),它远高于软盘(135TPI)和硬盘(几百个 TPI)的道密度。相邻螺旋形光道之间的距离 1.6μm,光道宽度为 0.5～0.6μm,光道上的凹坑和非凹坑长度限制在 3～11T(T＝0.277μm)之间。光道总长约 5km。光道上的凹坑深度约为 0.12μm,凹坑总数可达 8 亿多个。

CD-ROM 盘的光道如图 1-10 所示,它分为三个区:导入区(Lead in area)、信息区(Information area)和导出区(Lead out area)。用户信息存放在信息区。

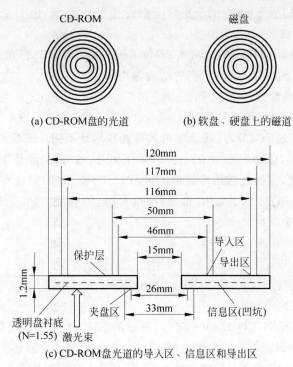

(a) CD-ROM盘的光道　　(b) 软盘、硬盘上的磁道

(c) CD-ROM盘光道的导入区、信息区和导出区

图 1-10　CD-ROM 盘的光道与软盘、硬盘上的磁道

5. CD-ROM 扇区的数据结构

CD-ROM 是在 CD-DA 的基础上发展起来的,所以它的扇区数据结构与 CD-DA 相似。根据 Nyquist 采样理论,采样频率至少为被采样的模拟信号最高频率的 2 倍。用 44.1kHz 的采样频率对立体声进行采样,每次采样对左右声道各取一个 16 位的样本,于是得到 1 秒的数据率为

$$44.1 \times 10^3 \times 2 \times (16 \div 8) = 176\,400 \text{B/s}$$

由于 1 帧存放 24 个字节,所以 1 秒所需要的帧数为

$$176\,400 \text{B/s} \div 24 \text{B} = 7350 \text{ 帧/s}$$

98 帧构成 1 个扇区,所以每秒的扇区数为

$$7350 \text{ 帧/s} \div 98 \text{ 帧} = 75 \text{ 扇区/s}$$

记录到信息光道上的数字数据要组织成一个个扇区。扇区是 CD-ROM 信息区中的最小可寻址单元。一个扇区由 $98 \times 24 = 2352$ 个字节组成。

1) 三种扇区(Sector Mode)方式

Mode0：扇区方式 0

Mode1：扇区方式 1

Mode2：扇区方式 2

Mode0 不向用户开放,在组织光道上的信息时把它作匹配用。

2) 三种扇区的共同点

每种扇区都由 2352 个字节组成。

每种扇区都有相同的 SYNC(同步头),同步头占 12 个字节,由 1 个 00 字节＋10 个 FF 字节＋1 个 00 字节构成。

每种扇区都有相同的 Header(扇区头),Header 又称首标。首标由 4 个字节组成,其中 3 个是扇区地址,1 个是方式字节。它们的结构都相同。

每种扇区都有用户数据区 ECC 码。

3) 扇区地址用"分:秒:扇区号"编址

CD-ROM 的扇区地址与软盘、硬盘和可重写光盘地址不同。磁盘和可重写光盘目前采用的是 CAV 运行方式,磁道和光道是同心环,采用面号、道号、扇区号作地址;而 CD-ROM 盘采用 CLV 运行方式,它的光道是螺旋形的,所以 CD-ROM 的寻址与同心环磁道或光道的寻址方法不同,CD-ROM 不是采用"道号:扇区号"这种编址方法,而是采用时间作地址,即分:秒:扇区号。其中:

Minute(分)：0～59(或更大一些)

Second(秒)：0～59

Frac(分数秒,即扇区号)：0～74,单位为(1/75)s

4) 三种扇区方式的结构

- Mode0：除了 SYNC 和 Header 之外,其余的 2336 个字节均为(00),(00)表示字节中的内容为 00H。

- Mode1：除了 SYNC 和 Header 之外,还划出了 4 个字节的存储空间用于存放 EDC(Error Detection Code)码,用 2 个字节存储 P 校验码和 104 个字节存储 Q 校验码,P 校验和 Q 校验合起来称为 ECC(Error Correction Code)。

- Mode2：Mode2 与 Mode1 的结构大致相同,但用户数据区不再是(00),而是用于用户存放数据。

5) 三种扇区的不同用途

Mode0 主要用于导入区和导出区,扇区方式 Mode1 和扇区方式 Mode2 之间有以下不同点:

- 用户数据的容量不同：Mode1 的容量为 2048B,而 Mode2 的容量为 2336B。

- 存储数据的类型不同：Mode1 用于存放对错误非常敏感、要求误码率很低的数据,如计算机程序代码等数字数据;Mode2 用于存放对错误不那么敏感、对误码率要求不那么苛刻的数据,如图像、声音等类型的数据。

- 数据误码率不同：Mode1 下读出的数据误码率小于 10^{-12}；而 Mode2 下读出的数据误码率小于 10^{-9}。Mode2 下读出的数据只经过 CIRC 校正;而 Mode1 下读出的数据不仅要由 CIRC 校正,如果校正后仍有错误,还要作一次 ECC 校正。

1.5.5 可重写光盘

可重写光盘主要有磁光型 MO(Magnetic Optical)和相变型 PC(Phase Change)光盘两大类。光盘的写过程和擦过程是一个逆过程,写过程使光介质的性质发生变化,而擦过程则是恢复光介质原来的性质。

从光盘驱动器在读、擦、写过程看激光束的能量状况,读过程激光束发出的能量较小,只有 $1\sim2mW$,而擦写过程激光束所发出的能量较大,一般为 $8\sim20mW$,对于 $1\mu m$ 直径的激光束,只需 $15mW$ 的写功率,其平均能量密度就达 $2\times10^{10}\,W/m^2$,如此高密度的能量足以改变或破坏盘面介质的性质,达到擦写的目的。

1. 磁光型光盘 MO

磁光型光盘的特点是介质寿命长,存储速度快。初期的磁光盘要先擦后写,即先转一圈抹去原来的数据,再转第二圈写入新数据,第三圈进行校验。但目前已开发出可直接重写的磁光盘驱动器,它采用双光学头三光束技术,使之在一圈内完成擦除、写入、读出校验三个工作。

磁光存储器的读写原理:磁光型光盘的读写方式分为磁场和激光调制两种。

* 磁场调制:是在恒定功率激光照射下,介质的温度升至居里温度或补偿温度,光学头中磁场线圈的调制信号使磁场反向磁化,在写入激光束很快离开聚焦点后产生某一方向的磁化区域。磁光写操作的方法有两种,一种是居里点记录,一种是补偿点记录。磁光存储器所用的介质为稀土过渡金属(Re-Tm)非晶态合金,居里点记录使用稀土-铁合金膜介质,补偿点记录使用稀土-钴合金膜介质。写数据的简单原理是激光束聚焦于盘片的磁光膜上,局部高温退磁,与此同时,盘的另一面有一电磁线圈,令该点重新磁化,记录新数据。信息的擦除过程与写入方法相同,它把磁化方向又反转过来。

* 激光调制:是在恒定磁场作用下,通过调制激光脉冲信号改来写数据。磁光存储器信息的读出是利用磁光克尔(kerr)效应通过检测记录单元的磁化方向来实现的。

2. 相变型光盘 PC

相变型的晶相转变速度较慢,存取时间长。但相变型光盘具有直接改写能力和读取 CD-ROM 以及 WORM 系统的功能,并具备向下兼容的特点。与磁光型光盘相比较,它具有不受外界环境磁场影响的优点。

磁光型光盘的写过程不能一次完成,而相变(Phase Change)技术提供了可直接写入新数据的读写光存储技术。它是利用激光束照射介质材料,使之发生非晶态-晶态-非晶态的转变,来实现信息的记录和擦除的。它的关键是相变材料,要求其具有单光束重写、多次重写和稳定性能好的要求。目前,单光束相变型光盘已实用化,680nm 的光学头,$1.2\mu m$ 宽,密度比原来提高 2 倍,3.5in(90mm)的相变型光盘的容量为 600MB。

1) 相变型光盘的特点

* 可实现直接重写。
* 信号电平比磁光型光盘高,信噪比可达到 50dB 以上。

- 不需要磁场元件,因而光学头简单、重量轻、易集成化,可提高伺服跟踪精度和数据传输率。
- 可在双面介质上采用单光束直接重写,因此容量大。
- 稳定性能好,信息可保存 10 年以上。
- 传输速率受晶相转变速度的影响,因结晶速度慢故需要较长的抹去时间,而且重写次数有限。

2) 相变型光盘的材料和结构

相变存储器使用的是利用真空镀膜技术生成的一种特殊薄膜(相变薄膜),这种薄膜是一种应用范围很广的半金属物质,它能以很薄的厚度镀膜在基片上,形成厚度为 20～50nm 的有效记录层。相变薄膜所用的化合物主要是碲(Te)。这些元素具有能呈现非晶态和晶态的特性。用适当功率的激光束可使记录层的某一点在两种状态中转换,分别对应逻辑 0 和逻辑 1。

为了提高结晶速度、增加重写次数、提高稳定性,在基本材料中加入了一些其他元素,如砷(As)、锑(Sb)、钛(Ti)、硒(Se)等。形成的化合物有 TeGeSn、GeSbTe、TeGeAs 等,也有以铟(In)和 Se 为基础生成的 InSeTi 合金,结晶时间可以小至 30ns,重写次数可超过 100 万次,目前正在研究开发超高密度存储材料。相变盘是由多层构成的,包括基片、记录层以及可以加强不同状态反射率对比的其他层。

3) 相变型光盘的工作原理

相变型光盘利用记录介质的两种稳态之间的互逆相结构的变化来实现信息的擦除和记录。介质的两种稳态是反射率高的结晶态(crystalline state)和反射率低的非结晶态(amorphous state),非结晶态又称玻璃态。

- 相变型光盘的写过程:相变型光盘"写"激光加热记录介质的目的是改变相变记录介质的晶体状态,用结晶态和非结晶态来区分 0 和 1。

  写过程需要控制好两个重要的参数:玻璃化温度(glass-transition temperature)和熔化温度(melting temperature)。玻璃化温度是非晶态转变为晶态的温度点,当相变薄膜用 8mW(毫瓦)的激光照射时,介质将转变为晶态。熔化温度是记录介质熔化的温度,它比晶态温度要高,需要更大功率的激光(例如 18mW)。用这样大的功率照射某一点时,可使之变为非结晶状态。因此,某一点用 8mW 的激光时,呈现结晶状态,而用 18mW 的激光时,将呈现非结晶状态。假设要将某一点写为 1(晶态对应为 1),当用 8mW 的激光照射这一点时,若它是非结晶状态,那么将变为晶态,如果这一点已经是晶态,它将仍停留在晶态,因为激光的功率没有高到使之熔化。同样,当想要给某一点写入 0,较高功率的激光将总是把记录介质熔化,无论这一点原先是非晶态还是晶态。因此,相变介质具有直接从非晶体态到晶体态再到非晶体态的能力。

- 相变型光盘的读过程:相变型光盘信号的读/写技术要求能直接从介质的一种状态转变为另一种状态,对于读过程,重要的是具有区别两种不同的结晶状态的能力。由于晶态和非晶态具有不同的基本光学特性,故它们显示出不同的反射率。相变型光盘系统就是利用这个特性,通过测定某一点反射光的强度来检测 0 和 1,实现信号读取的。

1.5.6　大容量可重写光盘新技术

提高存储速度和增大存储容量是可重写光盘发展的主要趋势,可直接重写的新技术能明显提高存储速度,而增大存储容量的主要方法有以下几种:提高位密度、道密度,从而提高面密度;采用更短波长激光作为光源以减小光斑直径,这样既可提高位密度又可提高道密度;采用区域恒角速度(ZCAV)方式,从而提高面密度;还可以采用高效率的编码方法等新技术。

1. 光斑凹缘记录(Mark edge recording)

光盘记录一般是光斑位记录,用一个记录光斑表示一位。如果改为光斑凹缘记录,通过检测光斑的两边缘来提高原记录信息,可大大提高面密度。光斑凹缘记录的一个光斑可以表示两位信息,可见,记录密度可提高近2倍,如果采用内外圈等位密度技术,又可提高1.5倍,因而可提高3倍以上。例如,5.25in(133mm)的磁光盘的单面容量可达1GB。

2. 采用新的激光源

光盘的记录密度主要由激光的波长决定。为了减小道间的距离,以及减小凹坑最小长度,就要求聚焦后的读写光点足够小,因此,须采用波长较短的激光。例如,激光的波长从原来的870nm降到780nm,就使记录密度有了很大提高,据研究,采用波长较短的激光可使记录位密度提高4倍左右。实验中还使用670nm(绿)和530nm(蓝)波长的激光,甚至更短波长的紫色、紫外激光。

实现短波长的激光,主要有以下两种方法:
- Ⅱ-Ⅵ族半导体激光:目前所用半导体激光器一般是GaAIAs系列的Ⅲ-Ⅵ族材料,波长在800nm左右;采用Ⅱ-Ⅵ族的ZnSe半导体材料,激光波长可以小到500nm。但这类在室温下能连续发光的Ⅱ-Ⅵ族短波长激光,现仍在进一步研究之中。
- SHG激光:用二次谐波发生器,使原激光波长倍频,从而用其半波长,这样也可达到缩短激光波长的目的。

不同激光波长和数值孔径(NA)对CD容量的影响,见表1-3。

表 1-3　不同激光波长和 NA 对 CD 容量的影响

半导体激光源	波长(λ)/μm	NA	聚焦光束/μm	凹坑宽/μm	3T长/μm	道间距/μm	密度(EFM编码)
红外线	780	0.45	1.0	0.60	0.83	1.60	1x
				0.6		1.20	2x
红光	670	0.45	0.9	0.52	0.52	1.00	2.8x
		0.55	0.7	0.42	0.42	0.84	4x
蓝光	400	0.45	0.5	0.31	0.31	0.62	7.5x
		0.55	0.4	0.25	0.25	0.50	11.5x

3. 高分辨率检测技术

采用 IRISTER 超高分辨检测技术可使记录密度提高近1倍,可只检测激光照射区内高温部分,即检测中心部分,使检测的光斑尺寸较小,如果采用 780nm 的激光器,分辨率可为原来的 2 倍。

4. 近视场光扫描显示技术

美国电报电话公司贝尔研究所开发了近视场光扫描显示技术,将尖锥形光纤头靠近磁光盘,使激光照射形成的光点很小,面积只有原来的 1/10 左右,把记录密度提高到原来的 100 倍,采用这种方法的磁光盘可以记录 17h(小时)的高清晰度电视图像信息。

5. 半导体激光阵列

采用半导体激光阵列实现多通道同时读写,能有效地减小平均存储时间,实现高速率数据传输。日本电气公司采用 8 束激光阵列,对光盘进行 4 道同时读写的技术。在半导体激光阵列的基础上,又出现了一种"并行光学存储器"技术,它的特点是采用宽光束照射盘面,被存储的信息作并行变址,经读出后对二维探测器阵列成像,把记录位信息转到主机的 RAM 空间。这种并行性可达 10 万通道,采用 100mW 的激光器和 10 万通道并行读出时,读出时间小于 1ms。

6. 光盘堆和光盘库技术

光盘堆和光盘库技术(Stacked Optical Disk File)简称 SOP 技术,它把 5 片 10in(254mm)的磁光盘装在同一主轴上,每片盘的两面各有一个激光头,共配置 10 个激光头,每个激光头可以独立寻道。采用分离型激光头非球面物镜,激光头的厚度仅 10mm,因此寻道速度提高了许多,若 254mm 的磁光盘以 3600r/min 的速度旋转,1 个激光头的数据传输率可达 8MB/s,2 个激光头同时传输,则数据传输率达 16MB/s。盘片的单面容量为 3GB,单轴容量为 30GB。

7. 多层光盘

多层光盘技术可以控制多达 10 层盘片的读取,但它与通常所说的盘库或 Jukebox 不同,多层光盘在层与层之间垫一层很薄的隔离层,用单个光学头读取信息,光学头可上下移动,从而把激光束的焦点聚焦在不同的层面上,读出各记录层上的信息。

8. 高灵敏度记录媒体材料

在磁光介质方面,交换耦合的多层磁光薄膜成了研究的重点。相变型光盘用的介质要求擦除时间小于 $1\mu s$,能适合于单光束重写。若采用多层膜,则要求擦除循环次数大于 10^6,使用 Ge-Sb-Te 系薄膜,最短擦除时间小于 20ns。

9. 采用较好的光学元件

透镜和半导体激光器一样,是 CD 驱动器中的一个非常关键的元件,它用于激光束的聚焦和收集从 CD 盘上反射回来的光,它的性能也直接影响 CD 容量的提高。在高密度 CD 驱动器中,需要采用数值孔径(NA)较大的透镜,因为它聚集光的能力较强。ODC 公司的专家们提倡把透镜的数值孔径从现在的 0.45 提高到 0.55,这种透镜已经在激光盘驱动器中使用；Philips 公司则把数值定为 0.52。

此外，为了提高可重写光盘的容量和读出速度，还采用分离式光学头和飞行光学头等多项新技术。

1.5.7 CD-R 技术和刻录机的结构原理

CD-R 技术已在数据备份、数据交换、数据库分发、档案存储和多媒体出版等领域获得了广泛的应用。CD-R 最大的优点是它的记录成本在各种光盘存储介质中最低，相信 CD-R 将成为计算机的基本配置。

1. CD-R 技术的概念和术语

* ISO9660 规范：这是一种数据格式和文件命名规范（Yellow Book），它使计算机能访问光盘上的数据。根据 ISO9660 规范，在光盘介质上只识别一个导入区和一个导出区，导出区信息读出后，将不再继续读。这样，按照 ISO9660 规范的普通 CD-ROM 驱动器就只能读取 CD-ROM 盘或一次写完的 CD-R 盘上的数据，而不能读按 CD-R 规范追加记入的数据。这种只能读第一段（session）数据的驱动器称为 Single session 驱动器。为此，把 ISO9660 规范再作扩充，使驱动器读出信息后，仍然能接下去读下一个导入区，这种驱动器称为支持多段（Multisession）驱动器。目前，大多数 CD-ROM 驱动器支持多段规范。

* 单段刻录（Single-session recording）：它是一种旧的 CD-ROM 标准，它要求存放在一张盘上的所有数据必须一段刻录，而不能分多段刻录。

* 单道刻录（Track-at-once recording）：它是一种允许分多段刻录的刻录模式，一张盘每次写一个道（Track）。

* 整盘刻录（Disc-at-once recording）：这是一种 Single-session recording 模式，盘上包含的所有数据一次刻写完毕。如果要将其 CD 盘在冲压车间批量生产，则必须按此模式刻写。

* 多段刻录（Multi session recording）：制作一张 CD-R 盘可以分多次进行，不必一次将盘写满。它允许在上一次刻录的数据之后继续写数据。但是，作为母盘的数据源的 CD-R 盘，不要采用多段刻录方式。

* 缓存器欠载（Bufer Underrun）：这是指主机输出的数据流速度落后于激光刻写的速度时，CD-R 缓存区（Buffer）中的数据流全部用光后，迫使刻录过程中断的一种常见错误。如果在刻盘过程中发生这种错误，则 CD-R 盘将无法使用。造成缓存器欠载的原因有多种，如主机速度较慢、缓存器容量不足或硬盘读数据中途短暂的停顿等。缓存器越大，出现缓存器欠载错误的机会越少。目前一般 CD-R 的缓存是 1MB。引起缓存器欠载运行错误的原因除了 CD-R 刻录机缓存器容量较小和选用的刻录速度较高外，还与硬盘的特性有关，其中主要是硬盘的热校正功能带来的影响。

* 加盘的热校正功能：大多数硬盘带有热校正功能，通过该功能可有效地补偿热漂移引起的信号失真，这对数据的可靠存取有好处。热校准是在硬盘工作过程中周期性地进行的，一般约几分钟一次，校准期间硬盘将停止读写操作。如果刻录过程中恰好遇到硬盘自动进行热校正，虽然时间很短，但正好如果缓存器的数据又已经用完，

就会出现缓存器欠载运行错误。

- 增量包刻写(Incremental Package Writing)

与 Multisession Photo CD 类似,此方法允许按多段方式写入数据,并在盘满时产生一个目录表。然而,它与 Multisession Photo CD 也有区别,按此方法刻写的盘,只有在完成刻写后其他的 CD 驱动器才能读取此盘,而在完成刻写之前是不能读取的。

- 直接刻写(On-the-fly Recording)

直接将数据从硬盘送到 CD-R 刻录机,而不必先在硬盘上作物理映像文件。按这种方式刻录时,有些刻录机刻出的数据不太可靠,而有些刻录机可能要花较长的时间才能完成。

- 预刻录软件(Premastering/Mastering Software)

它是刻录准备文件,包括将文件转换成符合 ISO9660 规范的结构,在硬盘上映像 CD-ROM,并将映像送到 CD-R 刻录机。

- 虚拟映像文件(Virtual-image File)

它是存在硬盘上的、将要刻录到 CD-R 的文件的文件指针集,而不是这些文件的一个物理映像复制。通常用于 On-the-fly 刻录模式。

2. CD-R 的工作原理和结构

1) CD-R 的刻录和读取原理

CD-R 与 CD-ROM 记录数据的方法相同,CD-R 的数据也是记录在一条螺旋轨道上,写入时将数据由内向外刻录在螺旋轨道上。

使用 CD-R 刻录机制作节目盘的原理如下：将刻录机的写激光聚焦后,通过 CD-R 空白盘的聚碳酸脂(Polycarbonate)层照射到有机染料(通常是菁蓝或酞菁蓝染料)的表面上,利用激光照射时产生的温度将有机染料烧熔,使其变成光痕(Mark)。

当 CD-ROM 驱动器读取 CD-R 盘上的信息时,激光将透过聚碳酸脂和有机染料层,照射在镀金层的表面,并反射到 CD-ROM 的光电二极管检测器。烧制在 CD-R 盘上的光痕会改变激光的反射率,CD-ROM 驱动器根据反射回来光线的强弱来分辨数据 0 和 1。

必须注意的是,在 CD-R 刻录数据过程中工作不能中断,一定要将准备好的数据连续地从开头写到结尾,因为 CD-R 在螺旋轨道上顺序刻写数据时,如果中途由于某种原因(如硬盘速度太慢不能连续地提供数据而造成缓存欠载,或人为地终止刻录等)使得刻录不能继续,则再次刻录时 CD-R 就不能找到中断时的位置,该 CD-R 盘就无用了。

2) CD-R 盘片的凹坑标记

CD 唱片以 2352B 信息组的信息流存储数字取样声音。交叉交织里德-索罗门编码(CIRC)通过把数据分布于几个物理扇区而实现纠错和检错。CD-ROM 对上述每一信息组加 280B 进行分层纠错。如果第一层出了什么差错,那么,纠错码便作出反应。

CD-R 录制设备(Recorder)用光学而不是物理方式模拟凹坑和非凹坑。CD-R 是一种带有金层(取代铝反射层)和染料层的盘片,染料层为半透明,以便金层反射激光。染料层经烧蚀后形成微斑,反射率降低,起凹坑作用。压制 CD-R 盘的印模具有很长的螺旋形脊背,使压制的 CD-R 盘形成预刻槽,预刻槽是摆动的,用于记录期间轨迹的跟踪。

1.5.8　CD-R 刻录机的选择和刻录技术

衡量 CD-R 刻录机的技术指标较多,如所支持的 CD 数据格式种类、刻录方式、读写速度、缓存器容量大小、平均无故障时间和数据错误率等。不少人仅从 CD-R 刻录机的读写速度和价格去衡量 CD-R 刻录机性能的优劣,这是不合适的。

1. 选择 CD-R 刻录机需考虑的问题

1) 数据格式

CD-R 刻录机的类型有多种,各有特色。在选购 CD-R 刻录机前,应先弄清需用它刻录什么格式的盘,才能决定要选择的刻录机的类型及配套刻录软件。CD-R 刻录机及其配套软件包应支持红皮书、黄皮书、橙皮书、绿皮书、白皮书、CD-ROM XA 标准。一般的 CD-R 刻录机均支持 CD-DA、CD-ROM、CD-ROM XA、VCD 和 CD-I 五种光盘数据格式,这几种光盘数据格式主要用于 CD 唱盘、CD-ROM 数据、CD-ROM 多媒体节目、VCD 视盘和 CD-I 光盘制作。

Enhanced CD(又称为 CD plus)刻录机是一种新格式刻录机,它可使音乐 CD 制作者将数据和图像记录在普通音乐 CD 上。CD plus 盘亦被称为混合模式(Mixed mode)盘,因为它既包含 Red Book 的音频,又包含标准数据道。

CD-UDF 格式是由国际标准化组织下的 OSTA(Optical Storage Technical Association)光学存储技术协会制定的通用格式。按照该格式可以为 CD-R 刻录机开发统一的设备驱动软件或扩展软件,以改变 CD-R 刻录机需要各自生产厂家提供的驱动程序和刻录软件才能进行读写的状态。在支持 CD-UDF 格式的 DOS 或 Windows 环境下,刻录机有独立的盘符或图标。使用 CD-R 刻录机(支持 CD-UDF 格式)就像使用软盘或硬盘一样方便,无需刻录软件就可以直接用 DOS 命令对 CD-R 进行读写操作。若使用 Windows Explorer 这样的图像文件管理器,使用拖放功能(drag and drop),把文件拖到 CD-R 驱动器中就可将所选文件刻录到 CD-R 盘上。

2) 刻录方式

CD-R 刻录机的刻录方式有整盘刻录(Disc at Once)、轨道刻录(Track at Once)和多段刻录(Multi Session)三种。

采用整盘刻录时,必须先将所有数据(注意不要超过 650MB,一般为 620MB 左右)准备好,然后一次性写入 CD-R 盘片。对于轨道刻录和多段刻录则允许将数据分多次,把内容按轨道记录到 CD-R 盘上。轨道刻录和多段刻录方式允许一次刻录一条轨道的数据,而一条轨道是由前间隙(Pre-gap)、用户数据区和后间隙(POM-gap)组成的,每张 CD-R 盘片最多可刻写 99 条轨道。由于每条轨道之间要留有间隙,因此,要浪费约 60MB 的空间。

为了减少轨道刻录和多段刻录方式所产生的空间浪费,Philips 公司开发了一种新的追加记录方式:增量包刻写(Incremental Package Writing)方式,该方式允许用户在一条轨道逐段多次追加,这样就利于小块数据的刻写。因此,CD-R 可作为海量软盘使用,并能备份少量数据。

此外,增量包刻写方式的另一个优点是能在缓存器(Buffer)积累足够多的数据之前等待任意长的时间,即使主机输出的数据流速度低于激光刻写的速度也不会出现缓存器欠载运行错误,从而避免由此引起的 CD-R 盘片报废。

3) CD-R 刻录机的读写速度

CD-R 刻录机的写入速度可分为 1X(单倍速)、2X(双倍速)和 4X(四倍速)等几种,读出的速度可分为 1X、2X、4X 和 6X 等多种,相信随着技术的发展,读写速度还会提高。对于要求快速刻录的专业级用户,可选择刻录速度快的机器。但应注意,若计算机系统速度不够快时,刻录速度太快会增加数据出错的机会。

4) 缓存器(Buffer)的容量

为了有效防止出现缓存器欠载运行错误,缓存器的容量应越大越好,通常为 1MB 容量。但有些 4X 刻录机的缓存器容量只有 512KB,这样,在主机速度不够快时,出现缓存器欠载运行错误的概率较高。

5) 平均无故障时间(MTBF)

许多品牌的刻录机从机芯、控制卡到刻录软件都是 OEM 的,组合起来往往不能发挥其最佳性能。MTBF 是一个重要的指标,不同品牌的 CD-R 刻录机的 MTBF 差别较大。

6) 数据可靠性

CD-R 刻录机刻录的数据是否可靠,与刻录机的光学性能和空白盘片的质量好坏直接相关,因为刻录机是利用聚焦激光束把 CD-R 盘中的有机染料烧黑后变成光痕来记录数据的,激光束聚焦不良或有机染料质量不稳定都影响数据可靠性。

综上所述,对于大多数计算机,采用 2X 刻录速度的 CD-R 刻录机已能满足要求。如果主机速度较高,且配置了没有热校正功能的硬盘,则可选择 4X 的刻录机;如果要求能对刻录机直接进行读写操作,则宜选用支持 CD-UDF 数据格式和增量包刻录方式的 CD-R 刻录机。

2. CD-R 的盘片刻录技术

CD-R 盘的制作一般可分为数据准备(包括文件数据、软件、应用软件、音频/视频信号、图像、数据库等)、文件集中和组织、预主录(卷特性、文件表)、模拟刻盘、ISO9660 映像、CD-ROM 录制等步骤。最终录成 CD-ROM 之前的整个过程统称预主录,该过程反映原始输入文件变成最终的 CD 映像。与硬盘或其他介质上的典型文件存储不同,预主录需对数据作出适合的安排。有些 CD-R 驱动器或控制软件不支持再次写入,因此,应尽量设法填满整盘。但也有称为多次写入功能的刻录软件,可以对已刻录过而还有剩余空间的 CD-R 盘追加录入,只是各次之间留出的空隙很大,而且,不是所有的 CD 阅读器都支持多次写入生成的盘。目前新型的驱动器和软件已大多能识别多个逻辑卷。

预主录(Premastering)包括光盘卷结构选择、目录和文件选择、规定文件属性(隐文件,ISO 9660 编辑文件名的使用,把文件定位在输出卷上)。规定这些信息后,预主录软件将对源目录扫描并报告任何不一致性。这些不一致性通常与文件命名、遗漏或文件损坏有关。

接着是预主录软件阅读数据文件,并写出映像文件,该映像文件基本已是一个具有完整 CD 卷的复制。在这个阶段,有些软件包让人们把该映像文件作为检验的模拟 CD 使用。

模拟刻盘顺利通过后,最后一个制作步骤是盘片录制。这步对主计算机有较高要求。在整个录制过程中,记录系统的数据速率必须保持恒定(对 1 倍速为 150kB/s,2 倍速为 300kB/s、4 倍速为 600kB/s、6 倍速为 900kB/s)。提出这个要求的原因是,CIRC 纠错分布在 CD 信息组数据的相邻位置上，无法使一个层次暂停和暂停后再继续。

最后一个步骤是对录制的 CD-R 进行检验。为对 CD-R 盘内容作验证，需有一套适当的检验计划。检验方法包括对数据文件的检验和(Checksum)方案、源数据与 CD-R 数据的逐字节比较，也可使用商业上的检验方案。

1.5.9 VCD 标准及相应的压缩技术

1994 年 7 月完成了 Video CD Specification Version 2.0 的制定工作。CD-V 和 LV (Laser Vision)一样，许多人都把它称为激光视盘或激光影碟。LV 是 20 世纪 70 年代末的产品，盘上的电视图像和声音都是以模拟信号形式记录的，电视图像是调频制(FM)记录，声音是调幅(AM)记录，它叠加在电视图像信号上。CD-V 是 1987 年定义的播放系统，盘上的声音是数字的，而电视图像仍然是模拟的。

VCD 是由 JVC、Philips、Matsushita 和 Sony 联合制定的数字电视视盘技术规格，于 1993 年问世。盘上的声音和电视图像都是以数字的形式表示的。如表 1-4 所示列出了 LV、CD-V 和 VCD 的部分规格。

表 1-4 几种视盘的部分规格

系统名称		LV	CD-V	VCD
信号	声音	模拟	数字	数字
	图像	模拟	模拟	
盘片	使用面	单面/双面	单面/双面	单面
	尺寸	30cm	12/20/30cm	12cm
播放时间/min		最长 120		70
驱动方式		CLV/CAV	CLV/CAV	CLV

1. VCD 的标准

VCD 的标准名为 White Book。把数字电视节目刻到 VCD 盘上也涉及两个基本概念，一个叫物理格式，另一个叫逻辑格式。物理格式是规定信息存到盘上的方法，例如盘区的划分、光道的定义、扇区的大小、寻址的方法、错误的检测和校正等；逻辑格式又称文件格式，它是规定数据文件在盘上应如何组织和排列的方法，例如文件大小、目录结构等的处理方法。

VCD 综合了过去制定的物理格式和逻辑格式，以及通用的 MPEG-I 逻辑格式，VCD 采用了 CD-DA、CD-ROM、CD-ROM XA、CD-I 物理格式及 ISO 9660 逻辑格式中的适用部分，而把 MPEG-I 作为它们的逻辑格式，是界于 CD-ROM 和 CD-I 之间的一种格式，它是一种播放系统规格。

Video CD 2.0 规格下的 VCD 具有下列特性：

- 可以存放 70min 的影视节目，图像质量为 MPEG-1 的质量，也就是 VHS(Video Hoine System)的质量，NTSC 制为 $352 \times 240 \times 30$，PAL 制为 $352 \times 288 \times 25$；声音的质量接近于 CD-DA 的质量。
- VCD 盘上的节目应该可以在单速(Single Speed)CD-ROM 驱动器和 MPEG 解码卡

的 MPC 上播放。

- 可以在 CD-I FMV(Full Motion Video)、CD-ROM XA、VCD 播放机上播放。它除了能播放 VCD 盘外,还应能播放 CD-DA 盘、Karaoke CD 盘、CD-ROM XA 盘以及部分 CD-I 盘。具有正常播放、快播、慢播、倒放、暂停等功能。
- 可显示按 MPEG 格式编码的两种分辨率的静态图像。其一是正常分辨率图像,NTSC 制为 352×240,PAL 制为 352×288;另一种是高分辨率图像,NTSC 制为 704×480,PAL 制为 704×576。
- 交互性,VCD 播放系统并不像 CD-I 那样突出交互性,它没有对交互性能作具体的说明,因此 VCD 的交互性能的强弱完全取决于播放系统本身的功能和 VCD 节目本身。线性播放系统可以不需要复杂的操作系统,因而价格较低;而交互特性很强的播放系统需要操作系统支持,如 CD-I 就配有 CDRTOS(Compact Disc Real Time Operating System),因而价格也较高。

2. VCD 的视频、音频压缩技术

VCD 盘上的电视图像和声音是采用 MPEG 压缩算法压缩的数字信号,并按 VCD 的格式交错存放在盘上的 MPEG 图像扇区(MPEG-Video Sector)和 MPEG 声音扇区(MPEG-Audio Sector)上。

MPEG 算法的数据压缩过程和解压缩过程是不对称的,压缩比解压缩需要更多的计算处理。数据压缩可以不要实时,而解压缩却要实时。压缩的时间也可以比解压缩的时间多好几倍,而且只需要压缩一次,而解压缩可能需要成千上万次,可以有很多用户。例如,把一部播放时间为 1.5 小时的电影压缩到 CD-R 盘上,压缩时间可以多达十几小时,而播放只能限制在 1.5 小时,时间长了观众不能接受。

1) MPEG-Video 压缩原理

科学研究表明,图像中有许多信息是不能被人的视觉系统感觉到的。虽然这类信息也常常被摄像机一类的设备采集到,但不需要把这种信息存储起来,或者传送给观众。此外,图像还有一些其他的特性,例如一幅图像由许多具有相同颜色的图像块组成,像素与像素之间有相似性,即通常说的相关性,图像压缩就是利用这些性质来达到压缩数据的目的。

图像的压缩过程一般包含七个步骤:滤波、彩色空间变换、数字化、分辨率转换、图像变换、量化和编码。

压缩过程中的前四步称为图像预处理,目的是获得尽可能高的压缩率,且使解压缩后的图像质量尽可能高。滤波是为了消除那些非常尖锐的粗糙的边沿,目的是减少混叠效应;彩色空间变换实际上是一个矢量空间变换,把 RGB 彩色空间的矢量变成 YUV 空间的矢量;后面三步就是图像压缩。

2) MPEG Audio 压缩原理

话音的压缩和解压缩通常采用声码器(Voice Coder/DEcodeR,VOCODER)。话音压缩技术通常采用波形编码技术,或者用基于话音生成模型的压缩技术。

音乐和话音之间有较大的差别,主要表现在这两种声音覆盖的频率范围不同。音乐的带宽多达 20kHz,而话音的带宽通常只有 3.2kHz。音乐信号虽然也可以用话音压缩技术,但当压缩比较高时,重构的音乐信号质量却不能令人满意,因此 MPEG-Audio 标准并没有推荐采用话音压缩技术,而是采用了心理声学算法(psychoacoustic algorithm),这种算法用以取消那些听觉不敏感的声音数据,而使重构后的声音质量又不至于明显下降。

心理声学中有一条最基本的原理是声音掩蔽阈值(masking threshold)原理,或称掩蔽边界原理,其含义是说,对任何一种频率的声音都存在一个最小声音电平,低于这个最小值,人的听觉系统就听不见。声音掩蔽边界是频率和时间的函数,低于这个边界函数,人就无法听到这个声音,也可以把这个边界用函数表示,其绝对的边界值就是音量,这个音量的大小只有在非常安静的房间里才能听到,低于这个边界的任何一种声音,尽管可以用麦克风或其他电子设备检测到,但因为它不能被人的听觉系统听见,所以就不需要去记录它。

心理声学中还有一个很有价值的概念是掩蔽(masking),即听觉系统感觉不到强声中的轻声,这是听觉系统的一种特性。MPEG-Audio 采纳了 MUSICAM 算法。它的基本思想是利用子带编码方法,根据用心理声学模型计算得到的掩蔽阈值对每个子带的样本进行动态量化,以得到合适的位速率。它利用有 32 个等带宽的多相网络(polyphase network)分析滤波器组,把输入声音样本变换成频率系数,这个滤波器是长度为 512bit 的有限冲击响应滤波器;与子带滤波并行的是用 1024 点的快速傅氏变换(FFT)来计算输入信号的功率谱,通过对功率谱的分析来确定每个子带的掩蔽阈值;根据给定的位速率和输入样本的最大幅度就可以确定最佳的比特(bit)分配及量化方案,最后复合成 MPEG-Audio 规格的声音数据流。

MPEG 是处理宽带、高质量的声音压缩算法。它的输入信号是采样率为 48kHz、44.1kHz 或 32kHz 的数字信号,经过压缩后,每个通道的位速率可以是 192kb/s、128kb/s、96kb/s 或 64kb/s,压缩率可以达到 4 到 12 倍,而重构后的声音质量接近于 CD-DA 的质量,也就是 HiFi 的质量。

1.5.10　DVD 视频、音频的制式与压缩

DVD 与 VCD 相比,具有更大的容量和更好的音质,DVD 的单面容量达 4.7GB。DVD 的视频采用 MPEG-2 的 MP&ML 层次,DVD 对画面有一定的限制,NTSC 制式的画面大小为 720×480 点,PAL 制式的画面大小为 720×576 点。DVD 电影一般为 NTSC 制,帧速率为 30 帧/s,它与电视一样,一帧由两场组成,所以 DVD 的场率为 60 场/s。对于软解压方式,画面以帧方式显示,由于两个场之间的差别,造成画面上会出现许多"毛刺",这种现象是以场方式显示时所没有的。

VCD 的信息存储是把字幕加到画面上再作编码压缩的,由于 DCT 变换的特性会形成"垃圾"效应,以至 VCD 字幕周围往往出现干扰画面。DVD 吸取了 VCD 的经验,把画面与字幕区别开来,字幕单独存放,不与画面混合编码,而使用覆盖的办法叠加在画面上,画面的质量不再受到干扰,使整个画面及字幕都很清晰。由于采用画面、字幕分离的方法,字幕独立处理,故在 DVD 的电影画面同时可提供多达 32 种文字的字幕随意选择。字幕的色彩用 4 位存储,可显示 16 种颜色,采用行程编码的方法进行压缩,有较好的压缩效果。

DVD 的加密是以地区划分的,它把全球分为六个区,区与区之间采用不同的加密方法,因此各区的 DVD 不兼容,不同的区互相看不到别区的内容。DVD 的加密方法是把 MPEG-2 数据流加密或变换顺序,虽然 DVD 影碟采取了加密措施,但 DVD 文件系统依然与 ISO9660 是一致的。此外,DVD 的扇区比 VCD 的扇区稍大些,DVD 盘将能存储更多的数

据,通常一张 DVD 盘可容纳三四个 VCD 电影。

DVD 的声音分成两大类,一类是 NTSC 制,NTSC 制式采用杜比 AC-3 压缩标准,通道数从单声道到 5.1 声道。由于杜比在电视工业中首先使用了 5.1 声道的声音,所以,美国和日本的 NTSC 制式电视采用 AC-3 压缩标准的数字声频。此外,可选 MPEG-2 的声频标准作辅助选择,MPEG-2 的声频标准是在 MPEG-1 的声频基础上扩充而成的,与 MPEG-1 标准兼容;另一类是 PAL 制,欧洲和中国采用 PAL 制式,PAL 制式使用 MPEG-2 标准,通道数从单声道到 7.1 声道,可选杜比 AC-3 作为辅助选择。

1.6　多媒体通信与网络技术

多媒体通信与网络发展的速度越来越快,尤其显著的是在交互式多媒体信息服务、个人通信、多媒体网络基础实施建设等方面。

1.6.1　多媒体通信技术的发展

多媒体通信已逐渐成为个人微型计算机的基本功能,为此需要提高调制解调器的速率,目前采用的 V.34(V.Fast)传输速率已达 28.8kb/s,还将在改进通信线路质量的基础上进一步提高。要进一步压缩语音和图像传输速率,如将语音传输速率压缩至 240b/s,采用专供电话线路传送活动图像的超低比特率图像压缩标准 MPEG-4 可望在近年内形成。

在普及综合业务数字网 ISDN 的基础上,将宽带光纤线路直接通到分布于各地的有线电视站或信息服务中心,再经同轴电缆进入办公与家庭用户,使电话机、电视机、传真机、计算机集成为一个交互式多功能的信息终端系统。

1.6.2　多媒体网络

国家信息基础实施的建设及信息产业的发展促使分布式多媒体这一多学科交叉研究领域的发展,它集计算机的交互性、网络的分布性、多媒体信息的综合性和人机协同性于一体。多媒体网络是分布多媒体技术的基础环境,又是多媒体技术拓宽应用领域的一条途径。

与传统的数据通信相比,分布式多媒体应用对通信网络的带宽、传输延迟、信息交换方式、网络协议以及可靠性等方面都提出了新的要求,现有的网络技术有部分具备支持多媒体网络的成分,但估计今后将主要基于异步传输模式 ATM。

1. 分布式多媒体应用对网络技术的要求

1) 带宽

多媒体网络中,带宽要求最高的是视频,约需 140Mb/s,而局域网 TV 约为 10Mb/s,台式会议系统约为 8Mb/s,数字电话为 100kb/s,若采用压缩技术并考虑到数据传输等因素,在分布式多媒体应用中,一个多媒体传统的传输要占用 1.6Mb/s 的带宽。

2) 传输延迟

交互式多媒体应用对通信的实时性有较严格的要求,点到点的总平均延迟一般应控制在 150m 左右。

传输延迟一般可分为以下四个不同的来源：

- 源点的压缩和打包延迟；
- 传播延迟；
- 目的地的排队和同步播放延迟；
- 解压缩、解包和输出延迟。

实时视频的处理为每秒 25～30 帧，每帧的压缩或解压缩为 30～40ms。排队和播放延迟一般占用约一帧的时间。

分布式多媒体应用通常要通过长距离传输，如果计算每一网络互联单元（网络、桥、路由器）所产生的转发延迟，那么每网段的最大传播延迟应在 10～15ms 内。这一对延迟特性的要求是分析不同网络技术能否支持多媒体应用的另一个指标。

3）可靠性

现有通信系统通常是使用检查和顺序编号等方式实现差错检测，使用握手应答分组重传的形式实现差错恢复。如果检查不是在介质访问控制层（MAC）或在链路层的硬件中执行，将极大地影响分布式多媒体应用系统的性能，特别是延迟特性。因为交互式多媒体是一种时间敏感性的数据，重传握手应答将数据传输增加大于一个往返时间的延迟，这样，重传的消息就失去了意义。局域网是在介质访问控制层中支持硬件检查机制的，所以可靠性问题主要存在于一些广域网技术中。由于网络只能提供非可靠的多点通信，故多点通信的可靠性问题就更加复杂了。此外，应考虑将差错控制机制留给较高的通信层，由应用层在考虑了对延迟特性等影响的情况下确定所需的可靠性水平。

2. 现有网络技术对分布式多媒体应用的支持

1）以太网（Ethernet）和 100Base-T 快速以太网

以太网是使用最普遍的局域网技术，它的 10Mb/s 带宽允许最多 4 个并行的多媒体流。但 CSMA-CD 介质访问方法的不确定性，以及没有提供访问优先权机制，使之在重载情况下，不能保证可用带宽的公平分配，不能保证每个应用的访问延迟，也不能给多媒体实时通信以优先的处理。所以，由于介质访问方式的局限，以太网不是一个可行的支持分布式多媒体应用的网络技术。然而，它支持多点通信功能，并提供了可通过几个多媒体视频流的足够带宽，所以可以在特定环境中作为分布式多媒体应用研究的实验性网络。100Mb/s 高速以太网可为更多的多媒体流提供足够的带宽，但它也不是多媒体应用的理想网络技术。它可作为小中规模工作组等的实验性开发环境或作为一种多媒体通信的传输接入手段。

2）令牌环（Token Ring）和光纤分布数据接口（FDDI）

令牌环具有 MAC 层的优先权控制，可用来区分实时数据和普通数据。在对低优先权带宽的控制和访问保持不变的情况下，每工作站可向带宽管理机构申请保留部分高优先权带宽。带宽管理机构将记载总的已分配带宽以防止过载，并设置一定的机制以保证每个站不会超出分配给它的带宽，不仅可在令牌环上分配带宽，还能计算出最坏情况下的延迟值，多媒体应用就能用这些值计算出沿一给定路由的总的延迟。令牌环属于共享式网络，它支持一个与以太网相似的寻址方式，也具备支持多点通信的特性，而且令牌环有比以太网 10Mb/s 更高的 16Mb/s 可用带宽，所以它更适合于支持多媒体通信。

FDDI 概念上是一个快速令牌环的超集，因此其大部分技术与令牌环是类似的。

100Mb/s 带宽能支持更多的多媒体工作站,而且它还支持同步通信,其延迟特性在环初始化时是可组态的。

3) X.25 分组交换和帧中继(Frame Relay)

在广域网中,X.25 是早期开发的分组交换网标准,它是在相对低速和不可靠的线路上实现可靠传输的一种协议。它的处理特性和窗口机制等使 X.25 适合于低速数据传输,基于滑动窗口的流量控制和差错恢复机制致使 X.25 延迟特性是不确定的。X.25 服务基本上是在最大到 64kb/s 连接速度上提供的,其传输延迟是不可预测的。它不具备多点传播功能。因此 X.25 不适合于多媒体网络。

帧中继是一个链路层协议,提供了 1545Mb/s 的不同物理网络上的服务。一旦具备了足够的广域带宽,帧中继可以传输像音频和视频那样的时间敏感性数据。但帧中继交换机会产生不可预测的延迟,目前还不具备多点传输功能。帧中继服务目前还不能满足多媒体通信的延迟和多点传播要求。

4) 窄带综合业务数据网 N-ISDN

窄带综合业务数据网(N-ISDN)设计成支持语音、数据、传真和视频等各种服务。它是建立在 64kb/s 同步通道基础之上,用于 H.261 编码的面向连续位流(CBO)或固定位速(CBR)的视频通信,也可用于分组通信。

N-ISDN 的应用已很普遍,它的缺点就是基本速率接口 BRI 的带宽有限。一次群速率接口 PRI 的带宽可满足更高的带宽要求,但 N-ISDN 的内部结构,决定了不同的通道可能经过不同的路由。因此,把几个通道组合到一起形成一个大的通道其延迟变化是不同的,这就需要在接收端用缓冲来加以处理。虽然存在有带宽和延迟的限制,但 N-ISDN 用于多媒体通信比其他 WAN 有普及面广、带宽可扩展、支持等时特性同时支持 CBO 和打包类通信等优点。因为 X.25 及帧中继服务都不能满足交互式广域多媒体通信的要求,N-ISDN 是目前除租用线服务之外唯一的可行方案。但由于没有多点传输功能,它只能用于点到点而不是分布式或多方的通信环境。

5) 异步传输模式 ATM 与宽带综合业务数据网 B-ISDN

ATM 是一种基于信元(Cell)的多路复用和交换技术,这是新一代网络体系结构的基础。ATM 参考模型由物理层、ATM 层、ATM 适应层(AAL)构成。其 ATM 层定义了 53 字节 ATM 信元结构,是一个独立于物理层的交换和多路复用层。但对于大多数的应用来说基于信元的 ATM 层并不是一个合适的接口,这是因为 CBO 的应用要求一个 CBO 接口,通常的数据应用又是以分组的形式进行通信的。ATM 适应层 AAL 的设计就是用于构通 ATM 层与应用需求之间的差距。

ITU 为 ATM/B-ISDN 定义了 4 种不同的服务类。A 类服务的目标是从 ISDN 到 T3 链路的定速同步位流。B 类的目标是变速压缩的音视频流。面向连接的 C 类和无连接的 D 类则针对现有数据通信服务。

ITU 还建议了与之相应的三种适应层:AAL1、AAL2 和 AAL3/4。ATM 论坛提出了 AAL5。

- 支持 A 类服务的 AAL1 在用户网络接口 UNI 处使用打包/解包功能将 CBO 转换到基于信元的通信。在接收端必须发送一个时钟同步位流以在网内进行严格的延迟控制。

- AAL2 类提供 B 类服务。因为可变位流这种通信资源的保留不易进行,故 AAL2 的实现比较困难。要么保留峰值带宽,但使用率不高,要么使用率高,但不能得到带宽保证。
- AAL3/4 类实现 C 和 D 类服务。因为 ATM 本身是面向连接的,所以 D 类无连接服务需要由无连接服务者提供,而无连接服务者本身又是通过面向连接的通信来实现的。AAL3/4 的主要功能是大的报文的分段与重组。AAL3/4 使用了一种报文标识(MID)域,这允许在同一通道上交插传输不同报文。
- AAL5 类是一种简单和有效的适应层(SEAL),是一种简化的 AAL3/4,可提供 D 和 C 类服务。AAL5 提供了较高的可用带宽利用率。它与 AAL3/4 的差别之一是它不支持在同一 VC 上不同报文的交插传输。AAL5 中的无效信元将导致整个报文的放弃,而 AAL3/4 可将位差错局限在所在的信元。

ATM 的初衷是结合线路交换和分组交换技术的优点,实现用一种网络技术支持多种通信服务的目标。ATM 协议体系结构提供了支持多媒体应用的服务要求所需的因素,虽然这个体系结构有很多部分没有实现。目前的 ATM 产品对现有各种应用的支持是采用 LAN 仿真技术实现的,这实际上对用户隐藏了 ATM 服务质量 QoS 控制的优势。虽然 ATM 还有待进一步标准化及产品化,但是 ATM 仍能为多媒体提供足够的带宽,在正常的负载下延迟是最小的。

此外,ATM 提供了多点传播通信,所以它能很好地适应分布式媒体应用的要求。随着 ATM 技术的发展,未来支持分布式多媒体应用的网络技术将主要是基于 ATM 的。

3. 网络协议

低层协议特性确定了网络技术所具备的支持分布式多媒体应用的因素,在此基础上还要有高层通信协议及操作系统的支持才能适应分布式多媒体等所需求的发展。这主要体现在三个方面:新的通信体系结构、对服务质量 QoS 的支持和对组通信的支持等。

- 通信体系结构:多媒体通信的连接管理和控制比在 TCP/IP 或 OSI 应用中的连接管理和控制要复杂的多,而另一方面,一旦通信通道建立起来,多媒体通信就较为简单。与可靠的数据通信相比,多媒体通信对差错控制和流量控制的要求较低。因需求不同,需要开发像 ISDN 和 ATM 那样的带外信令结构的网络协议体系以提供复杂的连接控制机制等。
- 服务质量(QoS)问题:在整个传输过程中多媒体通信要求通信网络提供特定的服务质量 QoS 保证,典型的 QoS 参数就是带宽、延迟和可靠性。通信系统高层协议必须提供相应机制以适应:建立和拆除经过适当组态的通道;在端系统、中间系统和网络控制之间协调 QoS 水平;对已认可的 QoS 水平的控制。在网络和传输层的 QoS 支持包括:资源保留与协调协议;资源管理机构,这是协议实现所需的本地功能;影响特定服务特性的数据协议机制。
- 组通信支持:多媒体属于典型的广播类信息,其通信常常发生在多于两个用户的组之间。对组通信的支持应实现:在运行周期中静态或动态的成员管理,采用集中的(通常是发送者)或分布的(通常是接收者)成员控制,支持具有相同的或不同的特性和需求的成员。

从以上分析中可以得到这样的结论：目前的局域网可提供相应的带宽来开发分布式多媒体应用系统，广域网中的带宽目前还难以适应要求。多媒体通信对通信网络的要求不单是带宽，还有延时、多点通信等指标。现有网络技术中有些具备支持多媒体应用的成分，而有些并不适合于多媒体通信，但并不妨碍其作为在特定环境中的实验性网络或接入传输手段。

ATM 具有同样适应局域和广域网的优点，可很好地满足多媒体通信的要求。随着 ATM 技术的发展，它将是今后能够较好地适应分布式多媒体应用要求的网络技术。因此可以预见今后分布式多媒体应用是基于 ATM 交换技术的。

支持分布式多媒体通信不仅需要一个合适的网络，还要有相应的高层网络协议的支持，这包括开发新的协议体系结构、支持接近等时特性等的服务质量控制、支持多点传播服务的组通信机制等。

第 2 章

Authorware 7.0简介

随着计算机技术的飞速发展,多媒体技术已经深入到社会生活的各个方面。商场、医院、银行、机场等公共场所,常有多媒体查询系统提供图文并茂的查询服务;许多公司和企业也常用多媒体演示系统来宣传自己、展示形象;尤其在教育领域,计算机多媒体技术已经成为教师教学的一个重要辅助手段。借助多媒体手段,教师可以通过教学课件形象地说明微观粒子的运动、有机分子的形成、四季更替的景象、动植物的生活,也可以设计单元测试、综合练习等。学生也有目的地选择多媒体教学课件进行自学,以丰富自己的知识。

2.1 初识 Authorware

既然多媒体对人们的学习和工作有这么大的帮助,那么,多媒体作品到底是如何制作的呢?是用计算机语言设计程序吗?制作起来困难吗?可能许多读者并不十分清楚,下面就先来简单地了解一下这方面的知识。

2.1.1 什么是多媒体创作工具

如同电影、电视作品的创作一样,多媒体作品的创作过程一般也要包括选题立项、编写脚本、准备素材、制作合成等几个环节,其中最重要的一步就是作品素材的制作合成阶段,也就是通常意义上的多媒体设计与制作。早期的多媒体作品是利用计算机编程语言如 Visual Basic、Visual C++、Java 等来设计的,需要创作人员具有较强的逻辑运算能力和编程调试技术,这对于一般人来说是比较困难的。这也就是早期多媒体作品的制作投资大、周期长、难以普及的主要原因。

多媒体创作工具的出现使人们从烦琐复杂的编程工作中解脱出来,以往需要用大量复杂的程序才能实现的功能,现在用一个简单的图标就可以实现,从而极大地简化了多媒体作品的创作,使之日渐普及,真正成为人们喜闻乐见、易学爱用的一种表现方式,开创了多媒体技术的新局面。

多媒体制作工具能够提供给设计者一个自动生成程序代码的综合环境,使设计者可以将文字、声音、图形、图像、动画及视频等多种媒体组合在一起,形成一套完整的多媒体作品。

一般常见的多媒体创作工具主要有方正奥思、洪图、Authorware、Director 等。在这里,将重点介绍如何使用 Authorware 这个软件。

2.1.2　Authorware 的特点

Authorware 是美国 Macromedia 公司的产品,是目前全球使用最为广泛的多媒体创作工具之一,几乎有半数以上的多媒体作品都是利用它设计的。它具有以下一些基本特点:

- 丰富的图标工具:Authorware 是利用图标来组织多媒体信息的,每个图标都是一个独立的程序模块,可以实现包括图形、图像、文字、声音、视频、动画等内容的引用和显示。Authorware 提供的图标工具使用户不需编程就可以编制简单的多媒体作品。

- 基于流程线的程序结构:Authorware 用流程线组织图标,可以实现分支、循环、导航和交互,用户可以清晰地了解程序的执行路线,便于分析调试,也便于进行结构化的程序设计。

- 集成的用户界面:Authorware 给设计者提供一个高效的程序设计界面,能够方便地进行搭建程序流程结构、引用各种媒体素材、调试程序等工作,并且可以在屏幕上立即显示出程序的运行效果。

- 支持丰富的媒体类型:Authorware 支持多种类型的文件,如图像文件有 BMP、TIF、TGA、PCX、JPG、PSD、GIF 等,声音文件有 WAV、MID、MP3 等,动画文件有FLI、FLC、AVI、MPEG 等。通过 ActiveX 控件还可以支持 GIF 动画、Flash 动画、QuickTime 动画以及 HTML 网页等。

- 动态画面:Authorware 不仅能够播放一些外部制作好的动画及视频图像,还能够通过程序控制演示窗口内对象的移动以形成简单的路径动画。另外,还可以使用一些特殊的显示或擦除过渡效果,如马赛克、淡入淡出等,使程序画面显得生动有趣、丰富多彩。

- 应用连接:Authorware 能够通过标准接口访问外部数据库、调用外部应用程序,还可以通过对 ActiveX 控件的支持来实现更多更复杂的功能。

- 编程环境:Authorware 具有丰富的变量和函数,能够实现诸如循环、条件分支、数字计算、逻辑操作等程序功能,可以通过编程有效地加强对各种媒体内容的控制能力。

- 打包发布:Authorware 的作品在设计完成后,可以通过发布程序,形成独立的、与平台无关的应用程序,使之可以脱离 Authorware 制作环境而独立运行于 Windows之下。

- 网络应用:通过发布程序还可以将利用 Authorware 制作的多媒体作品打包为可以在网络环境下运行的多媒体程序。采用知识流技术使普通上网用户(通过调制解调器)可以流畅地播放多媒体作品。

总之,Authorware 具有图形化的用户界面、多种图标工具、良好的调试环境,简单直观、易学易用,几乎不需要输入一行代码就可以制作一个简单的多媒体作品。这种简便易用的特点,使它特别适合作为普通用户进行多媒体创作的工具。

2.2　Authorware 的用户界面

程序安装好以后,单击桌面上的 **开始** 按钮,可在"程序"菜单中找到 Macromedia→Macromedia Authorware 7.0 菜单项,如图 2-1 所示。

图 2-1　"程序"菜单中的 Macromedia Authorware 7.0 菜单项

移动鼠标指针到 Macromedia Authorware 7.0 选项上单击,屏幕上就会出现 Authorware 7.0 的新文件起始界面,如图 2-2 所示。

其中"新建"对话框是利用向导程序来产生新文件,一般并不使用它。取消对"创建新文件时显示本对话框"复选框的选择(以后再打开 Authorware 时,就不会出现"新建"对话框了),然后单击 **不选** 或 **取消** 按钮,进入用户设计界面,如图 2-3 所示。

Authorware 的用户设计界面主要包括菜单栏、常用工具栏、图标工具栏和程序设计窗口等。下面简要介绍一下用户界面,使大家有一个感性认识。它们的具体应用方法,将在后面的章节中学习。

图 2-2　新文件起始界面

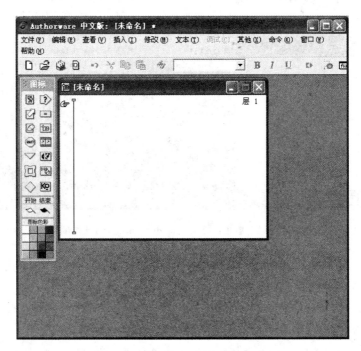

图 2-3　Authorware 的用户设计界面

2.2.1　菜单栏

在用户操作界面的顶端有一个菜单栏,包含了文件操作、编辑、窗口设置、运行控制等一系列的命令和选项,如图 2-4 所示。

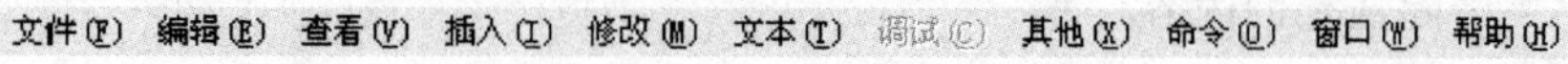

文件(F)　编辑(E)　查看(V)　插入(I)　修改(M)　文本(T)　调试(C)　其他(X)　命令(O)　窗口(W)　帮助(H)

图 2-4　菜单栏

下面简单介绍一下各个菜单选项的内容及含义。

1. "文件"菜单

"文件"菜单如图 2-5 所示，主要提供基本文件操作、素材导入导出、模板保存以及打印、打包、发送邮件等操作选项。

下面介绍各选项的含义。

"新建"：新建一个文件、库或工程文件。

"打开"：打开一个已有文件或库。

"关闭"：关闭设计窗口或 Authorware 程序。

"保存"：保存文件。

"另存为"：将文件换名保存。

"压缩保存"：对文件压缩保存。

"全部保存"：保存全部内容，包括当前文件和库。

"导入和导出"：导入和导出外部图片、声音、动画或视频文件。

"发布"：把作品按照用户选择的格式打包发布。

"存为模板"：将选定的图标保存为模板。

"转换模板"：把旧版本 Authorware 的模板转换为当前版本的模板。

"参数选择"：对外接视频设备等进行设置。

"页面设置"：对打印页面进行设置。

"打印"：打印 Authorware 文件。

"发送邮件"：向网络上发送电子邮件。

"退出"：退出 Authorware 软件环境。

图 2-5　"文件"菜单

2. "编辑"菜单

"编辑"菜单如图 2-6 所示，它提供了对流程线的图标或画面上的对象进行剪切、复制、查找等常用编辑功能。

下面介绍各选项的含义。

"撤消"：恢复本次修改之前的内容。

"剪切"：把选定内容复制到剪贴板（计算机内存）中，同时清除选中对象。

"复制"：把选定内容复制到剪贴板上，同时保留选定内容。

"粘贴"：把剪贴板上的内容粘贴到流程线或画面上。

"选择粘贴"：选择一种特殊格式将剪贴板上内容粘贴到画面上。

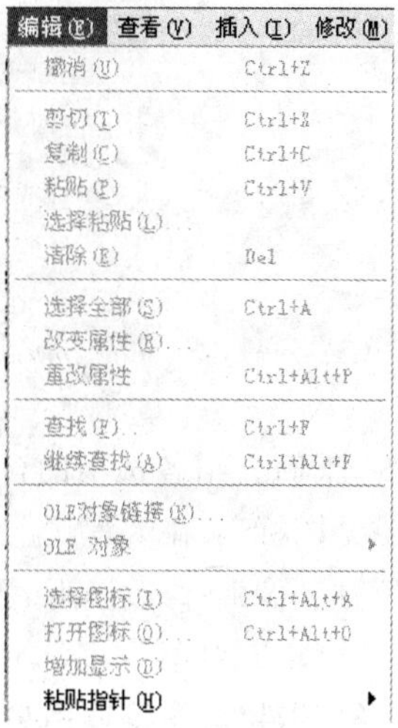

图 2-6　"编辑"菜单

"清除"：清除选定的内容。

"选择全部"：选择全部内容或图标。

"改变属性"：对一个或几个图标的属性内容进行批量修改。

"重改属性"：重新修改属性。

"查找"：对文章对象、计算图标、关键字或图标名进行查找、替换。

"继续查找"：在查找的基础上，进行查找、替换。

"OLE 对象链接"：对链接对象进行编辑。

"OLE 对象"：对嵌入对象进行编辑。

"选择图标"：选择流程线上手形位置指针下面的图标。

"打开图标"：打开选定的图标。

"增加显示"：打开显示图标并将其内容加入到先前已打开的演示窗口。

"粘贴指针"：移动手形位置指针。

3. "查看"菜单

"查看"菜单如图 2-7 所示，用来设置操作界面的外观。

下面介绍各选项的含义。

"当前图标"：从演示窗口快速切换到当前图标。

"菜单栏"：显示/隐藏 Authorware 菜单栏。

"工具条"：显示/隐藏 Authorware 常用工具条。

"浮动面板"：显示/隐藏 Authorware 浮动面板。

"显示网格"：显示/隐藏 Authorware 作图网格。

"对齐网格"：确定是否锁定作图位置到网格上。

4. "插入"菜单

"插入"菜单如图 2-8 所示，它能够在流程线或演示窗口中插入一些对象或媒体动画。

图 2-7 "查看"菜单　　　　图 2-8 "插入"菜单

下面介绍各选项的含义。

"图标"：在流程线上插入包括知识对象在内的各种图标。

"图像"：修改图形、图像属性。

"OLE 对象"：插入一个 OLE 对象。

"控件"：支持调用 ActiveX 控件。

"媒体"：支持调用 Gif、Hash 或 QuickTime 动画。

5."修改"菜单

"修改"菜单如图 2-9 所示,主要有一些对图标和文件的属性进行设置、对图标及其内容进行编辑修改的操作命令。

下面介绍各选项的含义。

"图像属性":调整显示图标中的图片属性。

"图标":包含对图标属性、响应、计算以及链接库等修改的命令。

"文件":包含对文件属性、字体、贴图、调色板和导航设置的命令。

"排列":弹出对齐方式对话框,进行对齐方式的设置。

"群组":把选定图标组合成为一个群组图标。

"取消群组":把群组图标拆分为原始的独立图标。

"置于上层":把同一显示图标内被压在后面的对象提到前面。

"置于下层":把同一显示图标内在前面显示的对象放到后面。

6."文本"菜单

"文本"菜单如图 2-10 所示,提供对文字进行编辑处理的命令。

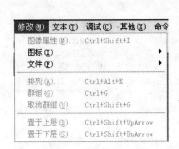

图 2-9 "修改"菜单　　　　　图 2-10 "文本"菜单

下面介绍各选项的含义。

"字体":设置字体类型。

"大小":设置字体大小。

"风格":设置字体风格。

"对齐":设置文本对齐方式。

"卷帘文本":设置文本是否卷滚。

"消除锯齿":设置字体是否抗锯齿处理。

"保护原始分行":防止程序在不同机器上运行时正文被显示为不同的长度。

"数字格式":数字格式设置。

"导航":导航方式设置。

"应用样式":应用字体样式。

"定义样式":定义字体样式。

7.“调试”菜单

“调试”菜单如图 2-11 所示,提供了程序运行控制的命令。

下面介绍各选项的含义。

“重新开始”:重新从头开始运行程序。

“停止”:停止运行程序,回到流程窗口。

“播放”:继续从当前暂停位置运行程序。

“复位”:清除控制面板窗口中的内容,重新从头开始运行程序。

“调试窗口”:单步运行程序,记录执行情况,并跟踪进入群组图标。

“单步调试”:单步运行程序,记录图标执行情况,但不进入群组图标。

“从标志旗处运行”:从标志旗处开始运行程序。

“复位到标志旗”:清除控制面板窗口中的内容,重新从标志旗处开始运行程序。

8.“其他”菜单

“其他”菜单如图 2-12 所示,提供了拼写检查、声音文件格式转换等命令。

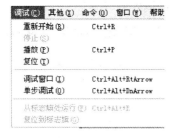

图 2-11　“调试”菜单

图 2-12　“其他”菜单

下面介绍各选项的含义。

“库链接”:检查、更新程序与外部库文件的链接情况。

“拼写检查”:对程序中的图标名、关键字、显示图标的文字(英文)内容进行拼写检查。

“图标大小报告”:输出一个图标内容结构和大小的文本文件。

“其他”:将.WAV 格式的声音文件转换为.SWA(Shockwave Audio)格式的文件。

9.“命令”菜单

“命令”菜单如图 2-13 所示,提供了一些可以增强 Authorware 功能的外部挂接程序。

下面介绍主要选项的含义。

“汉化及教育站点”:列出对软件的汉化及教育的站点。

“在线资源”:列出一些与 Authorware 相关的站点。

“RTF 对象编辑器”:打开 RTF 对象编辑器,设计制作 RTF 格式的文件。

“查找 Xtras”:查找当前程序中需要用到的 Xtras 文件。

图 2-13　“命令”菜单

10．"窗口"菜单

"窗口"菜单如图 2-14 所示，确定显示还是关闭操作界面上的浮动面板。

下面介绍部分选项的含义。

"打开父群组"：打开上级群组图标的流程窗口。

"关闭父群组"：关闭上级群组图标的流程窗口。

"层叠群组"：将当前流程窗口与父流程窗口层叠布置。

"层叠所有群组"：将全部流程窗口都层叠布置。

"关闭所有群组"：关闭所有群组图标的流程窗口。

"关闭窗口"：关闭当前流程设计窗口。

"面板"：打开/关闭程序播放控制面板和模板面板。

"显示工具盒"：打开/关闭线型、填充、显示模式、色彩等对话框。

"演示窗口"：打开/关闭演示窗口。

"设计对象"：打开/关闭流程设计窗口。

"函数库"：打开/关闭库窗口。

"计算"：打开/关闭计算窗口。

"按钮"：打开/关闭按钮样式设计窗口。

"鼠标指针"：打开/关闭光标样式设计窗口。

"外部媒体浏览器"：打开/关闭外部媒体浏览器窗口。

11．"帮助"菜单

"帮助"菜单如图 2-15 所示，提供了 Authorware 比较详细的在线帮助内容，这部分内容和其他软件的帮助内容类似，其中的选项请读者自己看看，这里就不再罗列了。

图 2-14　"窗口"菜单　　　　图 2-15　"帮助"菜单

2.2.2　常用工具栏

常用工具栏是把一些常用的命令以图标按钮的形式组织在一起,用户直接单击图标按钮就可以实现想要的操作,如图2-16所示。

图 2-16　常用工具栏

常用工具栏各图标按钮的名称和功能见表2-1。

表 2-1　常用工具栏各图标按钮功能简介

按　钮	名　　称	功　　能
📄	新建按钮	新建一个 Authorware 文件(或库)
📂	打开按钮	打开一个已存在的文件(或库)
💾	保存按钮	对编辑的文件(或库)进行保存,但不退出编辑状态
📥	导入按钮	导入外部图形图像或文本
↶	撤消按钮	可还原本次修改以前的内容
✂	剪切按钮	把选中的内容(如流程线上的图标或展示窗中的对象)从文件中剪掉,放在剪贴板上
📋	复制按钮	把选中的内容复制到剪贴板上
📋	粘贴按钮	与剪切按钮、复制按钮配合使用,可以把剪贴板上的内容粘贴在适当的位置
🔍	查找按钮	利用此按钮可以查找/替换 Authorware 文件中的图标名称、变量及图标里的文字等
 [默认风格] ▼	文本风格	可以选择一个文本风格以应用于文本
B	粗体按钮	使选中的文本变为粗体
I	斜体按钮	使选中的文字变化为斜体
U	下划线按钮	为选中的文字添加下划线
▶	运行按钮	运行当前正在编辑的 Authorware 程序
🎛	控制面板按钮	调出程序运行控制面板,可以进行跟踪调试
f()	函数按钮	调出函数窗口
▦	变量按钮	调出变量窗口
KO	知识对象按钮	单击此按钮,弹出知识对象面板

2.2.3　图标工具栏

图标工具栏是 Authorware 特有的工具栏,它提供了进行多媒体创作的基本单元——图标,其中每个图标具有丰富而独特的作用。

下面利用表2-2简要介绍一下这些图标,使大家有一个基本的认识。

表 2-2 图标工具栏功能简介

按　钮	名　称	功　能
图标	显示图标	显示文字、图形、静态图像等,这些文字或图形图像可以从外部引入,也可以直接用 Authorware 提供的绘图工具创建
图标	移动图标	使选定图标中的内容(文字、图片、动画等)实现简单的路径动画,有多种运动方式
图标	擦除图标	擦除选定图标中的文字、图片、声音、动画等
图标	等待图标	使程序暂停,直到设计者设定的响应条件得到满足为止
图标	导航图标	用于建立超级链接,实现超媒体导航
图标	框架图标	是交互图标与导航图标的结合,可以制作翻页结构或超文本链接
图标	判断图标	按照设定方式确定流程到底沿着哪个分支执行
图标	交互图标	提供用户响应,实现人机交互,Authorware 提供了多达 11 种交互类型,使人机交互的方式更加多样化
图标	计算图标	是存放程序的地方,Authorware 的图标能够实现一些基本的功能,但要制作比较专业的多媒体作品,就需要通过程序来辅助进行,这些程序的载体就是计算图标,如在计算图标中可以为变量赋值、执行系统函数等
图标	群组图标	程序窗口的大小是有限的,太多的图标放在同一条流程线上,不利于程序的优化。通过群组图标可以把流程线上的多个图标组合到一起,形成下一级流程窗口,从而缩短流程线并进行模块设计
图标	数字电影图标	又被称为动画图标,利用它可以播放 AVI、FLI、EC、MOV 等格式的数字电影和动画
图标	声音图标	此图标可以播放声音文件,并且可以对播放方式进行控制
图标	DVD 图标	控制外接视频播放设备
图标	知识对象图标	用于在知识对象向导下指定对象
开始	流程起始标志旗	用于程序的调试。把此标志放在流程上,当用 Start from Flag 命令执行程序时,Authorware 会从标志旗所在处执行作品
结束	流程终止标志旗	把此标志放在流程线上,当执行程序时遇到这个标志会立即停止执行
图标色彩	调色板	用于为图标着色,可以让程序开发者方便地区分各类图标,对程序的最后执行没有影响

2.2.4　程序流程设计窗口

程序流程设计窗口是进行 Authorware 程序设计的基本操作窗口,如图 2-17 所示。

窗口左侧的一条贯穿上下的直线叫做流程线,对图标的操作必须在流程线上进行。标题栏上有当前程序的文件名,在未给当前程序起名保存之前,系统自动命名当前程序为"未命名"。窗口右上角的"层 1"字样,表明当前窗口是第一层,若流程线上有群组图标,双击打开该群组图标后,其流程窗口会有"层 2"字样,表明该窗口是第二层,是由第一层派生出来的。

2.2.5　知识对象窗口

"知识对象"窗口如图 2-18 所示,提供了所有的知识对象,可供程序调用。

图 2-17　程序流程设计窗口

图 2-18　"知识对象"窗口

知识对象提供了一些参数化的程序模块,可以像图标一样直接引入到程序流程中,方便进行程序设计。

2.3　Authorware 7.0 新增功能

与 Authorware 5. x 及 6.0 相比,Authorware 7.0 在作品发布、素材编辑等方面提供了更灵活简便的手段。

2.3.1　单键发布

在以前版本中,将作品发布为不同格式的文件时使用的命令是不同的,特别是如果要将作品发布为网络文件时,操作更为麻烦。现在,利用"文件"→"发布"菜单命令就可以直接输出多种格式的程序文件,如图 2-19 所示。

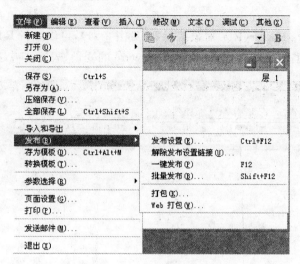

图 2-19　"文件"/"发布"菜单命令

"发布"是一个集成的作品发布命令,可以自动完成作品发布过程中的所有步骤。它还具有如下一些功能:

- 同时发布多种格式的文件,并将它们分别存放在各自相应的文件夹中。
- 可以根据自己程序的需要,自定义发布参数。
- 自动判断并搜集程序所需要的支持文件,如 Xtras、DLLs 和 UCDs 等。
- 自动将文件通过 FTP 上传到远程网络服务器。

2.3.2　新的命令菜单

Authorware 7.0 新增加了一个菜单"命令",其中包含了 Authorware 安装目录下 Commands 文件夹中所有的 EXE 文件和 A7R 文件所对应的菜单命令,如图 2-20 所示。

"命令"菜单中包含了几个初始的菜单命令,这在前面已经介绍过了。但是,除了这些命令外,还可以根据需要添加任何形式的 EXE 文件作为菜单命令。例如,可以将 Windows 的资源管理器程序、媒体播放器程序复制到 Commands 文件夹中,就可以建立相应的菜单命令了,这样就可以在 Authorware 运行时直接调用相应的程序。虽然可以添加任何形式的 EXE 文件作为菜单命令,但是只有用 Authorware 生成的 EXE、A7R、A7P 文件,以及用 Delphi SDK 等工具开发的文件才能够与 Authorware 程序进行通信。

图 2-20　新增加的菜单"命令"

2.3.3　RTF 格式文件的编辑及应用

RTF(Rich Text Format)文件是一种可以包含文字、图形、图像等多种媒体类型的文件,以前版本的 Authorware 虽然也支持 RTF 文件,但是仅能够在显示图标中使用,而且无法进行编辑。在 Authorware 7.0 中,不仅可以对 RTF 文件进行编辑,而且可以更加灵活、有效地引用它。

通过 RIF Objects Editor(RIF 对象编辑器,见图 2-21),可以编辑 RTF 文件,添加文字、图形、图像等多种类型的媒体文件,以及 Authorware 的变量、表达式或超级链接等。

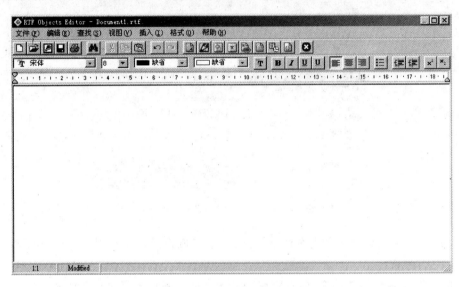

图 2-21　RTF 对象编辑器

利用 RTF 知识对象,可以将 RTF 文件引入到 Authorware 程序中,并且可以动态地引用和改变文件中的内容。

2.3.4　支持更加丰富的媒体文件类型

在以前版本的程序中,若要使用 MP3 音乐,必须使用 ActiveX 控件,但现在可以直接在声音图标中引用 MP3 格式的文件了。

2.3.5　增强的编辑界面及计算窗口

Authorware 7.0 虽然在编辑界面上与以前的版本没有什么大的区别,但还是在方便用户使用方面做了一些工作。

- 自定义图标:把流程线上添加了内容的图标拖动到图标工具栏上,就可以建立自定义的图标,下次再从图标工具栏中拖动图标到流程线上,就会直接显示出自定义的内容。
- 图标色彩:在旧版本中,图标色彩只有 6 种,现在图标色彩增加到了 16 种,从而可以更加有效地使用色彩对图标进行分类和标识。
- 流程设计窗口快捷菜单:为了方便流程设计窗口的使用,程序增加了一个快捷菜单,可以通过单击鼠标右键弹出。其中包含了显示滚动条、打开/关闭上级群组图标、层叠显示群组图标等命令,如图 2-22 所示。
- 改变变量窗口和函数窗口的大小:在旧版本中,变量窗口和函数窗口只能够拉长,不能够变宽,现在可以任意改变变量窗口和函数窗口的大小。

- 增强的计算窗口:计算窗口从外观到功能上都较以往有所变化,能够自动为变量、运算符、注释等着色,更加方便了程序代码的编写,如图 2-23 所示。

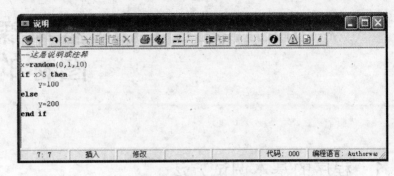

图 2-22　流程窗口　　　　　　　图 2-23　增强的计算窗口
　　　　快捷菜单

除此之外,Authorware 7.0 还增加了一些变量和函数,而且在网络方面的功能和应用也得到了提高。

上述知识将在后面的学习中结合具体内容进行讲解。

第3章

Authorware 7.0的基本操作与图标的使用

3.1 程序的基本调试方法

在进行多媒体程序设计的时候,经常要对程序进行调试,例如添加一幅图片看看有什么效果,加入一段音乐听听是否合适等,这种调试随着程序设计不断地进行。虽然菜单命令可以进行程序的运行调试,但是不够简单快捷。对于比较大的程序,如果每次调试都从头开始就会耽误很长的时间,而且也不利于排查错误。这时,就需要对程序进行局部调试,那么这又该如何实现呢?

首先,可以使用程序控制面板。这是一个可关闭的浮动面板,它用简单的操作来代替菜单命令,使程序的调试操作更简便快捷。

(1)在常用工具栏中选择  按钮则会在屏幕上弹出一个小的控制面板,如图 3-1 所示。利用它可以实现对程序运行的基本控制。

(2)把鼠标指针放在按钮图标上停留一会儿,系统就会自动显示出该按钮的名称。用鼠标单击控制面板上的"显示跟踪"按钮 ,则控制面板会变成如图 3-2 所示的模样,这是控制面板的扩展窗口,其中包含了更多的按钮,而且可以显示程序的执行情况。

图 3-1 "控制面板"面板   图 3-2 控制面板的扩展状态

下面介绍各个按钮的作用。

- (运行):从头开始执行整个程序。
- (初始化):重新设置程序状态为初始状态,清除控制面板下面跟踪窗口(Trace Window)中的所有信息。当流程线上没有开始标志旗时,Authorware 7.0 在跟踪窗口中显示一段虚线并从头开始新的跟踪。当在程序中放置了开始标志旗时,情况就会不一样，Authorware 7.0将从标志旗处开始新的跟踪。

- ▨（停止）：停止程序的执行。
- ▮▮（暂停）：暂停执行。单击此按钮可以暂停程序执行。
- ▶（播放）：继续执行由按钮暂停的程序，使之继续向下执行。
- ◪（从标志旗开始执行）：从标志旗处开始运行程序。
- ◪（初始化到标志旗处）：重新设置跟踪窗口的内容，从标志旗处开始执行。
- ◪（向后执行一步）：单击此按钮，Authorware 7.0执行下一个图标。如果遇到群组图标，Authorware 7.0在跟踪窗口中只显示进入群组图标和执行完群组图标两种状态，而不显示群组图标内部其他图标的具体执行情况，也就是说不具体地执行每一个图标，而是不受控制地从头执行到群组尾。
- ◉（向前执行一步）：单击此按钮，Authorware 7.0会执行下一个图标。如果下一个图标是群组图标时，它会逐一显示群组图标中的每一个图标的执行情况。这样可以在跟踪窗口中清楚地看出群组图标内图标的执行情况，从而深入地调试程序。
- ◉（打开跟踪方式）：显示/不显示跟踪信息。不显示跟踪信息时，Authorware 7.0将不在跟踪窗口中显示图标的执行信息。再次单击此按钮，将恢复跟踪信息的显示。
- ◪（显示看不见的对象）：单击此按钮，可以在演示窗口中看到通常情况下看不到的对象，例如目标区域响应的目标区域、热区响应的热区等。

利用控制面板来运行上节制作的程序，试一试各个按钮的作用，会发现比用菜单命令更加方便快捷。

（3）用鼠标从图标工具栏上拖动"起始"标志旗（白色标志旗）到流程线的顶端，如图3-3所示。这时白色标志旗就会停留在流程线上，而图标工具栏上原来放置起始旗的位置就变空了。

（4）再用鼠标拖动"停止"标志旗（黑色标志旗）到流程线上两个图标之间，如图3-4所示。

图3-3　拖动"起始"标志旗到流
　　　　程线的顶端

图3-4　拖动"停止"标志旗到流程
　　　　线上两个图标之间

（5）现在，会发现Authorware 7.0的常用工具栏中的"运行"按钮变为 ◪，其含义也从"运行"转变为"从标志旗运行"。单击◪按钮，则程序会仅仅显示图片而不播放音乐。这是因为程序只执行了两标志旗之间的内容，从起始标志旗开始，执行了显示图标（显示了图片），然后遇到了"停止"标志旗，就停止了运行，所以声音图标没有被执行，音乐也就得不到播放。

如果不想使用标志旗，那么在图标工具栏上原来放置标志旗的位置单击鼠标，则相应的标志旗就会回到工具栏上，程序中对调试起止位置的设置也就不再有效了。

可以尝试一下将起始标志旗放置在两个图标之间，而将停止标志旗放置在流程线的最下端，然后运行程序，看看会是什么效果？

在 Authorware 7.0 文件中，同时只能设置一个起始标志旗和一个停止标志旗，可以直接在流程线上拖动标志旗改变其位置。

起始标志旗和停止标志旗只是在 Authorware 7.0 文件调试过程中使用的辅助工具，在文件打包过程中，不管收没收回这两个标志旗，都不会带进最后打包形成的文件。

3.2　文件的保存、关闭和打开

每个作品都凝聚着创作者的心血，每一次修改都融进了创作者的努力，在未保存文件时，发生了停电、死机等现象，所做的工作将前功尽弃，那将令人非常痛心。另外，如果在设计中由于错误的修改或不慎的删除而将程序破坏，也会是一个很大的损失。因此，在创作过程中，时时不要忘记保存或备份文件，每成功地完成一步，都应及时保存。停止工作时，要关闭当前的作品。重新工作时，再打开需要的文件。

3.2.1　保存文件

（1）完成当前程序后，选择"文件"→"保存"命令，这时会弹出"保存文件为"对话框，如图 3-5 所示。系统设定的默认保存位置是 Authorware 7.0 软件的安装目录。

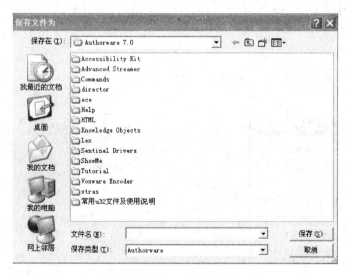

图 3-5　"保存文件为"对话框

可以根据自己的需要将程序保存在计算机的其他位置。选择好程序文件保存目录，然后给自己的作品文件起个文件名。例如，本例将程序保存在"D：\"，为程序取名为"音乐欣赏"，如图 3-6 所示。不用指定文件类型或后缀，系统自动以 Authorware 7.0 程序文件的格式进行保存并添加.a7p 后缀。

图3-6 指定程序文件保存位置及文件名

（2）单击 保存(S) 按钮，则该程序文件就被保存为"D:\音乐欣赏.a7p"。回到流程设计窗口，此时，窗口标题栏上的"未命名"字样变为"音乐欣赏.a7p"，如图3-7所示。

3.2.2 关闭文件

如果不想继续修改当前程序文件或者要打开其他文件，那么就要关闭当前文件。选择"文件"→"关闭"命令，可以关闭当前的程序文件，如果对当前作品进行了修改并且忘记了保存，那么在选取这个命令后，会弹出一个提示对话框，如图3-8所示。

图3-7 流程设计窗口标题栏的变化

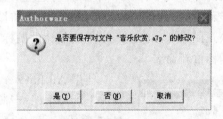

图3-8 提示保存对话框

单击"是"按钮关闭文件后，屏幕上就没有了流程设计窗口，只剩下灰色的背景。

3.2.3 打开文件

如果想要打开一个Authorware 7.0的程序文件，就选择"文件"→"打开"→"文件"命令，会弹出一个"选择文件"对话框，如图3-9所示。

选择要打开的文件，如"音乐欣赏.a7p"，则该文件就会出现在文件名栏中。单击"打开"按钮，就可以把该文件调入到流程设计窗口中进行编辑修改了。

Authorware 7.0作为强大的多媒体编程工具，基于图标设计的程序流程结构是其最显著的特点。而图标作为Authorware 7.0应用软件的基本设计单元，其意义举足轻重。

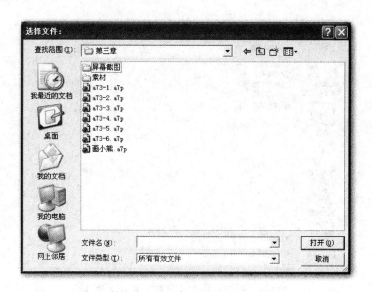

图 3-9　"选择文件"对话框

本章接下来将详尽介绍 Authorware 7.0 显示、擦除、等待、计算、群组图标的功能及其使用方法,同时还将介绍起始位置、终止位置标志以及图标调色板的实际作用。

3.3　显示图标的使用

在 Authorware 7.0 提供的图标中,显示图标可以接收用户输入的文字、绘制的图形以及导入的外部文本、图形、图像,并将这些对象显示在演示窗口中。

显示图标的创建方法非常简单,只需将图标工具栏上的显示图标拖动至程序流程线上,然后松开鼠标即可。流程线上新创建的图标,系统一般都默认它的名称为"未命名",此时可以为图标重新命名。

图 3-10　流程线上的
显示图标

使用 Authorware 7.0 编制程序流程时,一个好的习惯就是给流程线上的每个图标都取一个可以表示其实际用途的名称,并且名称最好不重复。例如,如果希望在一个显示图标中放上一幅图画作为演示背景,那么就可以将显示图标命名为"背景",如图 3-10 所示。

要向显示图标中添加对象或编辑已有的对象,必须先打开显示图标。打开一个显示图标的方法有以下三种:

(1) 双击流程线上的显示图标。

(2) 运行程序时,如果 Authorware 7.0 遇到一个空的显示图标,程序将暂停运行,同时出现该图标的编辑窗口和制作工具箱。

(3) 程序运行时,双击演示窗口中的显示对象。

在打开的显示图标窗口中,系统提供了一个制作工具箱,可以使用它们创建、编辑文本和图形对象。

要在程序设计窗口浏览一个显示图标的内容而不打开该图标,可以右击该图标,此时在屏幕上将出现显示图标的内容。在任意位置单击,即可取消浏览。

3.3.1 关于制作工具箱

在 Authorware 7.0 中可以进行简单的图形创建和编辑工作。双击显示图标,在打开显示图标演示窗口的同时,会看到制作工具箱的浮动面板,如图 3-11 所示。

3.3.2 使用制作工具箱

Authorware 7.0 在制作工具箱中提供了一些基本的绘图工具,可以用它们来绘制直线、矩形、正方形、圆、椭圆、各种多边形等,虽然这些图形相对较简单,但它们为多媒体作品的创作提供了很大的便利。

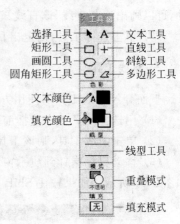

图 3-11 制作工具箱

1. 文本输入

下面利用文本工具输入文字。

(1) 用鼠标单击文本工具,则该工具高亮反显。

(2) 将鼠标指针移到演示窗口空白处,光标变为"I"形。

(3) 在演示窗口上单击,会出现如图 3-12 所示的一条直线,称为"缩排线",其两端带有黑色三角的文字排版符号和小方形句柄,缩排线下方为文字输入区域,闪烁的光标指明文字起始位置。

(4) 输入文字内容"我的第一个多媒体程序",然后用鼠标指针单击一下绘图工具箱上的选择工具,则退出文本工具状态,缩排线消失,屏幕上只有输入的文字,如图 3-13 所示。鼠标指针又变为箭头形状。

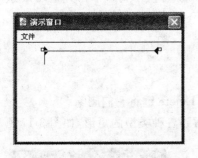

图 3-12 演示窗口上出现了缩排线

图 3-13 输入文字内容

当一个对象处于选定位置时,它会被一些小方块标记包围,这些方块定义了对象的长和宽,称之为"句柄"。

2. 直线工具

下面介绍直线工具的使用方法。

(1) 在绘图工具箱上单击直线工具,则该直线工具反显。

（2）移动鼠标指针到演示窗口，指针形状变为"＋"形状。按住鼠标左键不放，拖动指针，可以画出一条直线，该直线只能为水平线、垂直线或 45°斜线，如图 3-14 所示。

（3）单击选择工具，则退出直线绘图状态，光标形状又变为箭头。

3．斜线工具

下面介绍斜线工具的使用方法。

（1）用选择工具逐个选择前面所做的文字和直线，并按 Delete 键将它们删除。

（2）单击斜线工具，则该工具反显。

（3）移动鼠标指针到演示窗口，则光标变为"＋"形，此时可以绘制各种倾斜度的斜线，如图 3-15 所示。如果按住 Shift 键，可以画出水平线、垂直线或 45°线。

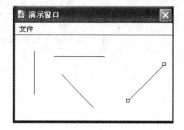
图 3-14　使用直线工具作图

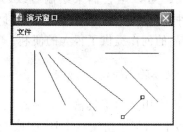
图 3-15　绘制各种角度的斜线

4．画圆工具

下面介绍画圆工具的使用方法。

（1）用选择工具逐个选择前面所画的斜线，按 Delete 键将它们删除。

（2）选择画圆工具，则该工具反显。

（3）鼠标指针移到演示窗口，则光标变为"＋"形。在演示窗口单击并拖动鼠标指针，可以画出各种大小的椭圆，如图 3-16 所示。按住 Shift 键，可以画出圆。

5．矩形工具及多边形工具

下面介绍矩形工具及多边形工具的使用方法。

（1）用选择工具逐个选择前面所画的椭圆，按 Delete 键将它们删除。

（2）选择矩形工具，然后在屏幕上作图，可以得到各种类型的矩形，如图 3-17 所示。

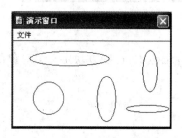
图 3-16　绘制椭圆和圆

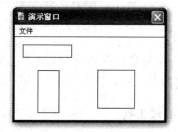
图 3-17　使用矩形工具作图

（3）用选择工具逐个选择前面所画的矩形，按 Delete 键将它们删除。然后选择圆角矩形工具，在演示窗口拖动鼠标指针绘制一个带圆角的矩形，如图 3-18 所示。

提示：在圆角矩形左上角位置，有一个小句柄，它是用来对圆角的半径尺寸进行调整的。可以用鼠标拖动调整它的位置，圆角形状会随着它的位置的变化而变化。这里，可以练习画几个不同半径圆角的矩形。

（4）用选择工具逐个选择前面所画的圆角矩形，按 Delete 键将它们删除。然后选择多边形工具，在屏幕上作图：单击一下鼠标，松开，移动鼠标，可见到在"＋"形光标指针后拖着一条直线随光标运动。到一选定点，再单击，则直线落定，同时又有一直线随光标运动，这样可以一直做下去，若想完成图形，双击即可，结果如图 3-19 所示。利用多边形工具可以制作开放折线，也可以制作多边形。

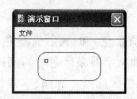

图 3-18　使用圆角矩形工具作图

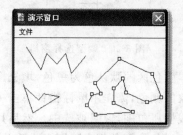

图 3-19　使用多边形工具作图

上面讲了可以用选择工具选择单个图形对象。那么如何选择多个对象呢？可以有以下几种办法：

- 按住 Shift 键，然后用选择工具在演示窗口依次单击多个对象，则这些对象都被选取。
- 选择选择工具，然后在演示窗口按住鼠标左键拖出一个虚线框，所有被虚线框完全框住的图形都被选取。
- 双击流程线上的图标，则当前显示图标的所有对象（包括不可见的对象）都会被选取。

3.3.3　设置线型、颜色和填充模式

在设计时往往需要调整线条的粗细、颜色，有时还需要绘制箭头。对于一些封闭图形（如矩形、椭圆等）还要考虑它们的填充颜色、填充样式，这些工作都可以通过绘图工具箱来完成。

1. 线型工具

选择线型工具，弹出线型选择窗口，如图 3-20 所示。利用它可以设置直线是否为不可见的虚线、线条的粗细、是否带箭头等。

用箭头工具选择直线或图形，然后任意选择线型，可以看到该直线或图形发生的各种变化。不过，线条是否带箭头对封闭曲线（如圆、矩形、多边形等）是不起作用的。

2. 色彩工具

单击工具箱"色彩"区左上方的重叠色块，会弹出一个色彩选择窗口，如图 3-21 所示。

窗口上部为色彩选择区,色彩选择窗口右下方的色块表示的是当前文字、线条或图形边框的颜色,单击右下方的重叠色块,同样会弹出一个色彩选择窗口,色彩选择窗口右下方的色块为图形填充时的前景色和背景色。

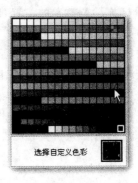

选择自定义色彩

图 3-20　线型选择窗口　　　　　　　　图 3-21　色彩选择窗口

　　文本颜色区的默认色为黑色,填充默认色为黑色(前景色)和白色(背景色)。若想改变选定对象的颜色,需先用鼠标指针单击一下区域色块(如文字线条区色块),则该色块会被一个小白线框所包围,说明被选中。然后用鼠标指针从颜色区选择一种颜色,则该色块的颜色和被选定对象的颜色都会随即发生变化。同理,对填充颜色的设定也是如此。

3. 填充模式

　　单击填充模式按钮会弹出填充模式选择窗口,如图 3-22 所示。Authorware 7.0 对图形预设了 32 种填充方式,其中“无”是指不进行填充(图形是透明的),纯白色块是指用背景色均匀填充,纯黑色块是指用前景色均匀填充,其余则是用前景色在背景色上绘制各种花纹。

　　可以将图形填充理解为在一块裁剪好的彩色的布料上面绘制花纹,前景色相当于画笔的色彩,背景色则是布料的颜色。系统默认设置是不进行填充。

　　选定一个图形对象,随意组合线型、色彩和填充模式,就可以得到不同的图形效果,如图 3-23 所示。

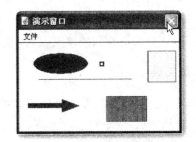

图 3-22　填充模式选择窗口　　　　　　　图 3-23　不同的图形效果

4. 显示模式

　　双击选择工具,会弹出一个显示模式窗口,如图 3-24 所示。它提供了当多个图形图片互相覆盖时的显示模式。

　　Authorware 7.0可以设定6种覆盖模式，分别是：

- 不透明模式：被选中的对象完全覆盖在背景图案上。
- 遮隐模式：去掉前景图像周围的白底，但图像内部的白色像素依然保留。
- 透明模式：将前景图视为透明。该模式下图形对象中的白色区域将变成透明，从而显示出被覆盖的后面的图像。
- 反转模式：前景图和背景图相交的部分以反相的颜色显示。
- 擦除模式：该模式下图形对象中的有色部分将被白色替代，且前景图与背景图颜色重叠的部分也被清除。
- 阿尔法模式：该模式通过使用图形的阿尔法通道，可以创建图形对象与背景对象之间融合渐变的过渡效果。

图 3-24　显示模式
　　　　窗口

　　当前设定的边框颜色、填充色和显示模式对于后续绘制的图形依然有效，即具有继承性。要想改变设置必须重新设定。

3.3.4　编辑图形对象

　　在显示图标中创建图形对象有以下两种方法：一是使用制作工具箱中的绘图工具绘制简单的图形对象；二是导入外部图形文件。

1. 绘制简单图形

　　要求：制作一幅卡通熊的头部造型。

　　步骤如下：

　　(1) 执行"文件"→"新建"菜单命令，出现一个标题为"未命名"的新文件窗口，其中有一条空白流程线。

　　(2) 拖动显示图标至流程线上，并命名为"画小熊"。

　　(3) 双击该显示图标，打开其演示窗口。

　　(4) 单击制作工具箱中的画圆工具，在演示窗口内绘制一个椭圆，作为小熊的耳朵。

　　(5) 单击填充颜色按钮，弹出对象调色板，选择一种合适的前景色。

　　(6) 单击填充颜色按钮，屏幕上弹出填充盒，选择一种合适的填充方式。

　　(7) 单击制作工具箱中的画圆工具，在演示窗口内绘制一个椭圆，作为小熊的头。并为小熊的头选择合适的前景色以及合适的填充方式。

　　(8) 用同样的方法画出小熊的脸、眼睛、鼻子。

　　(9) 单击多边形工具，在演示窗口中单击确定起始点，依次确定拐点画类似一条弧线，在结束点双击完成绘制。用这条弧线作为小熊的嘴。注意：移动拐点可以改变多边形的形状。

　　(10) 为其选择合适的前景色以及合适的填充方式，最终效果图如图3-25所示。

图 3-25　小熊最终效果图

2．导入外部图形对象

前面介绍了利用制作工具箱中的绘图工具创建简单图形对象的方法。同时 Authorware 7.0还支持将其他图形、图像软件创建的精美图片导入到 Authorware 7.0应用程序中。

步骤如下：

(1) 新建一个程序，命名为 a73-1．a7p。

(2) 拖放一个显示图标至流程线上并命名为"风景"。双击该显示图标，打开演示窗口。

(3) 执行"文件"→"导入"菜单命令，弹出"导入哪个文件"对话框，如图 3-26 所示。在对话框中选择合适的路径及文件名，选中"显示预览"复选框，此时可以在预览窗口中预览图片；图片选择好之后，单击"导入"按钮导入风景图片；最后关闭演示窗口。

(4) 执行"调试"→"重新开始"菜单命令或单击"运行"工具图标运行程序，运行效果如图 3-27 所示。

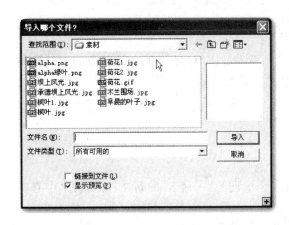

图 3-26　"导入哪个文件"对话框

图 3-27　导入风景图片后的运行效果

(5) 执行"文件"→"保存"菜单命令，保存文件。

3．使用阿尔法模式

阿尔法通道是 Authorware 7.0对于演示窗口中发生对象重叠时进行显示模式设置的增强功能。通过使用阿尔法通道，可以创造出两幅图像过渡融合的视觉效果。

(1) 执行"文件"→"新建"菜单命令，新建一个程序。

(2) 执行"文件"→"另存为"菜单命令，在弹出的"保存文件为"对话框中设置文件名为"a73-2"；单击"保存"按钮；这时程序窗口中的标题名称变为"a73-2．a7p"。

(3) 执行"修改"→"文件"→"属性"菜单命令，系统将弹出"文件属性"对话框。在其中单击"颜色"中的"背景颜色"按钮，设置背景色为黑色（或用户喜欢的其他颜色）；单击"确定"按钮关闭"颜色"对话框；在"选项"中选中"显示菜单栏"、"显示标题栏"和"屏幕居中"选项。

(4) 拖动一个显示图标至流程线上，并命名为"番茄"；双击该显示图标，打开其演示窗口。

（5）执行"文件"→"导入"菜单命令，在对话框中选择文件"番茄.png"，单击"导入"按钮导入番茄图片。

（6）执行"窗口"→"显示工具盒"→"模式"菜单命令，在弹出的"覆盖模式"盒中选择"阿尔法"模式，此时演示窗口中番茄对象周围的白色光晕消失，白色逐渐与黑色背景相融合。显示效果如图 3-28 所示。

（7）保存文件。

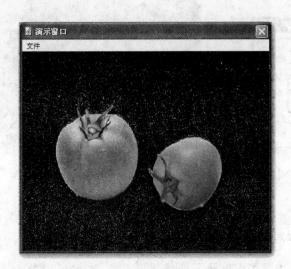

图 3-28　"阿尔法"模式显示效果

3.3.5　编辑文本对象

在多媒体应用软件中，文本对象是使用频率最高的对象。可以在显示图标中创建或导入丰富多彩的文本对象。

1. 创建文本对象

要求：使用制作工具箱中的文本工具在程序"a73-1.a7p"中的风景图片上创建文本对象"坝上风光"。

步骤如下：

（1）打开程序文件"a73-1.a7p"。

（2）双击"风景"图标，打开其演示窗口，单击制作工具箱中的文本工具，将光标移到图片上，单击，出现字符输入区域，执行"窗口"→"显示工具盒"→"颜色"菜单命令，在调色板中将绘图笔设置为蓝色，输入文字"坝上风光"；移动文字两边的手柄，将"坝上风光"定位在图片上的恰当位置。

（3）选中"坝上风光"文本，再双击"选择"工具，选择"透明"模式。

（4）选中文字对象"坝上风光"，执行"文本"→"字体"→"其他"菜单命令，出现如图 3-29 所示的"字体"对话框；在"字体"下拉列表中选择黑体，单击"确定"按钮返回；这时"坝上风光"已经变为黑体显示；然后执行"文本"→"大小"菜单命令，在弹出的各种规格中选择 36；

这时"坝上风光"就以黑体 36 号字显示出来。效果如图 3-30 所示。

图 3-29　"字体"对话框　　　　　　　　图 3-30　最终效果图

（5）保存文件。

2．导入外部文本对象

Authorware 7.0 中除了可以导入外部图形对象外，也可以导入外部文本对象，如 .txt 文本和 .rtf 格式的文本对象。

Authorware 7.0 中导入外部文本对象的方法有以下三种：

- 直接将外部文本文件拖放到程序流程线上。
- 执行"文件"→"导入"菜单命令，导入外部文本对象。
- 利用剪贴板从其他应用程序窗口中粘贴文本对象。

要求：利用剪贴板从 Word 窗口中输入文本。

步骤如下：

（1）执行"文件"→"新建"菜单命令，新建一个程序。

（2）拖动一个显示图标至流程线上，命名为"输入文本"，双击打开该图标。

（3）激活包含有所需文本的 Word 窗口，选中准备输入的文本；将文本复制到剪贴板上。

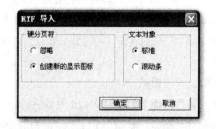

图 3-31　"RTF 导入"对话框

（4）激活 Authorware 7.0 程序窗口，执行"编辑"→"粘贴"菜单命令或单击工具栏中的"粘贴"工具，弹出"RTF 导入"对话框，如图 3-31 所示。

（5）在"RTF 导入"对话框的"硬分页符"区中，选中"创建新的显示图标"选项；此时，若输入的文本对象中含有硬分页符，Authorware 7.0 会自动建立新的显示图标以存放硬分页符后面的文本；如果选中"忽略"选项，系统将忽略文本对象中的硬分页符。

在"文本对象"区中,选中"标准"选项,文本将以标准方式显示;如果选中"滚动条"选项,文本将以滚动方式显示。

（6）单击"确定"按钮关闭对话框,剪贴板上的文本就导入到当前显示图标中。

3.3.6　显示图标属性设置

Authorware 7.0中对于显示图标属性的设置主要包括：图标显示层次的设置、过渡效果的设置,显示图标中使用变量的设置以及显示对象的显示位置的设置等。

下面具体介绍显示图标属性对话框中各选项的意义。

- "层"文本输入框：用以设置对象的显示层次。层次值越大,则显示图标中对象的显示位置越靠前;系统默认的层值为0。
- "特效"选项：用以提供显示对象的过渡效果。

    ◆ 单击该选项右侧的过渡按钮（也可以在显示图标被选中或打开的状态下,执行"修改"→"图标"→"特效"菜单命令）,可弹出"特效方式"对话框,如图3-32所示。

    ◆ "特效方式"对话框左边为"分类"列表框,右边为"特效"列表框;可以先选择一种方式,再选择具体的过渡方式。

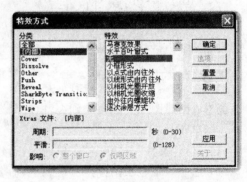

图3-32　"特效方式"对话框

    ◆ "分类"列表框中提供了11种类型的过渡效果集合,其中"内部"类型是系统内置的过渡类型,打包发行时不需带额外的 Xtras 文件。如果选择了其他特效方式,则在对话框中"Xtras 文件"的后面将显示包含该类效果的 Xtras 文件路径。应用程序发行时应带上相应的 Xtras 文件。

    ◆ "周期"文本框用以设置过渡的持续时间。

    ◆ "平滑"文本框用以设置过渡的平滑度（平滑度值越小,过渡过程越细致）。

    ◆ "影响"选项用以设置当前过渡效果的应用范围。若选择"整个窗口"单选按钮,则过渡效果影响整个窗口;若选择"仅限区域"单选按钮,则只影响窗口中的对象。

    ◆ 单击"应用"按钮,可以预览设置的过渡效果;设置完毕后,单击"确定"按钮返回显示图标属性对话框。

- "选项"：用以设置可选参数。

    ◆ "更新变量显示"选项可以自动更新显示变量的值。

    ◆ "禁止文本查找"选项,表示该显示图标中的文本对象不包括在搜索范围内。

    ◆ "防止自动擦除"选项,表示禁止该显示图标中的内容被其他图标中设置的自动擦除功能擦除。

    ◆ "擦除以前内容"选项,在展示该显示图标中的内容之前先擦除前面显示的内容。

    ◆ "直接写屏"选项,不管是否有层次值大于本显示图标的显示内容存在,该显示图标的内容都将直接显示在演示窗口最前面。

- "选择位置"选项卡：用以设置显示图标中对象的显示位置、是否可移动以及移动区域等参数。该选项主要是配合对象的动画操作以及如何设置交互响应。
  - "位置"选项提供了对象位置的四种可选方式：
    - 不能改变：对象位置不可变。
    - 在屏幕上：对象可以在屏幕上的任意位置定位，但必须全部在屏幕内。
    - 在路径上：对象可以沿路径定位。
    - 在区域内：对象可以在指定的矩形区域内定位。
  - "活动"选项设置图标内的对象是否可移动：
    - 不能改变：不可移动。
    - 在屏幕上：可以在屏幕上移动，但必须全部在屏幕内。
    - 任意位置：对象可以任意移动，甚至可以超出屏幕。
  - 基点：对象的基准位置。
  - 初始：对象的初始位置。
  - 终点：对象的终止位置。

3.3.7　应用实例

要求：创建图片显示由小到大、由远到近逐渐呈现的过渡效果。

步骤如下：

(1) 执行"文件"→"新建"菜单命令，新建一个新文件。

(2) 拖动一个显示图标至流程线上，命名为"图片"。

(3) 双击"图片"图标，打开其演示窗口。

(4) 执行"文件"→"导入"菜单命令，导入"木兰围场"图片。

(5) 在"显示图标属性"对话框中单击"特效"按钮，打开"特效方式"对话框，如图 3-33 所示。

(6) 单击"应用"按钮，预览图片呈现时的情景；满意时单击"确定"按钮，关闭对话框。

(7) 运行程序，可以看到"图片"显示时由小到大，犹如摄像机的变焦镜头由远景到近景逐渐拉伸的动态效果。

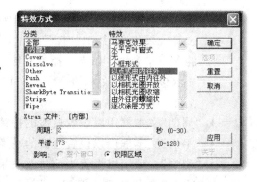

图 3-33　显示对象过渡效果的设置

3.4　使用起止标志

图标栏上的起始位置标志与终止位置标志是一对相互配合使用的图标，主要用于程序调试。编程人员可以使用它们指定程序运行的起始位置与终止位置，从而对一段程序进行单独调试。

起止标志的使用方法如下：

(1) 在 Authorware 7.0 环境下首先打开一个应用程序。

(2) 拖动起始标志至程序流程线上准备调试的程序段的第一个图标前，拖动终止标志至该程序段的最后一个图标后。

（3）执行"调试"→"从标志旗处运行"菜单命令，或单击工具栏中的程序运行按钮（此时该按钮已变成带有旗帜标志的运行按钮），运行起止标志之间的调试程序段。

（4）程序调试完成后，在图标栏中的"开始"和"停止"位置上，分别单击鼠标左键，收回起止标志。

程序调试时还可以结合使用"控制面板"，进一步方便调试。

3.5 擦除图标的使用

擦除图标的作用主要是清除演示窗口显示的文字、图形或其他对象（包括显示、交互、框架以及数字电影等图标显示的对象），常用在程序运行时画面的切换过程中。下面以一个实例来介绍擦除图标的功能及其使用方法。

要求： 运行程序"a73-3.a7p"，当图片出现后，以马赛克效果擦除图片上的文字。

步骤如下：

（1）打开文件"a73-3.a7p"。

（2）拖动一个擦除图标至流程线上"文字"图标的下面，并命名为"擦除"。

（3）运行程序；程序暂停时，出现"擦除图标属性"对话框。

关于"擦除图标属性"对话框，简单说明如下：

- "擦除"选项卡的第一行是系统给出的有关下一步操作的提示信息；"特效"选项用于设置擦除过渡效果；"防止重叠消失"选项用于防止交叉擦除，此项在有多个对象叠加显示而擦除时又需要按先后次序进行的情况下才被选用。

- "图标"选项卡设置擦除图标的选择模式。若选中"删除图标"选项，则列表中的所有图标全被擦除；若选中"保留图标"选项，则列表中选定的图标不被擦除，而其余的图标内容全被擦除。在列表中选择某一图标后，下面的"删除"按钮被激活，使用该按钮可以选择要操作的图标。

- 预览：擦除属性设置完成后，可以使用该按钮预览擦除效果。

- 单击"特效"右侧的过渡按钮，弹出"擦除模式"对话框，如图 3-34 所示。该对话框实际上就是前面介绍的"特效方式"对话框，只不过名称不同罢了。

（4）在"分类"列表框中选择"内部"，在"特效"列表框中选择"马赛克效果"，其他设置如图 3-34 所示，单击"确定"按钮。

（5）按照系统提示："单击要擦除的对象"，单击演示窗口中的"坝上风光"对象，可以看到文字图标被清除了。此时单击对话框中的"预览"按钮，可以重复预览擦除效果。

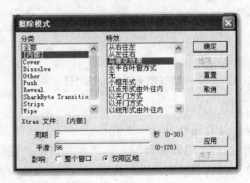

图 3-34 "擦除模式"对话框

（6）设置完成后，重新运行程序，可以看到图片上的文字以"马赛克"方式被擦除了。

（7）保存程序。

3.6 等待图标的使用

等待图标的作用是暂停程序运行，以便让用户能够看清楚程序的演示效果；直到用户按键、按鼠标或经过一段时间延迟后，程序才继续运行。

1）程序流程线上拖动一个等待图标，命名为"单击鼠标"。

2）关于"等待图标属性"对话框，简单说明如下：

- "事件"选项用来设置程序继续运行的触发事件，即等待到何种事件发生才继续运行程序。选中"单击鼠标"选项，表示事件为鼠标单击屏幕上任何地方；选中"按任意键"选项，表示事件为按下键盘任意键。若同时选中这两个选项，则两个触发事件均有效。

- "时限"文本框用以输入一个表示定时的常数或表达式，其值以秒为单位。一旦定时时间到，程序会自动脱离等待状态继续向下运行。

- "选项"选项用以设置可选条件。如果设定了定时时间，则"显示倒计时"选项被激活；若选取了该选项，则程序暂停时会在演示窗口左下角显示一个模拟的时钟动画，表示程序等待的剩余时间。若选中"显示按钮"选项，则表示单击演示窗口中出现的"继续"按钮，程序将继续运行。如果不满意"继续"按钮出现的位置，可以重新放置，方法是：当程序运行到等待画面时，鼠标双击演示窗口中的图形对象，进入编辑状态，然后用鼠标将按钮拖放到合适的位置。

3）应用实例。

要求：在程序"a73-3.a7p"运行过程中，当图片呈现2秒钟后再擦除文字。步骤如下：

（1）打开前面保存的"a73-3.a7p"程序。

（2）拖动一个等待图标至流程线上"风景"图标和"文字"图标之间。

（3）双击等待图标，出现"等待图标属性"对话框，时限设置为2秒，取消选中按任意键和显示按钮。

（4）运行程序，观察效果。

（5）保存程序。

3.7 计算图标的使用

计算图标具有以下功能：定义用户使用的变量，调用系统函数，计算函数或表达式的值，给程序附加注释等。程序流程线上的任何位置都可以插入计算图标；另外，还可以将计算图标功能附着在其他图标上，使计算成为其他图标功能的一部分。

1. 定义和说明变量

Authorware 7.0系统对于用户自定义的变量不一定要预先进行定义或说明，但作为一种好的编程习惯，建议用户将程序中要使用的自定义变量，集中在程序的开始部分以计算图

标的方式进行定义和说明,方法如下:

(1) 拖动一个计算图标至程序流程线上,双击该图标将其打开,在出现的计算图标编辑窗口中输入要定义的变量及其初值,如图 3-35 所示。

(2) 关闭计算图标窗口时,系统会询问是否保存计算图标中的内容,单击"是"按钮确认保存;再弹出一个如图 3-36 所示的"新建变量"对话框,可以在对话框内输入变量的初值及其描述。

图 3-35　计算图标编辑窗口

图 3-36　"新建变量"对话框

(3) 单击"确定"按钮,关闭对话框,完成变量定义。

2．跟踪变量

当前值计算图标的另外一个作用是可以利用其属性对话框跟踪使用的函数和变量的变化。操作方法如下:

(1) 选中程序流程线上的某个计算图标。

(2) 打开"计算图标属性"对话框。

(3) 在属性对话框中,"函数"列表框按字母顺序罗列出该计算图标所使用的函数名称,例如"Goto";"变量"列表框按字母顺序罗列出该计算图标所使用的变量名称。在"变量"列表框中选中某一变量,例如"x",在"当前变量"选项内可以获取该变量的当前值。

3．为程序添加注释

一般的程序在设计时都会有文件说明。Authorware 7.0 环境下建立的程序不能将说明放置在显示图标中,而应该放置在计算图标中。下面为程序"a73-2.a7p"添加文件说明:

(1) 打开"a73-2.a7p"文件。

(2) 拖动一个计算图标至流程线最上方,命名为"说明"。

(3) 双击"说明"图标,打开计算图标编辑窗口。

(4) 在窗口中输入文字:"此文件用以展示使用阿尔法通道模式处理的图片效果",如图 3-37 所示。

注意:说明性的文字必须以两个减号的注释符开头;注释符可以放置在"计算图标"窗口中的任意位置;注释符后面的内容不影响程序的正常执行,它的作用只是为了方便用户阅读程序。

(5) 关闭计算窗口,保存文件名为 a73-4.a7p。

图 3-37　设置"说明"图标

4. 为图标附着计算图标

Authorware 7.0 允许为除擦除图标、计算图标之外的其他所有图标附着计算图标,使计算图标的功能成为这些图标功能的一部分。当程序执行到这些图标时,相应地也要执行该图标所附着的计算图标。

为图标附着计算图标的方法如下:

(1) 程序流程线上选中某图标。

(2) 执行"修改"→"图标"→"计算"菜单命令或右击选中的图标选择计算或者使用 Ctrl＋＝键。

(3) 在打开的同名计算图标窗口中,按常规方法设置。

(4) 关闭计算图标窗口,确认提示。

这时可以发现被附着计算图标的图标左上角出现一个"＝"号,作为该图标被附着计算图标的标志。

3.8　群组图标的使用

群组图标用来代表程序中的某个功能部分,是使程序模块化的一种操作方式。群组图标有自己的程序设计窗口和流程线,流程线上放置的是能够完成该群组图标所代表的程序功能的各种图标,形成一个类似于其他高级语言中的子程序的程序组。

当系统执行程序遇到一个群组图标时,Authorware 7.0 将进入该群组图标,由上而下顺序执行其中的各个图标:执行完最后一个图标后,系统将退出群组图标,转而去执行主流程线上该群组图标下面的图标。群组图标的使用有以下三种方式。

1. 将图标组合成群组

如果要将流程线上部分连续的图标组合成一个群组图标,首先按住鼠标左键在程序设计窗口拖出一个虚线方框,使得要组合的图标都被框住(框内的图标变黑表示被选中);然后再执行"修改"→"群组"菜单命令将选中的图标组成一个群组图标,应对该群组图标重新命名。

2. 将群组图标解组

如果要将一个群组图标解组,首先选中该群组图标,然后执行"修改"→"取消群组"菜单命令解组,解组后的图标自动连接在上一级程序设计窗口的流程线上。

3. 新建群组图标

使用这种方式设计程序流程,首先拖动一个群组图标至流程线上的合适位置并命名;然后双击该群组图标,打开一个新的二级程序设计窗口;剩下的工作就只是在其中的流程线上按照通常的程序设计方法设置能完成某种功能的各种图标。设置完成后,关闭二级窗口,返回一级窗口。二级窗口右上方的标志为"层 2",以区别于一级窗口(一级窗口右上方的标志为"层 1")。

4. 应用实例

要求:

① 用群组图标组合程序"a73-5.a7p"中的"风景 1"、"文字 1"和"擦除 1"图标并将群组图标命名为第一场。

② 用群组图标组合程序"a73-5.a7p"中的"风景 2"、"文字 2"和"擦除 2"图标并将群组图标命名为第二场。

步骤如下:

(1) 打开文件"a73-5.a7p"。

(2) 将光标放在"风景 1"图标的左上方,按住鼠标左键拖动鼠标,用画出的虚线框框住"风景 1"、"文字 1"和"擦除 1"图标,如图 3-38 所示。

(3) 执行"修改"→"群组"菜单命令,流程线上的"风景 1"、"文字 1"和"擦除 1"图标就会被一个群组图标所代替;将这个群组图标命名为"第一场"。

(4) 双击该群组图标,屏幕上会打开一个二级窗口,可以看到其中的流程线上有"风景 1"、"文字 1"和"擦除 1"三个图标,如图 3-39 所示。

图 3-38　定义群组图标的内容

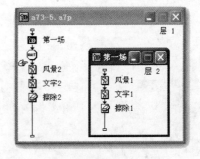

图 3-39　二级窗口

(5) 用同样的方法完成第二步要求的所有操作。

(6) 保存文件。

3.9　使用图标调色板

图标调色板的主要作用是为流程线上不同层次的各种图标着色,使得流程图清晰易读。

要求:为程序"a73-4.a7p"中的图标着色。可以按照图标在程序中的重要程度为图标着色,如最重要的图标着红色,用蓝色表示说明性的图标等。

步骤如下:

(1) 打开文件"a73-4.a7p"。

(2) 单击需要着色的图标,例如单击流程线上作为程序说明的计算图标,选中该图标。

(3) 在图标调色板上,单击蓝色,此时的计算图标就变成蓝色了。

(4) 用同样的方法为"番茄"图标着红色。

(5) 保存文件名"a73-6.a7p",关闭程序。

相对于 Authorware 7.0 的其他功能而言,为图标着色是一项不太起眼的操作。但是对于大型的多媒体应用程序开发,着色后的图标能使阅读和调试程序更加方便快捷。因此,建议充分利用 Authorware 7.0 提供的便利条件,制作出清晰美观的程序文件。

第4章 Authorware 7.0动画处理

在多媒体作品中,常常希望能够实现诸如图片飞入飞出、文字滚动显示等效果。如果用动画来实现这些效果,不仅使作品的容量变大,而且动画对象也不易与画面上的其他内容相配合。为此,Authorware 7.0提供了移动图标,利用它可以在演示窗口直接实现简单的路径动画。这种动画不改变对象的方向、大小和形状,仅仅使对象在演示窗口中发生位置的变化,从而形成一个简单的动画,所以有时又被称为路径动画。

4.1 使用移动图标产生路径动画

借助移动图标,Authorware 7.0程序可以定义数种类型的路径动画。动画对象可以是静态对象,也可以是动态对象。下面先来介绍如何使用移动图标来产生路径动画。

(1) 创建一个新文件。拖入一个显示图标到流程线上,命名为"热带鱼",然后在其中导入一幅"热带鱼"的图片,并将其放置在画面左下角,如图4-1所示。

(2) 拖动一个等待图标到流程线上,命名为"等待"。

(3) 再从图标工具栏中拖动一个移动图标到流程线上,命名为"移动鱼",如图4-2所示。

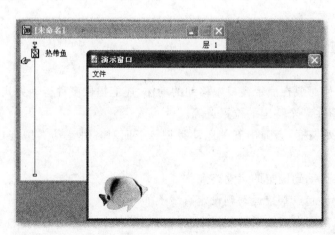

图4-1 导入图片

图4-2 程序流程图

(4) 运行程序,画面上出现鱼及 继续 按钮,单击该按钮,又出现移动图标属性面板,如图4-3所示,对移动图标进行设置。

图 4-3　移动图标属性面板

（5）移动图标属性面板中有一个提示"单击对象进行移动"，要求选择需要移动的对象。在演示窗口单击热带鱼图片，则该图片所在图标的画面内容出现在移动图标属性对话框左上角的预览窗口上（见图 4-4），说明该对象是当前选中的运动对象。

图 4-4　根据提示选择移动对象

（6）此时，面板上的提示文字变为"拖动对象到目的地"，要求拖动对象到运动的目的位置。拖动热带鱼图片到演示窗口的右上角，这样就定义了对象运动的目的位置。单击右下角的预览按钮可以预览对象的运动情况。

（7）重新运行程序，鱼就从画面左下角缓缓移动到右上角，实现了图片的路径动画。

（8）保存程序，命名为 a74-1.a7p。

4.2　运动类型及属性设置

移动图标不仅可以提供一个使对象在演示窗口中移动的动作，还能提供多种运动方式，如沿着折线或曲线路径运动、停留在某个特定的位置点等。

在图 4-3 中单击"类型"下拉列表框，会弹出五种运动类型。下面对各种运动类型进行介绍。

- 指向固定点：从起点直接运动到设定的运动终点。
- 指向固定直线上的某点：从起点直接运动到设定直线上的某点。
- 指向固定区域上的某点：从起点直接运动到设定区域内的某点。
- 指向固定路径上的终点：从路径起点沿路径运动到路径终点。
- 指向固定路径上的任意点：从路径起点沿路径运动到路径上某点。

下面举例说明这五种运动类型的程序效果。

4.2.1　指向固定点

此类型是最简单、最常用的一种运动方式,也是移动图标默认的运动方式,在前面的程序 a74-1.a7p 中使用的就是这种运动类型。

"指向固定点"运动类型的移动图标属性如图 4-4 所示。

"层":定义运动层次,同显示图标的层次概念基本相同。

- "定时":定义运动速度,可以用时间或速率两种方式来定义,其中时间是以秒为单位,速率以"英寸/秒"为单位。下面一栏为数值框,输入对象运动的时间或者速率,数值越大运动越慢。
- "执行方式":定义程序该如何进行,其中有两个选项:
  - ◆ "等待直到完成":程序必须等待移动图标执行完毕,即等待对象运动结束后才能继续向下运行。
  - ◆ "同时":程序可以和移动图标同时执行,即在对象运动的同时,程序继续向下运行。
- 属性面板右上部为一行提示信息,说明该如何操作,例如选择运动对象、拖动对象到目的位置等。
- "对象":选定对象的图标名称,如此处为显示图标"热带鱼"。
- "目的地":对象运动的目的位置坐标值。这个坐标值是当拖动对象到目标位置后自动产生的,改变数值将改变运动的目的位置。

下面举例说明"执行方式"中两个选项的含义。

首先选择"等待直到完成"选项,然后拖动一个显示图标到移动图标的下方,命名为"水草",并在其中导入一幅水草图片,如图 4-5 所示。注意设置图片透明。

图 4-5　在显示图标中导入图片

运行程序,效果为必须等到热带鱼移动到终点后,水草图片才会出现。

再次打开移动图标属性面板,为"执行方式"属性选择"同时"选项。运行程序,可以看到在热带鱼运动的同时,水草图片也显现出来。

4.2.2　指向固定直线上的某点

"指向固定直线上的某点"运动类型的面板中各选项的含义介绍如下。

- 基点：定义路径起点，其数值可以调整。
- 目标：定义对象运动的目的位置，对象运动到指定位置就停止。其数值可以在基点和终点之间，也可以超出路径范围。可以直接输入数值，也可以用变量或表达式来控制。
- 终点：定义路径终点，其数值也可以修改。
- 执行方式：除了"等待直到完成"和"同时"两个选项外，又增加了一个选项。"永久"：当对象运动目的位置采用变量或表达式来控制时，此选项会在程序执行过程中一直监测着变量，一旦变量值发生变化，就使移动图标重新执行。
- 超出范围：定义了当目的位置的数值大于路径终点的数值时运动该如何进行。其中有 3 个选项。
  - "循环"：以目的位置数值除以终点数值，余数为对象运动的实际目的位置。
  - "到结束点停止"：对象只运动到终点就停止。
  - "到过去的结束点"：对象将越过终点，一直运动到目的位置。

为了说明"指向固定直线上的某点"类型的动画，下面来做一个练习。

（1）创建一个新文件。拖入两个显示图标到流程线上，命名为"台球案"和"台球"。

（2）.在台球案演示窗口中导入"台球案"图片，在台球演示窗口中利用制图工具箱的画圆工具绘制一个台球，并设置好位置，如图 4-6 所示。

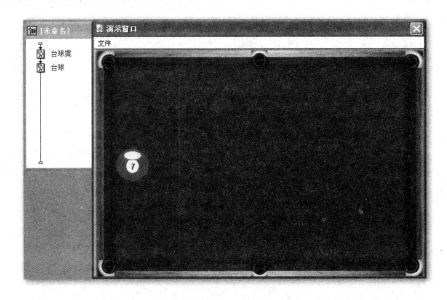

图 4-6　导入球案及绘制台球

（3）从图标工具栏中拖动一个移动图标到流程线上，命名为"移动台球"。

（4）运行程序，在移动图标属性面板中选择"类型"为"指向固定直线上的某点"。

（5）首先选择基点，拖动台球图片定义路径出发点，数值定义为"0"；再选择终点，拖动台球图片到定义路径结束点，数值定义为"100"；最后选择目标，修改数值为"50"，如图 4-7 所示。

（6）保存程序命名为 a74-2.a7p。

（7）运行程序，查看结果。改变基点、目标、终点的值体会其含义。

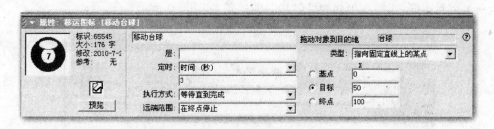

图 4-7 移动图标属性设置

4.2.3 指向固定区域上的某点

"指向固定区域上的某点"类型是移动对象到规定区域内的某一指定点。

属性面板中各选项的含义介绍如下。

- 基点：定义了区域的左上角坐标值。
- 目标：定义了对象运动的目的位置的坐标值。
- 终点：定义了区域的右下角坐标值。

每个选项后都有"X"，"Y"参数，这个参数并不是指该点的屏幕坐标，而是定义该点在规定区域内的坐标值，系统默认规定区域左下角（基点）为（0,0），右上角（终点）为（10,10），可以根据需要对这个参数进行修改。对象运动目的位置的坐标值也可以修改。坐标值可以用数值，也可以用变量或表达式来定义。

"指向固定区域上的某点"类型的属性面板内容及属性设置均与"指向固定直线上的某点"类型相同，这里不再赘述。

下面通过实例来说明"指向固定区域上的某点"类型的动画。

（1）创建一个新文件，命名为 a74-3.a7p。

（2）拖入一个显示图标到流程线上，命名为"车"。然后在其中导入一幅"车"的图片，并设置好位置。

（3）再拖入一个显示图标到流程线上，命名为"车场背景"。双击该显示图标，在其中导入一幅"车场背景"图片。

（4）再从图标工具栏中拖动一个移动图标到流程线上，命名为"移动车"。

（5）运行程序，在移动图标属性面板中选择"类型"为"指向固定区域上的某点"，"定时"设置为"3 秒"。分别设置基点、目标、终点坐标，具体参数如图 4-8 所示。

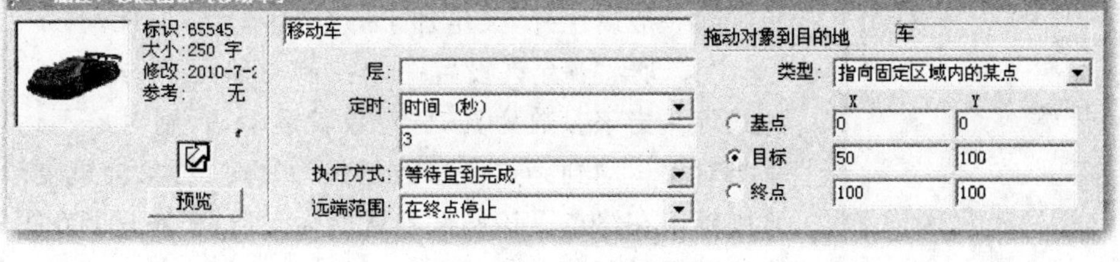

图 4-8 参数设置

（6）运行程序，车停在坐标为(50,100)的位置，如图 4-9 所示。

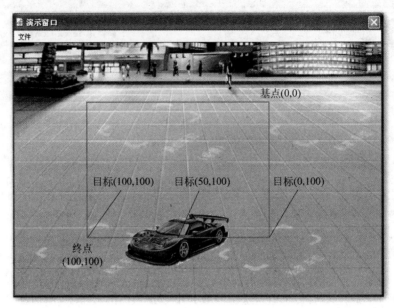

图 4-9　运行效果图

回到程序，单击移动图标，改变移动图标属性面板中目标的坐标值，设置目标(X,Y)为(100,100)，运行程序查看结果；再将目标(X,Y)设置为(0,100)，运行程序查看结果。

注意：这里所设置的(X,Y)坐标值是一个比例值，而并不是实际的像素值。数值的大小可以随意定义。例如，将基点、目标、终点坐标分别定义为(0,0)，(5,10)，(10,10)，运行结果和以上设置的结果是完全一样的。

4.2.4　指向固定路径上的终点

"指向固定路径上的终点"类型定义对象沿一条规定路径运动到终点。选择这种类型后，移动图标属性面板上有提示信息，要求进行相应的操作。首先，单击要移动的对象。选定后，就可以用鼠标拖动对象设置它的路径。"编辑点"下有两个按钮，可以对路径上的节点进行删除和恢复。

图 4-10　程序流程图

当选定"指向固定路径上的终点"类型后，移动图标属性面板中除一般属性外，又增加了一个"移动当"属性。

"移动当"：允许设置一个控制对象运动的参数（变量、表达式等），当该参数为真时，对象就运动，否则对象不运动。如果当对象运动到终点而参数仍然为真时，对象会重复运动，反之则停留在终点。该属性默认值为空白，程序只能在第一次遇到该图标时移动对象。

下面通过实例来说明，在"指向固定路径上的终点"类型动画中创建路径。程序流程图如图 4-10 所示。

(1) 创建一个新文件,命名为 a74-4.a7p。

(2) 拖入两个显示图标到流程线上,命名为"荷花"和"蜻蜓",然后在其中分别导入一幅"荷花"和"蜻蜓"的图片,并设置好位置。

(3) 再从图标工具栏中拖动一个移动图标到流程线上,命名为"移动蜻蜓"。

(4) 运行程序,在移动图标属性面板中选择"类型"为"指向固定路径上的终点","定时"设置为"3秒"。选择运动图像时单击蜻蜓图片,则图片出现在移动图标左上角的预览窗口。这时提示变为"拖动对象以创建路径",要求拖动对象建立路径。再单击蜻蜓图片,上面会出现一个黑色小三角,按住鼠标左键拖动蜻蜓,到演示窗口某处松开左键,就会形成路径的一个节点,并有一个黑色小三角标记。此时提示信息变为"拖动对象到扩展路径",要求建立路径的延伸节点。继续按住鼠标左键拖动图片,就可以建立下一节点,如此反复,就可以形成一条多节点的折线,它就是对象运动的路径,如图4-11所示。

注意：在拖动图片时,不要把指针放在黑色小三角上,否则会拖动路径节点。

图4-11　设置对象运动路径

(5) 关闭移动图标属性面板。运行程序,可见蜻蜓沿着预先设置的折线路径移动。

注意：路径在演示窗口或程序运行时并不显示出来,只有在打开移动图标属性面板时才会出现该图标对应的运动路径,因此如果需要调整路径,需要单击移动图标,这样路径又会显示出来,在路径上双击节点,则该节点处折线变为光滑曲线,同时黑色小三角也变为小圆点了,如图4-12所示。

(6) 重新运行程序,则蜻蜓会沿着一条光滑的路径滑行。若想删除路径上某一节点,只需选中该节点,然后单击"结束点"下的删除按钮;如果要恢复删除的节点,单击撤消按钮即可。

图 4-12　改变折线路径为光滑的曲线

4.2.5　指向固定路径上的任意点

"指向固定路径上的任意点"类型定义对象沿曲线(折线)路径运动到某点,与"指向固定路径上的终点"类型相比,这里增加了"基点"、"目标"、"终点"三个选项,用以设置路径的起点、对象在路径上运动的目的地和终点位置值。这三个选项的值是可以调整的,可以是数值,也可以是变量或表达式。

路径的建立方法同"指向固定路径上的终点"类型完全相同,也需要先选择运动对象,然后拖动对象形成路径。

"指向固定路径上的任意点"类型的移动图标属性面板中的各项属性都是前面所介绍过的,这里不再赘述。

下面通过实例来说明如何在"指向固定路径上的任意点"类型动画中创建路径。程序流程如图 4-13 所示。

(1) 创建一个新文件,命名为 a74-5.a7p。

(2) 拖入两个显示图标到流程线上,命名为"世界地图"和"热气球",然后在其中导入一幅"世界地图"和"热气球"的图片,并设置好位置。

图 4-13　程序流程图

(3) 再从图标工具栏中拖动一个移动图标到流程线上,命名为"移动热气球"。

(4) 运行程序,在移动图标属性面板中选择"类型"为"指向固定路径上的任意点"。设置热气球运动路径,方法同"指向固定路径上的终点"类型,"基点"、"目标"和"终点"的值分别设置为 0、75 和 100,具体设置如图 4-14 所示。

注意:目标坐标值应该和国家地理位置重合。

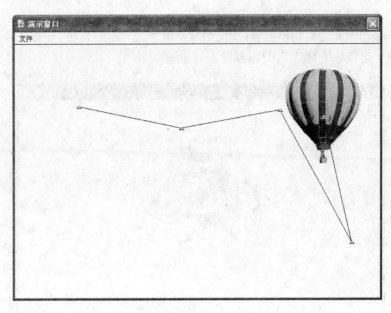

图 4-14　热气球运动路径设置

4.3　在移动图标中使用层

大家可能已经注意到了,在移动图标的属性面板中也有一个"层"属性,那么这个属性到底起什么作用呢?与显示图标属性中的"层"有什么区别呢?下面用一个例子来说明这些问题。程序流程如图 4-15 所示。

(1) 新建一个文件,命名为 a74-6.a7p。

(2) 在流程线上引入两个显示图标,命名为"鱼 1"、"鱼 2",并分别引入相应的图片。

(3) 拖入一个等待图标到流程线上,命名为"等待"。

(4) 再引入两个移动图标,分别命名为"鱼 1 游"、"鱼 2 游"。

(5) 设置两个移动图标的属性,都采用"指向固定点"运动类型,使"鱼 1 游"到窗口左上角,"鱼 2 游"到窗口右上角。另外注意选择移动图标的"执行方式"属性为"同时",以使两个移动图标能够同时运行,如图 4-16 所示。

图 4-15　程序流程图

图 4-16　移动图标属性设置

下面来看看移动图标"层"属性对运动的影响。

(1) 两个移动图标的层均不设置（即使用默认值"0"）。运行程序，可见在运动交叉时，"鱼 2"图片遮盖住了"鱼 1"图片，如图 4-17 所示。

图 4-17　"鱼 2"遮住"鱼 1"

注意：当两个移动图标在同一层次时，处于流程线后的移动图标控制的对象在运动时会遮住前面的移动图标控制的对象。

(2) 设置"鱼 1 游"移动图标中的"层"值为"1"，如图 4-18 所示。

图 4-18　设置"鱼 1 游"层值为"1"

(3) 运行程序，可见在运动交叉时，"鱼 1"图片遮住了"鱼 2"图片，如图 4-19 所示。

下面来看看显示图标"层"属性对运动的影响。

(1) 将移动图标的层次都设置为"1"，在同一层上。

(2) 选择显示图标"鱼 1"，打开其属性对话框，设置"层"为"3"，如图 4-20 所示。

(3) 关闭属性面板。运行程序，可见"鱼 1"图片依然被"鱼 2"图片遮盖。

(4) 保存程序。

这说明显示图标的层次设置对图片运动时的遮盖关系没有影响，即对象在运动交叉时的遮盖关系只由移动图标的层次决定。

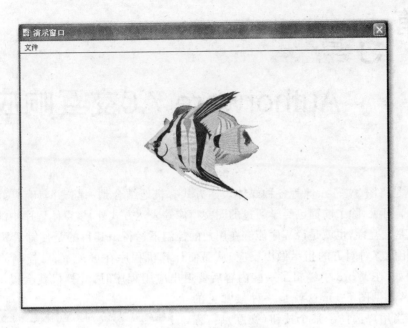

图 4-19　程序运行结果

图 4-20　设"鱼 1"层值为"3"

Authorware 7.0交互响应

多媒体是将图、文、声、像等各种媒体表达方式有机地结合到一起,并具有良好交互性的计算机技术。可见,除了前面已经学习过的图文声像等表达方式外,多媒体程序中的一个很重要的特点就是交互性,也就是说程序能够在用户的控制下运行。其目的是使计算机与用户进行沟通,互相能够对对方的指示做出反应,从而使计算机程序在可理解、可控制的情况下顺利运行。例如,在 Word 中编辑了一些内容后要退出应用程序时,计算机就会提示:是否保存更改的内容(见图 5-1),这就是一种最常见的交互方式。当用户选择了某个按钮(交互)后,程序就会按照用户的选择执行相应的内容(响应)。

正是考虑到多媒体程序的这种需求,Authorware 7.0 利用交互图标为创作人员提供了多种交互响应方式,如按钮、菜单、文字、热区、时间限制、次数限制等。

图 5-1　交互式对话框

5.1　认识交互图标

一般定义交互就是操作者与计算机程序之间的沟通,而响应就是计算机程序对操作者的选择所做出的反应(当然,这种反应都是在程序中预先设计好的)。由于交互和响应是紧密联系的,所以在 Authorware 7.0 中,常常将"交互类型"和"响应类型"作为同一个概念使用。

其实在前面的学习中已多少涉及一些交互知识,如利用暂停图标的按钮、鼠标单击、时间限制等属性来控制程序的执行,这些都是简单的交互。在 Authorware 7.0 中,实现交互的主要工具是交互图标,与前面学习过的图标有很大不同。

(1) 创建一个新文件,从图标工具栏拖动一个交互图标到流程线上,交互图标的默认名称也是"未命名",可以更改其图标名,如命名为"交互"。

(2) 再拖动一个显示图标到交互图标的右侧,这时就出现一个"交互类型"对话框,如图 5-2 所示。

"交互类型"对话框提供了 11 种交互类型可供选择。

- "按钮"响应:可以在演示窗口创建按钮,并且可以用此按钮与计算机进行交互。按钮的大小和位置以及名称都是可以改变的,并且还可以加上伴音。Authorware 7.0

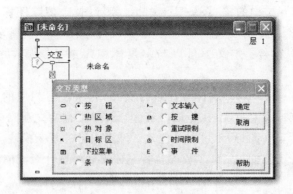

图 5-2 "交互类型"对话框

    提供了一些标准按钮，可以任意选用这些按钮，也可以自己定义。单击按钮时，计算机会根据指令，沿指定的流程线（响应分支）执行。

- "热区域"响应：可在演示窗口中创建一个不可见的矩形区域，采用交互的方法，可以在区域内单击、双击或把鼠标指针放在区域内，程序就会沿该响应分支的流程线执行，区域的大小和位置是可以根据需要在演示窗口中任意调整的。

- "热对象"响应：与"热区域"响应不同，该响应的对象是一个物，即一个实实在在的对象，对象可以是任意形状的，而不像"热区域"响应区域一定是个矩形。这两种响应可以互为补充，大大提高了 Authorware 7.0 交互的可靠性、准确性。

- "目标区"响应：用来移动对象，把对象移到目标区域，程序就沿着指定的流程线执行。需要确定要移动的对象及其目标区域的位置。

- "下拉菜单"响应：创建下拉菜单，控制程序的流向。

- "按键"响应：对敲击键盘的事件进行响应，控制程序的流向。

- "条件"响应：当指定条件满足时，这个响应可使程序沿着指定的流程线执行。

- "重试限制"响应：限制与当前程序尝试交互的次数，当达到规定次数的交互时，就会执行规定的分支，通常用来制作测试题，在规定次数内不能正确回答出正确答案时，就退出交互。

- "时间限制"响应：在特定时间内未能实现特定的交互，这个响应可使程序按指定的流程线继续执行，常用于"时间限制输入"等。

- "文本输入"响应：用来创建一个可以输入字符的区域，当按 Enter 键来结束输入时，程序按规定的流程线继续执行，常用于输入密码、回答问题等。

- "事件"响应：用于对程序流程中使用的 ActiveX 控件的触发事件进行响应。

    每种交互类型都有自己特定的功能，在许多情况下，为了得到需要的程序效果，都是将它们配合使用的。系统默认的交互类型是"按钮"响应交互类型。

    通常称这种流程结构为交互结构，它不仅仅是交互图标，而是由交互图标、交互响应类型符号、交互响应图标及交互响应后分支流向四部分组成，如图 5-3 所示。

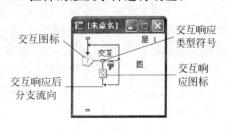

图 5-3 交互结构的组成

- 交互图标：交互结构的核心，是显示图标、等待图标、擦除图标等的组合，可以直接提供文本图形、决定分支流向、暂停程序执行、擦除窗口内容等功能。
- 交互响应类型符号：定义了可以与多媒体程序进行交互的控制方法，也叫交互类型。
- 交互响应图标：一旦与多媒体程序进行交互，它将沿着相应的分支执行，该分支被称为响应分支或交互分支，执行的内容（即图标）被称为交互响应图标。交互响应图标可以是一个单一图标，也可以是包含了许多内容的复杂模块。
- 交互响应后分支流向：定义了程序执行完分支后将按什么流向继续执行。

5.2　按钮响应

在程序设计过程中最常用的交互响应方式就是按钮响应，如选择按钮、退出按钮等。不仅可以利用按钮选择不同的程序内容，而且可以根据程序的需要或自己的爱好修改按钮外观。

5.2.1　利用按钮选择内容

下面通过实例介绍如何利用按钮选择内容。程序流程如图 5-4 所示。

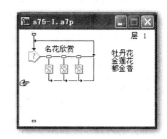

（1）新建一个文件，命名为 a75-1.a7p。从菜单中选择"修改"→"文件"→"属性"选项，打开文件属性面板，定义演示窗口大小可变（在大小下拉列表框中选择"根据变量"选项），选中标题栏并使之在屏幕上居中，如图 5-5 所示。

图 5-4　程序流程图

图 5-5　文件属性面板

（2）拖动一个交互图标到流程线上，命名为"名花欣赏"。再拖动一个显示图标到交互图标右侧，从出现的"响应类型"对话框中选择按钮交互类型。关闭对话框，则该显示图标附着在交互图标的右侧，可以修改该图标（响应图标）的名称为"牡丹花"。

（3）双击打开显示图标"牡丹花"，导入牡丹花图片。

（4）再拖动两个显示图标到交互图标右侧（第一分支右侧），程序直接以按钮交互类型分别为显示图标建立两个分支。为什么这里不出现交互类型对话框要求选择交互类型呢？这是因为：当为一个交互分支选择交互类型后，若再在此交互分支后面添加新的交互分支，则新分支自动继承前一分支的交互类型和相应属性。但是若将新分支直接添加到现有分支的前面，则不具有这种继承关系，需要重新选择交互类型。分别为各分支命名为"金莲花"和"郁金香"，并在其中导入相应的图片。

（5）运行程序，画面上会出现三个按钮，其位置和大小可能不太合适，可以暂停运行，然后调整按钮的位置和排列（鼠标拖动按钮或使用"修改"→"排列"命令设置对齐），如图5-6所示。

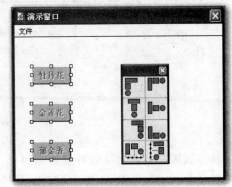

图5-6　调整按钮的排列位置

（6）再次运行程序，单击不同的按钮，会出现不同的内容，也就是说程序按照我们的操作执行了相应的分支。

（7）停止运行程序。双击交互图标，能够打开一个演示窗口，其中包含了交互图标的三个分支按钮，也可以在其中添加文字、图片等内容，如在下方加入一句提示信息"单击按钮显示图片"。为了使程序美观，还可以在图片显示区域加一个相框（用绘图工具绘制）。

（8）关闭演示窗口。运行程序，可以看到画面上多了一句提示信息和图框，而且即使单击按钮执行不同的分支，该提示信息和图框也不会变化，如图5-7所示。

图5-7　显示提示信息和图框

（9）运行程序，查看效果。

5.2.2　按钮响应类型的响应属性

每一种交互类型都有其响应属性，由于响应总是与分支结合在一起的，所以有时也称响应属性为分支属性。

双击交互分支"牡丹花"显示图标上面的交互类型符号"-○-",会弹出交互图标属性面板,如图 5-8 所示。

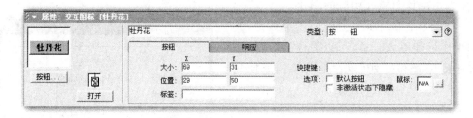

图 5-8 交互图标属性面板

属性面板左上方为按钮外观预览窗口,下面是编辑按钮,可以对按钮进行编辑。右上方为按钮名称和交互类型,下方为"按钮"选项卡和"响应"选项卡,前者定义了按钮的外观,后者则定义了分支的交互属性。

"按钮"选项卡中有如下一些属性。

- "大小":定义按钮大小。
- "位置":按钮的坐标定位。
- "标签":定义了按钮上的文字标签。
- "快捷键":允许用户定义快捷键,当用户按下快捷键时就相当于按下了相应的按钮。
- "默认按钮":使用此按键为默认设置,这时如果按 Enter 键就相当于按下了本按钮。
- "非激活状态下隐藏":当按钮为无效状态时自动隐藏。
- "鼠标":允许用户选择不同光标形状。

"响应"选项卡的内容将在后面说明。

在程序设计时,常常需要改变光标的形状。下面为按钮选择其他光标形状。

单击"鼠标"后面的按钮,会出现一个"鼠标指针"对话框,要求选择一种光标样式,一般选择手形光标,如图 5-9 所示。

单击"确定"按钮关闭对话框,这时可见属性对话框中"鼠标"后面的光标形状变为手形。关闭响应属性对话框。运行程序,当鼠标指针指向按钮时,会变化为手形。

图 5-9 "鼠标指针"对话框

5.2.3 添加自制按钮

上面使用的按钮是系统自身提供的,但是在多媒体的制作过程中,往往不满足仅仅使用这些简单的按钮。例如,希望使用自己设计的按钮,并且使按钮按下时有声响,有外观图形等。

(1) 单击左侧的按钮,会出现"按钮"对话框,如图 5-10 所示。其中列出了 Authorware 7.0

系统提供的几种按钮样式，反白显示（蓝色光条）指示出当前使用的按钮样式。

（2）单击左下角的"添加"按钮，会出现一个"按钮编辑"对话框，如图5-11所示。

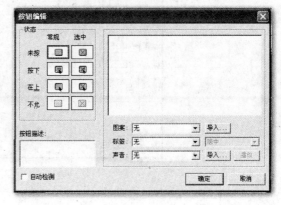

图5-10　"按钮"对话框　　　　　　　　图5-11　"按钮编辑"对话框

其中：

- 窗口左上角为"状态"选项，用以定义按钮的各个状态。

每个按钮都有数种状态，不过在定义一个按钮时，一般仅需要设置"常规"状态下"未按"、"按下"和"在上"状态，即按钮正常状态、按下状态和鼠标指向状态的按钮外观，但是由于按下状态持续时间很短，因此也可以不考虑按下状态的外观。所以，自制按钮时应完成如下工作：

- 为"未按"状态引入图片；
- 为"按下"状态引入声响（按钮按下的声响）；
- 为"在上"状态引入图片、声响（鼠标进入时的声响）。
- 右侧为预览区，用来观看按钮外观并可以引入图片、声音等媒体素材。
- 左下角为"按钮描述"区，用来对按钮进行描述说明。

下面就来练习制作一个当鼠标指向能够浮现的按钮。

（1）首先利用图像处理软件制作三个按钮图片，分别用于按钮"未按"、"按下"和"在上"三种状态。用鼠标从"状态"中选择"常规"下的"未按"状态，即按钮正常状态，可见一个黑色线框出现在相应位置。单击预览区的"图案"栏后的导入按钮，会出现一个输入文件对话框，选择一个预先做好的按钮图片，把它引入到按钮编辑窗口中来，则该图片出现在预览窗口，同时"图案"栏的内容变为"使用导入图"。"标签"选项设置为"显示卷标"，如图5-12所示。

（2）再选择"常规"下的"按下"状态，用"声音"栏后的导入按钮引入一个声响，可以利用播放按钮来预听一下这个声响的效果。

（3）为按钮的"在上"状态也引入一个按钮图片和一个声响效果。编辑完按钮外观后，还可以在按钮描述区写下一些说明文字，来说明这个按钮的主要作用。

（4）单击"确定"按钮，关闭"按钮编辑"对话框，可见自定义的按钮已出现在"按钮"对话框，并且反白显示，处于被选中状态。

（5）再单击"确定"按钮，关闭"按钮"对话框，回到交互属性面板，可见自定义的按钮出

图 5-12　为"未按"状态引入一幅图片

现在左侧小预览窗口中。

（6）关闭响应属性对话框。运行程序，可见自定义的按钮出现在屏幕上，光标指向按钮会使按钮图片变化，同时发出一个声响。单击按钮，在发出声音的同时显示出"牡丹花"分支的内容，如图 5-13 所示。

图 5-13　自制按钮的使用

（7）按照同样的方法完成另外两个按钮的自定义设置，最后保存程序。

5.3 热区域响应

可以将屏幕上的某个区域作为交互控制对象，通过对该区域的操作来决定分支的执行情况，这个控制区域就被简称为"热区域"。下面制作一个实例，响应类型为热区域响应类

型,要求实现"鼠标指向响应区域即出现与之对应的内容"的功能。程序流程如图 5-14
所示。

　　(1) 新建一个文件,将文件命名为 a75-2.a7p。

　　(2) 拖放一个交互图标到流程线上,命名为四大
名园。

　　(3) 再拖放一个显示图标,此时弹出"交互类型"对
话框,选择交互类型为"热区域",单击"确定"按钮,关闭
对话框。然后,为刚拖放的显示图标命名为"避暑山
庄"。同样再向交互流程中拖放三个显示图标,并分别
命名为"拙政园"、"颐和园"、"留园"。

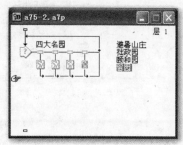

图 5-14　程序流程图

　　(4) 双击交互图标,打开其演示窗口,导入四大名
园对应图片,放在演示窗口的四个角。随后,在窗口中间输入标志信息"四大名园",最终效
果如图 5-15 所示。

图 5-15　程序效果图

　　(5) 单击交互响应类型符号,打开交互图标属性面板。除了"大小"和"位置"两个基本
属性外,"热区域"响应还包括以下属性:

- "快捷键":可以定义快捷键,如用"a"就可以定义快捷键为"A"键。
- "匹配":用户与计算机交互的方式,可以有单击、双击或光标进入区域三种。
- "匹配时加亮":当交互时以高亮(反显)来显示。
- "匹配标记":在热区左侧出现一个标记,当交互时该标记显示被选中。
- "鼠标":允许选择使用不同的光标形状。

　　为了实现"鼠标指向即出现内容"的功能,需要将"匹配"属性设置为"指针处于指定区域
内",如图 5-16 所示。这样,当鼠标指到热区时就能够执行相应的分支。

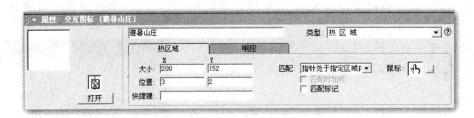

图 5-16　设置"匹配"属性

单击交互图标,可见在演示窗口中有四个由八个小方块(句柄)包围的虚线框,该虚线框定义的区域就是当前分支的热区,其中的文字是本分支的名称。

(6) 将鼠标对准虚线并按下鼠标左键拖动该热区标记,使之移动到相应图片"避暑山庄"、"拙政园"、"颐和园"、"留园"所在位置,然后拖动四周句柄,调整热区大小与图片相当。将"避暑山庄"、"拙政园"、"颐和园"、"留园"四个分支的"匹配"属性都设置为"指针处于指定区域内"。

(7) 双击打开交互图标,调整图片和热区位置,使热区与相应图片内容一一对应起来。

提示:调整热区大小时用鼠标拖动句柄,而调整热区位置时要用鼠标拖动热区边框(虚线框)。

(8) 完成以上设置后,在四个交互响应图标中分别输入与之对应的文字简介。这样,就可以实现当鼠标经过定义了热区的图片时,同时显示与之对应的文字简介。具体操作步骤如下:

① 单击交互图标,然后按住 Shift 键双击"避暑山庄"显示图标。这样操作的好处是,可以根据交互图标中图片的位置来调整文字简介的位置。

② 选择文字工具在演示窗口中间输入"避暑山庄"的文字简介。为了防止文字内容过长,演示窗口不能完全显示,将文本设置为卷帘文本(选择文本菜单后选中"卷帘文本")。

③ 用同样的方法,完成其他三个显示图标的文字简介。

(9) 关闭演示窗口。运行程序,画面上并没有热区标记,但是由于将热区放在相应的文字处,所以当鼠标指针移动到热区位置(文字)上时,就会出现相应分支的内容,而且是"鼠标指向即出现内容"。

(10) 保存程序。

5.4　交互响应的属性

前面已经介绍了两种交互类型,并且简单说明了交互响应的属性。但是,并没有详细介绍各项属性的含义,而这些属性对于交互图标的运用是非常重要的,本节就介绍这些属性内容。

不论是按钮交互类型、热区交互类型,还是后面要讲到的其他交互类型,它们的属性对话框都包含两个选项卡:一个是类型属性,另一个是响应属性。虽然它们的类型属性不同,但它们的响应属性都是一样的。下面以按钮交互类型的响应属性为例,来说明交互响应属性的内容。

新建一个文件,命名为 a75-3.a7p。拖动一个交互图标到流程线上,然后再拖动一个群组图标到交互图标右侧,选择交互类型为"按钮响应",建立一个简单的交互循环结构。

双击响应类型符号,打开交互响应属性面板,可见其中有一个"按钮"选项卡和一个"响应"选项卡。"按钮"选项卡包含的就是交互类型属性,其标签名称和选项卡内容都会随着交互类型的变化而变化。

单击"响应"标签,可见"响应"选项卡的内容如图 5-17 所示。

图 5-17 "响应"选项卡

下面对各属性的含义进行介绍。

- "范围":定义交互操作的作用范围。若选中"永久"选项,则该交互操作(如按钮、热区等)会在离开本交互循环后仍然有效。
- "激活条件":定义交互操作只有当表达式为真时才能有效。
- "擦除":自动擦除选项。该属性决定了本分支(分支图标)所产生的画面内容该如何擦除,共有四个选项。
  - "在下一次输入之后":保留本响应分支产生的内容,直至执行下一次交互。
  - "在下一次输入之前":当本响应分支执行完时,自动擦除本分支中各种图标产生的内容。
  - "在退出时":本响应分支的内容不被其他交互分支擦除,直到退出交互时才被擦除。
  - "不擦除":本响应分支产生的内容不被擦除,退出交互也将保留。
- "分支":响应类型选项。该属性决定了本分支执行完毕后程序该如何流向,即程序该如何继续执行,其中有三个或四个选项。四种响应类型的分支流向符号分别如图 5-18 所示。

图 5-18 四种响应类型的分支流向符号

- "重试":分支执行完毕后,程序循环,等待继续交互。
- "继续":分支执行完毕后,继续判断执行位于该分支右侧的其他分支。
- "退出交互":分支执行完毕后,程序将退出当前循环,执行流程线下面的内容。

◆ "返回"：必须先选中"永久"复选框，然后才会出现"返回"响应类型。这时，分支相当于一个子程序，调用执行完毕后，会返回程序中调用它的位置。
- "状态"：自动判断选项。该属性决定了是否对符合本分支的交互进行正误判断，其中有三个选项。
  ◆ "不判断"：不判断正确错误，它是一个默认设置。
  ◆ "正确响应"：选择此选项，Authorware 7.0 会自动把符合本分支条件的操作视为正确。
  ◆ "错误响应"：选择此选项，Authorware 7.0 会自动把符合本分支条件的操作视为错误。
- "计分"：完成此分支所能得到的分数，可为正、负或表达式值。该选项常用于用户测评或计算机管理教学(CMI)，一般设计较少使用。

交互响应的属性理解起来较为困难，通过后续章节的介绍来逐步熟悉这些交互类型属性的设置。

5.5　热对象交互响应

热对象响应就是以对选定对象的操作作为交互分支的执行条件，通常称这个选定的对象为"热对象"。下面以一个"认识九大行星"的例子来说明这种交互类型的用法。画面中有九大行星图片，要求当鼠标指针移到某个行星图片上时就能立即显示相应的行星名称。

具体操作步骤如下：

(1) 建立一个新文件，命名为 a75-4. a7p。打开文件属性对话框，设置演示窗口大小为根据变量、显示标题栏。拖放图标到流程线上，并命名。主流程及行星二级流程图，如图 5-19 所示。

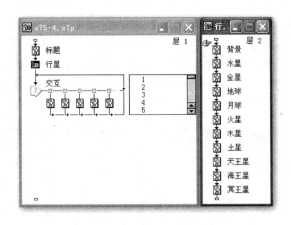

图 5-19　主流程及行星二级流程图

(2) 在"标题"显示图标中输入标题"认识九大行星"，字体为黑体，大小为 36 号，颜色为绿色，透明模式。

(3) 在"背景"显示图标中插入背景图片。

（4）在"背景"显示图标下面的10个显示图标中分别插入对应的行星图片，并设置为透明模式，将图片调整到适当位置，如图5-20所示。

图 5-20　调整后的效果图

（5）双击"背景"图标，按住 Shift 键，双击反馈图标"1"，在演示窗口的右下角输入"水星"，字体为黑体，颜色为黄色，大小为72号。依次在后面的9个反馈图标中输入对应行星的名称，文字属性和"水星"相同。

（6）拖动一个计算图标到交互图标的最右侧，选择按钮交互方式，为循环添加一个"退出"分支，注意要设置"分支属性"为"退出交互"。在计算窗口中输入"Quit()"。

（7）设置交互类型图标属性面板。前十路分支的类型图标属性设置相同，参见图5-21与图5-22的设置。"退出"分支类型图标属性面板中"按钮"选项卡中鼠标为手形；其余参数使用默认设置。为使界面美观，这里按照5.2.3节添加自制按钮的方法自定义一个按钮。

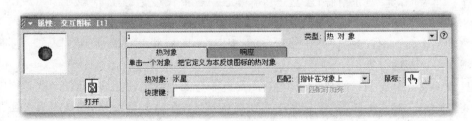

图 5-21　交互图标属性"热对象"选项卡设置

（8）运行程序，按 Ctrl+P 键暂停程序，调整按钮的位置和大小。

（9）再次运行程序，可以看到，当鼠标放到哪个行星上时，就可以看到相应的名

图 5-22　交互图标属性"响应"选项卡设置

称，如图 5-23 所示。

图 5-23　最终效果图

注意：运行程序时，看不到标题提示信息"认识九大行星"。那是因为"背景"层将其遮盖住了。单击"标题"显示图标，在显示图标属性面板中将层设置为"1"即可。

想一想：是否可以在交互分支中添加多个显示图标呢？下面来试一试。

拖动一个显示图标到"1"交互分支，会发现，显示图标并没有添加到"1"分支上，而是自动形成了一个新的分支。

这说明交互分支上只能放置一个图标，因此若分支内容需使用多个图标，就必须用群组图标将它们组合起来。同时，还应该注意到交互分支显示方式的变化，这是因为交互图标右侧仅能显示 5 个分支，一旦分支多于 5 个就必须以滚动条的方式出现。

另外，群组图标不仅可以用来在分支上包括多个图标，而且由于群组图标可以是空图标，即使不包含任何内容，程序也能够照样通过，所以空白群组图标常用于建立无具体内容的分支。

5.6 目标区域交互响应

在多媒体程序中,常要求用户将某个对象拖动到指定的位置,例如将画面上错位的图片复位等。Authorware 7.0 提供的"目标区域"交互类型就能够实现这种要求。下面用一个"对号入座"的示例来说明这种交互类型的用法。

练习要求将文字拖动到与之对应的颜色上,如果对应正确,就被锁定到该颜色中央,否则就返回到初始位置。

本例主要使用了目标区交互结构来实现上述功能。需要设计者选定操作对象,并设置拖放的正确区域和错误区域。这里的错误区域对应的交互分支可以通过勾选"允许任何对象"复选框来简化程序设计,这样就可以只设一路,而不用和正确分支数量相同。

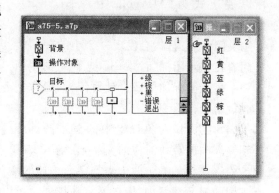

图 5-24 主流程以及操作对象二级流程图

(1)建立一个新文件,命名为 a75-5.a7p。设置演示窗口大小可变、居中并选中标题栏、菜单栏。主流程以及操作对象二级流程图,如图 5-24 所示。

(2)设置背景显示图标,在演示窗口中央输入标题"对号入座",字体"华文行楷",字号"36",利用绘图工具箱的矩形工具绘制六个颜色块,分别为"红"、"黄"、"蓝"、"绿"、"棕"、"黑",并调整好各颜色块的位置,在演示窗口的底边输入提示信息,效果如图 5-25 所示。

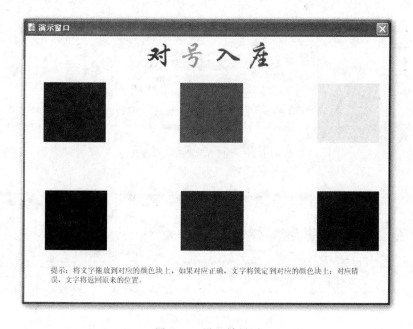

图 5-25 设置效果图

（3）由于是要拖动对象，为了防止在拖动文字时不小心将"背景"图标中的内容拖动，可以用函数定义图标中的内容不可移动。右击图标，从弹出的快捷菜单中选择"计算"命令，会出现一个计算窗口，在其中输入如图 5-26 所示的表达式内容，定义显示图标内容不可移动。

Movable 是一个系统变量，当其值为"假"时，所定义的图标的内容不可被移动，可以从"变量"对话框中获得这个变量。这里由于要定义显示图标"说明"不可移动，所以表达式为"Movable := FALSE"或"Movable :=0"。

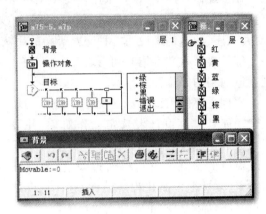

图 5-26　用函数定义显示图标内容不可移动

关闭计算窗口，会发现一个小的"＝"符号附着在显示图标"背景"上，这种结构相当于一个显示图标加上一个计算图标，通常将其叫做附属计算图标。

（4）在操作对象群组中的显示图标中分别输入与颜色块对应的文字，在输入文字之前先将文字的颜色改为与文字所描述的颜色不同的颜色。在这个程序中，由于每个文字在不同的显示图标中，所以不容易排列。可以先运行程序，然后按 Ctrl＋P 键暂停程序。使用"修改"→"排列"命令，使所有文字水平等距。

（5）设置交互。首先设置"红"交互分支，运行程序，将会停在交互分支处等待设置属性。单击"红"字作为操作对象，此时虚线框套在"红"字上，然后拖动"红"字到红色块上，调整虚线框大小使其刚好包围红色块，"目标区"选项卡和"响应"选项卡设置分别如图 5-27 和图 5-28 所示。

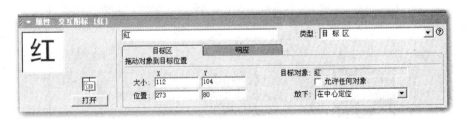

图 5-27　"目标区"选项卡设置

图 5-28　"响应"选项卡设置

（6）运行程序，将会停在第二路交互分支处等待设置属性。参照第一路分支，首先选择操作对象，然后将对象拖放到目标区，最后设置属性面板。按照相同的方式，以此类推，完成前六路正确分支的设置。

（7）再次运行程序，将会停在第七路错误交互分支处等待设置属性。不选任何对象，将"错误"虚线框调整为覆盖全窗口，设置属性面板的"目标区"选项卡。勾选"允许任何对象"复选框，将"放下"下拉列表设置为"返回"；"响应"选项卡的"状态"下拉列表设置为"错误响应"。

（8）反馈群组图标中不放任何图标，这里是利用了群组图标可以执行"空操作"的特性。

（9）最后一路分支为"退出"按钮交互，在计算图标中输入函数：Quit()，在类型图标属性面板"响应"选项卡的"范围"选项中勾选"永久"复选框，其余为默认设置。

（10）运行程序，拖放文字到相应的颜色块上，如果正确匹配，文字就会被锁定在相应的颜色块上，如果匹配不正确，则返回原位置。效果如图5-29所示。

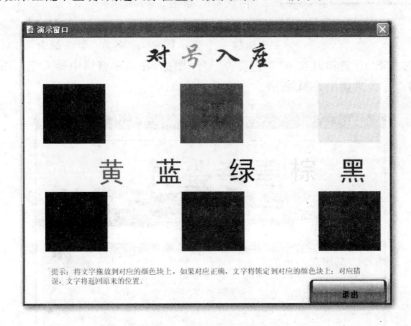

图5-29 最终效果图

注意：在程序设计过程中，正确分支和错误分支的前后位置不能颠倒，否则图片总是要返回初始位置的。这是因为：拖动图片到某一位置后，程序要从前向后判断是否符合分支条件。由于错误分支的目标区域覆盖整个演示窗口，所以不管把图片拖放到什么位置都符合其目标区域条件，因此若将错误分支放在正确分支前面，就会总是执行错误分支。

5.7 下拉菜单交互响应

大家对下拉菜单都不陌生，Authorware 7.0界面上就有一排下拉菜单，其他各种软件也大都有下拉菜单，使用起来十分方便。下面就使用"下拉菜单"交互响应类型制作一个下拉式菜单程序。

5.7.1　下拉菜单响应实例

（1）新建一个文件，命名为 a75-6.a7p。设置演示窗口大小可变，窗口居中，保留标题栏和菜单栏。

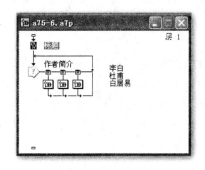

图 5-30　建立菜单交互响应分支

（2）拖动一个显示图标到流程线上，命名为"标题"。双击打开演示窗口，调整画面大小，导入一幅背景图片，输入标题文字"唐诗鉴赏"。

（3）拖动一个交互图标到流程线上，命名为"作者简介"。再拖动三个群组图标到交互图标右侧，从出现的"响应类型"对话框中选择"下拉菜单"交互类型。关闭对话框，分别定义三个分支名称为"李白"、"杜甫"、"白居易"，如图 5-30 所示。

（4）双击"李白"群组图标，打开二级流程，在其中拖放一个显示图标，命名为"李白简介"。双击"标题"显示图标，按住 Shift 键同时双击"李白简介"显示图标，在演示窗口中导入李白图片并输入李白相关简介。效果如图 5-31 所示。

图 5-31　效果图

（5）按照第（4）步操作，完成另外两位诗人的简介设置。运行程序，可以看到在窗口菜单栏上出现了一个"作者简介"菜单，其中包含了三个菜单项，单击菜单项，就可以执行与之对应的分支，显示与之对应的内容。

5.7.2　隐藏系统文件菜单

如果想把系统提供的文件菜单隐藏，制作一个个性下拉菜单，那么如何实现呢？以程序

a75-6.a7p为例,首先通过修改文件的属性来实现。具体方法:选择"修改"→"文件"→"属性"菜单命令,在文件属性面板中采用不勾选"显示菜单栏"的方法,但是,采用此方法"作者简介"菜单命令也看不到了。实现隐藏系统提供的文件菜单的步骤如下:

(1)在原流程线"标题"上方建立下拉菜单交互结构,将交互图标命名为文件,设置类型图标属性面板"响应"选项卡的"范围",勾选"永久"复选框。

(2)在交互结构下方放置擦除图标,命名为"擦除"。运行程序,设置擦除对象为菜单栏的"文件"命令。

(3)运行程序,可以看到"文件"下拉菜单没有了。

5.7.3 多个下拉菜单的制作

(1)打开程序 a75-6.a7p,在"作者简介"交互结构下方,再拖放一交互结构,命名为"作品"。再向交互结构中拖放三个群组图标,交互类型为下拉菜单,并分别命名为"李"、"杜"、"白"。

(2)分别向三个群组图标中放置显示图标,命名并分别输入相应的作品。

(3)设置"作者简介"交互各分支类型图标属性面板"响应"选项卡的"范围"都勾选"永久",将分支都设置为"返回"。同理,完成"作品"交互结构的各项设置。程序流程图如图 5-32所示。

(4)调试运行,单击"作品"菜单,再单击"白居易"菜单命令,结果如图 5-33 所示。

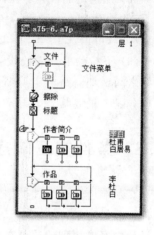

图 5-32 程序流程图

图 5-33 效果图

注意：在添加多个菜单过程中，上述第(3)步操作很重要，一定要将交互各分支类型图标属性面板中"响应"选项卡的"范围"都勾选"永久"，将分支都设置为"返回"。否则，程序运行时看不到该交互结构中反馈图标所反馈的内容。

5.7.4　下拉菜单的特色设置

(1) 快捷键的设置：可以在类型图标属性面板"菜单"选项卡中的"快捷键"栏中输入作为快捷键的字母，使用时与 Ctrl 键组合使用。

(2) 加速键的设置：在需要设置加速键的分支名称前面输入"& 字母"，比如在 a75-6.a7p 程序中要为"李白"菜单命令设置"L"为加速键，可以选中"李白"，更改为"&L 李白"。

(3) 下拉菜单分隔线设置：在要加分隔线的两组分支的反馈图标之间增加一路群组反馈图标，并命名为"—"或"—)"，即可以实现分隔。最终结果如图 5-34 所示。

图 5-34　下拉菜单特色设置效果图

5.8　条件交互响应

交互响应还有一种类型是"条件"交互响应，它是用条件来控制分支的选择和执行的。条件一般是变量、函数或表达式，当条件得到满足时就执行相应的分支。条件响应也是在程序设计中经常用到的一种交互类型。

下面通过一个实例来介绍条件交互响应类型。

(1) 新建一个文件，命名为 a75-7.a7p。

(2) 拖动一个计算图标到流程线上，命名为"初始变量"，双击打开计算图标，在其中输入如图 5-35 所示内容，定义变量"a"初值为"1"。

(3) 在流程线上拖入一个交互图标，命名为"名车欣赏"。

(4) 在交互图标右侧拖入一个群组图标，设置其交互响应类型为"条件"，并为该交互响应图标命名为"a=1"。

(5) 双击此分支的群组图标，在二级流程线上分别拖入一显示图标、等待图标和计算图标，并进行命名，如图 5-36 所示。

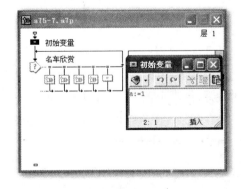

图 5-35　定义变量"a"初值为"1"

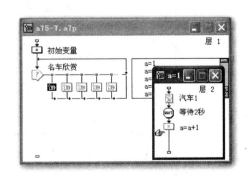

图 5-36　图标命名

(6) 选中"汽车1"显示图标,导入"汽车1"图片,调整好位置。然后,在显示图标属性面板中设置"特效"为"从左往右",并选中"擦除以前内容"复选框,如图 5-37 所示。

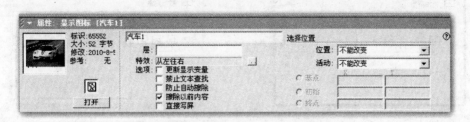

图 5-37 设置显示图标属性面板

(7) 双击等待图标,设置"时限"为"2 秒",其他复选框不选。

(8) 双击计算图标,在变量窗口中设置内容为"a:=a+1",如图 5-38 所示。

(9) 单击分支交互类型符号,打开"条件"选项卡,进行如图 5-39 所示的设置。

其中:

• "条件":定义了分支的响应条件。

• "自动":定义了条件自动判断的方式,有三个选项。

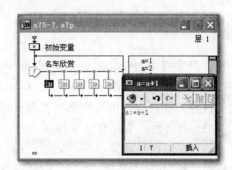

图 5-38 设置计算图标内容

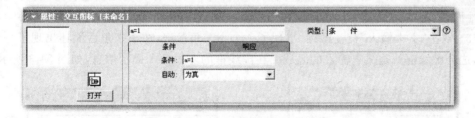

图 5-39 "条件"选项卡设置

◆ 关:不进行条件的自动判断。

◆ 为真:当条件成立时就执行分支。

◆ 为假:当条件由"假"变化为"真"时就执行分支。

(10) 按同样的步骤再创建五个分支显示不同的图片,各分支的条件分别设为"a=2、a=3、a=4、a=5、a=6",如图 5-40 所示。

(11) 最后拖入一个计算图标作为第七个分支,双击打开计算图标,输入如下内容"if a:=7 then a:=1",此计算图标判断变量"a"的值是否为"7",如为真则给变量"a"赋初值为"1",如图 5-41 所示。

(12) 运行程序,会看到图片以推出方式循环显示。

(13) 保存程序。

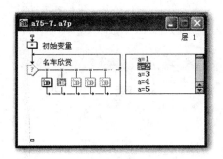

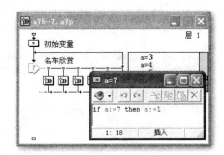

图 5-40　程序流程图　　　　　　　　　图 5-41　输入计算图标内容

5.9　文本输入交互响应

在日常生活中,经常会遇到文本输入响应,比如登录 QQ 需输入用户名和密码,在 ATM 上取款也需要输入密码等。"文本输入"这种响应类型可以实现程序直接接收来自键盘的内容。我们常利用这种交互类型来接受用户输入。

（1）打开前一节保存的文件 a75-7.a7p。

（2）在流程线上拖入一个交互图标,命名为"文本输入"。再拖入一个群组图标到交互图标的右侧,出现"响应类型"对话框,选择"文本输入"类型,关闭对话框,命名该群组图标为 "123",如图 5-42 所示。利用"123"作为文本输入交互类型的响应条件,可以使该分支执行,即只有从键盘上输入"123"时,才会进入该分支执行。双击分支交互类型符号,打开交互图标属性面板,把"响应"选项卡里面的"分支"设置为"退出交互"。

（3）双击"文本输入"交互图标,出现了一个小三角标记,在小三角后面还出现了一个虚线框,这个虚线框就是文本输入的区域。在虚线框的左面输入提示信息,如图 5-43 所示。

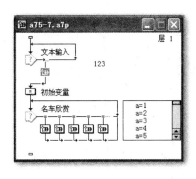

图 5-42　命名该群组图标为"123"

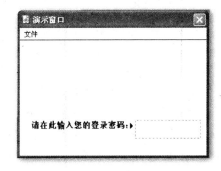

图 5-43　打开"文本输入"交互图标

（4）双击虚线框,打开交互文本输入区域属性对话框,该对话框包括三个设置选项卡。

- "版面布局"选项卡的内容如图 5-44 所示,可以设置区域的大小、位置、输入字符数量的限制以及当字符数量达到限制值时是否自动进行判断。

- "交互作用"选项卡的内容如图 5-45 所示,可以设置确认键,选择是否显示输入标记、是否忽略空白输入、是否在离开交互时自动擦除输入文字等。

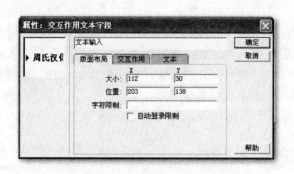

图 5-44　"版面布局"选项卡

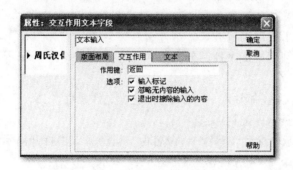

图 5-45　"交互作用"选项卡

- "文本"选项卡的内容如图 5-46 所示,可以设置输入文字的字体、大小、样式、色彩、显示模式等属性。

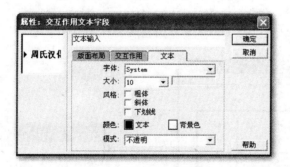

图 5-46　"文本"选项卡

(5) 双击群组图标,打开其二级流程线,在上面拖入一个擦除图标、显示图标和等待图标,分别命名为"擦除文本"、"提示"和"等待 2 秒"。双击擦除图标,设置擦除文字内容。

(6) 双击打开"提示"显示图标,输入文字"密码正确!"。

(7) 双击打开等待图标,设置等待时间为"2"秒。

(8) 运行程序,只有输入"123"后,按 Enter 键才能执行后面的程序,否则一直要求输入密码。

(9) 保存程序为 a75-8.a7p。

从以上的设计可以看出,在"文本输入"交互响应类型中,交互响应图标的名称就是执行该交互响应图标所在分支的条件,也就是运行程序后,在文本输入区域输入交互响应图标的名称就执行该交互响应图标所在分支。如果需要在文本输入区域输入任意字符或输入限制长度的任意字符,就可以使用"＊"和"?"为交互响应图命名,它们的区别是:

- "＊":可以输入任意多个任意字符。
- "?":可以输入一个任意字符。如"??"表示只能输入两个任意字符,并且只能是两个。

5.10 按键交互响应

键盘是计算机中最主要的输入工具之一,是人机交互的重要途径,因此 Authorware 7.0 的交互类型中也提供了按键响应方式。这种交互方式可以对用户按下的某个键进行响应。按键交互响应类型是利用按键来控制分支的执行。下面介绍一个例子,利用四个方向键控制棋子的移动。

(1) 建立一个新文件,命名为 a75-9.a7p。设置文件属性,定义演示窗口大小根据变量,勾选"显示菜单栏"、"显示标题栏"复选框。

(2) 拖放一个显示图标到流程线上,命名为"棋盘"。双击打开演示窗口,利用绘图工具箱的矩形工具绘制一个 4×4 方格棋盘,如图 5-47 所示。

(3) 再拖放一个显示图标到流程线上,命名为"棋子"。双击打开演示窗口,导入一张图片作为棋子。

(4) 拖放一个交互图标到流程线上,命名为"按键响应"。

(5) 再向交互结构中拖放四个计算图标,类型全部为"按键响应",并分别命名为"leftarrow"、"rightarrow"、"uparrow"、"downarrow"。最后,拖放一个移动图标,类型为"条件响应",将其命名为"TRUE"。程序流程图如图 5-48 所示。

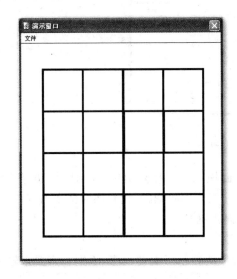

图 5-47　绘制 4×4 方格棋盘

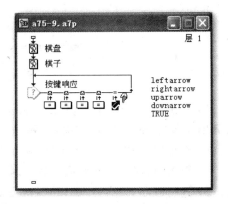

图 5-48　程序流程图

（6）单击"leftarrow"分支交互类型符号，打开其交互图标属性面板，其中"按键"选项卡采用系统默认设置。"响应"选项卡设置如图5-49所示。

图5-49　"响应"选项卡设置

（7）按照第（6）步操作完成另外三个分支的"响应"选项卡设置。需要注意的是，激活条件"leftarrow"对应的为 $x>1$；"rightarrow"对应的为 $x<4$；"uparrow"对应的为 $y>1$；"downarrow"对应的为 $y<4$，其他设置相同。

（8）双击"leftarrow"计算图标，在计算窗口中输入"$x:=x-1$"，关闭对话框，此时弹出新建变量对话框，给"x"赋初始值"1"；同理，在"rightarrow"计算窗口中输入"$x:=x+1$"；在"uparrow"中输入"$y:=y-1$"，为"y"赋初始值"1"；在"downarrow"中输入"$y:=y+1$"。

（9）单击"移动图标"分支交互类型符号，将"响应"选项卡的"分支"设置为"继续"。

（10）双击移动图标设置移动图标属性，如图5-50所示。棋子活动范围，如图5-51所示。

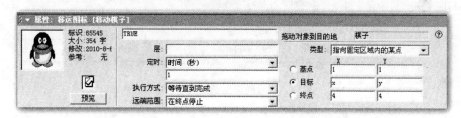

图5-50　移动图标属性设置

（11）保存程序。

注意：运行上述程序，每按一次方向键，棋子移动一格。假如，按一下"rightarrow"，则棋子向右移动一格，执行的是"$x:=x+1$"这一步，此时，"x"的值为"2"（"x"的初始值为"1"）。如果此时按一下"leftarrow"，则棋子向左移动一格，执行的是"$x:=x-1$"这一步，此时，"x"的值为"1"，再次按下"leftarrow"时，表面上看棋子没有动，因为在移动图标上设置了棋子的移动范围，但在程序中仍然执行"$x:=x-1$"这一步，此时的"x"值为"0"。现在如果要想棋子向右移动一格就得按两下"rightarrow"。为了避免这种情况的发生，通常将水平方向坐标"x"设置了激活条件："leftarrow"为"$x>1$"；"rightarrow"为"$x<4$"。

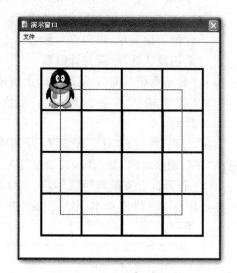

图5-51　棋子移动范围

同理,在竖直方向上也做了相应的设置"uparrow"为"y>1";"downarrow"为"y<4"。

5.11 时间限制响应

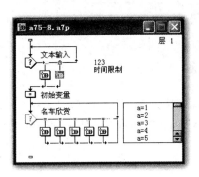

图 5-52 程序流程图

在口令设置或某些测试练习中,常常会遇到需要用户在规定时间内输入正确内容,Authorware 7.0 的时间限制响应就可以实现该功能。时间限制响应和条件响应一样,一般与其他响应配合使用,主要用来限制用户响应某一交互所花费的时间。为程序增设时间限制,使得用户在输入错误答案时不能无限制地再次输入。

(1) 打开程序 a75-8.a7p。在"123"交互响应图标的右边再拖放一个群组图标,命名为"时间限制",如图 5-52 所示。

(2) 打开此分支的响应属性面板,更改"类型"为"时间限制"类型,如图 5-53 所示。

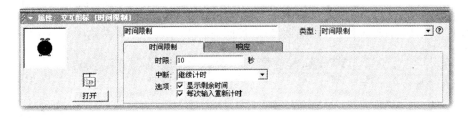

图 5-53 时间限制响应属性面板

其中:

- "时限":定义时间限制的时间长短,以秒为单位。
- "中断":定义时间限制交互期间,如果用户或程序执行了其他的工作(如使用永久性的下拉菜单、按钮等),那么这个时间限制该如何计算。它包括四个选项,一般均采用默认选项"保持计时"。
- "显示剩余时间":使用一个小闹钟在画面上指示剩余时间。
- "每次输入后重新计时":每次输入后重新计时。

在"时限"栏输入"10",即定义时间限制为 10 秒钟,选择"显示剩余时间"复选框,其余设置为默认。

(3) 打开此分支的群组图标,在二级流程线上拖放一显示图标、等待图标和计算图标,并分别命名,如图 5-54 所示。

(4) 在"提示"显示图标中导入"苦脸"图片,调整好大小。输入提示文字,如图 5-55 所示。

(5) 等待图标设置等待时限"2"秒,其他复选框不

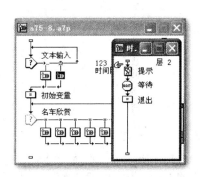

图 5-54 流程图以及二级流程图

图 5-55　"提示"显示图标设置

勾选。

　　(6) 双击打开计算图标,输入函数:Quit()。

　　(7) 运行程序,如果在 10 秒内没有输入正确密码,程序将在 2 秒后自动关闭。

　　(8) 程序另存为 a75-10.a7p。

5.12　重试限制响应

　　在 5.9 节所讲的文本输入练习中,可以多次输入密码。但在实际应用中,往往要限制用户的输入次数。例如为保护程序而加入的密码口令设置,往往只允许用户输入几次口令,不正确就会退出程序。在 Authorware 7.0 中重试限制响应可以简便地实现这种限制方式。

　　(1) 打开程序 a75-10.a7p。

　　(2) 将"时间限制"群组图标中的内容做适当的修改以适合本例,如图 5-56 所示。

　　(3) 双击其交互响应类型符号,将类型改为"重试限制"。设置"最大限制"为"3",即最多尝试 3 次,当尝试 3 次输入后,程序将执行此分支。

　　(4) 双击"次数限制"交互响应图标,打开二级流程,将"提示"显示图标中的文字内容改为图 5-57 所示内容。

　　(5) 运行程序,连续输入 3 次内容以后,程序将执行限次分支,结束交互响应,关闭应用程序。

　　(6) 将程序另存为 a75-11.a7p。

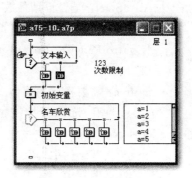

图 5-56　修改后的流程图

图 5-57　"提示"显示图标内容

5.13　事件响应

事件响应可以对流程线上外部控件的"Event"事件进行响应。这些外部控件可以是由"插入"→"控件"命令插入的 ActiveX 控件,也可以是由"插入"→"媒体"命令插入的 GIF 动画、Flash 动画或 QuickTime 动画。不同的外部控件有着不同的"Event"事件,通过对这些事件的监测,就可以实现不同的响应。

下面用一个实例说明一下这种交互类型的用法。在这个应用程序中,通过 ActiveX 控件调用 RMVB 视频,并通过按钮交互控制视频播放。

（1）建立一个新文件,命名为 a75-12.a7p。

（2）选择"插入"→"控件"→"ActiveX"命令,在控件选择窗口中选择"RealPlayer G2 Control"控件,在流程线上插入 ActiveX 控件图标,并命名为"视频播放器"。

（3）设置 ActiveX 控件属性。该控件属性可以在插入控件时设置,也可以先不设置,待确认插入后,再通过属性面板的"选项"按钮展开属性设置对话框,如图 5-58 所示。

其中几项属性的功能如下：

- AutoGotoURL：是否自动链接,有"True"和"False"两个值；
- AutoStart：是否自动播放,有"True"和"False"两个值；
- Controls：该属性返回或设置可见播放器的控制,有效的设置值有"All"、"ControlPanel"、"ImageWindow"等。这里输入"ImageWindow",使控件显示图像窗口；
- Source：需要播放的媒体文件的名称,可以是本地文件或者 URL 地址。

（4）通过调用 ActiveX 控件的"方法"完成特定的功能。向流程线上添加图标并命名,如图 5-59 所示。

在"控制"交互结构中,新建一个变量"a",并赋初值"1"。

"播放"计算图标中输入以下代码：

```
file:="探索发现.rmvb"
```

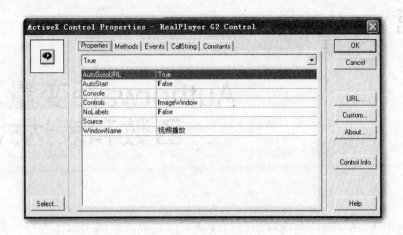

图 5-58 ActiveX 控件属性对话框

```
SetSpriteProperty(@"视频播放器", #source, file)
CallSprite(@"视频播放器", #DoPlay)
a := 2
```

"暂停"计算图标中输入以下代码：

```
CallSprite(@"视频播放器", #DoPause)
a := 3
```

"继续"计算图标中输入以下代码：

```
CallSprite(@"视频播放器", #DoPlaypause)
a := 2
```

"停止"计算图标中输入以下代码：

```
CallSprite(@"视频播放器", #Dostop)
a := 1
```

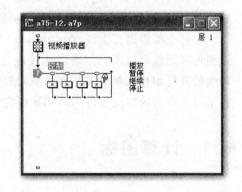

图 5-59 程序流程图

设置"播放"交互类型图标属性面板"响应"选项卡的激活条件为"x＝1"，如图 5-60 所示。然后依次设置"暂停"、"继续"、"停止"交互类型图标属性面板"响应"选项卡的激活条件为"x＝2"、"x＝3"、"x＝2"。

图 5-60 "响应"选项卡设置

注意：视频文件必须和程序文件放在同一目录下，才可以顺利播放。

（5）保存程序。

第6章 Authorware变量、函数和表达式

通常,利用 Authorware 的图标和流程线就可以完成简单的多媒体程序。但是这种程序在结构和功能上都比较简单,还远不能满足实际应用的需要。例如,希望显示计算机当前的时间、设计一道数学题、为程序添加音乐等,这样的要求仅靠图标的组合是不能实现的。这就需要利用 Authorware 的变量与函数对程序进行更加有效的控制。

相对于编程语言来说,Authorware 的变量和函数是比较简单易学的,一般只要具备初级编程基础就可以了。如果以前接触过计算机编程语言,那么在 Authorware 中利用函数和变量进行编程就是一件非常简单的事情。如果从来没有学过编程,那也没什么,只需要认真学习本章的内容就可以理解和掌握它们了。

6.1 计算图标

要在 Authorware 中使用变量和函数进行编程,首先就应为此提供编程的窗口,这就是本章所要介绍的一个新的图标——计算图标。为了更好地使用计算图标,有必要先来介绍一下计算窗口及其参数。

6.1.1 计算窗口

新建一个文件。从图标工具栏上拖动一个计算图标 至流程线上,并命名为“计算图标的使用”,如图 6-1 所示。

双击计算图标,会打开一个输入窗口,称之为计算窗口,如图 6-2 所示。它是在 Authorware 中编程的载体,可以在其中输入注释、变量、函数或表达式。

图 6-1 引入计算图标

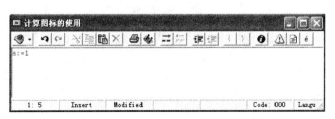

图 6-2 计算窗口

Authorware 7.0 的计算窗口由标题栏、工具栏、编辑区、状态栏和功能窗口等部分组成。

- 工具栏：由 20 个工具命令按钮组成：

  - 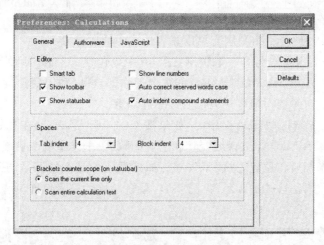 和 ：脚本语言标志按钮，该按钮可切换 Authorware 脚本语言和 JavaScript 脚本语言。这就为熟悉 JavaScript 脚本编程语言的编程者提供了发挥的空间。
  - ↶：撤消按钮，撤消上一步进行的编辑操作。
  - ↷：重做按钮，恢复最近一步撤消的编辑操作。
  - ✂：剪切按钮，将选取内容复制到系统剪贴板上，同时从计算窗口删除该内容。
  - 📋：复制按钮，将选取内容复制到系统剪贴板上，不删除它。
  - 📋：粘贴按钮，将系统剪贴板上的内容复制到计算窗口中。
  - ✕：清除按钮，清除（删除）选取的内容。
  - 🖨：打印按钮，打印计算窗口中的内容。
  - 🔍：查找按钮，该按钮的作用是在当前计算窗口范围内查找、替换指定的文本。
  - ⚏ ⚌：注释/不注释按钮，定义/撤消选定行为注释语句。
  - ⮒ ⮓：块缩进/块不缩进按钮，定义/撤消选定行缩排一个制表位。
  - ( )：查找左括号/查找右括号按钮，查找一行中相互匹配的表达式的左右括号，快捷键是 Shift+Ctrl+B。
  - ⓘ：参数选择按钮，对计算窗口的参数进行设置。单击 ⓘ 按钮或使用快捷菜单的"参数选择"选项都可以打开计算窗口的参数设置窗口，参数设置对话框由三个功能选项卡组成，如图 6-3 所示。

图 6-3　参数选择对话框

- "General"常规面板的参数项。该选项卡用于代码编辑时对常规对象的属性设置。"Editor"区域，用于计算窗口编辑属性的设置；"Spaces"是间隔设置区域，用于代码行排版的缩进设置；"Brackets counter scope(on statusbar)"单选区域，用于窗口状态栏查找匹配括号的区域设置。

- "Authorware"和"JavaScript"语言环境选项卡。这两个选项卡分别用于设置在 Authorware 语言环境和 Java 语言环境下，有关文本文件对象的编辑属性，如字体、字号、粗体、斜体、颜色、行为对象等。

- ◆ ⚠：插入提示框按钮，利用它可以直接插入信息对话框，如图 6-4 所示。其中"消息"文本框里的文字就是对话框里显示的文字。
- ◆ 📄：插入语句块按钮，插入 Authorware 支持的几种典型语句块，如条件语句、循环语句等，如图 6-5 所示。

图 6-4 "插入消息框"对话框

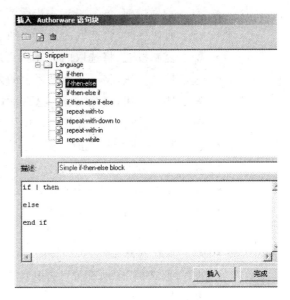

图 6-5 "插入 Authorware 语句块"对话框

- ◆ 🔳：插入符号按钮，利用它可以在表达式中插入符号。

在计算窗口中右击可以打开一个快捷菜单，其中也包含了上面讲到的这些命令项。

- 编辑区：是 Authorware 脚本编程的主要工作区，可以利用变量、函数、运算符、表达式和脚本语句等编写程序代码以及程序注释等。
- 提示框：在编辑区中编写程序时，如果按 Ctrl＋H 键，可以在光标处出现提示框。框中排列有 Authorware 系统变量和系统函数，单击其中的变量或函数，可以将其直接插入到光标所在位置，方便了编程。如果插入的是系统函数，还会在该处下方出现一条参数语法格式的提示（见图 6-6），写好参数后提示会自动消失，以避免编程者书写错误。

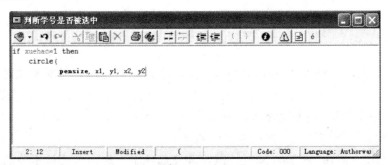

图 6-6 提示语法格式

- 状态栏：（如图 6-2 所示）说明了计算窗口当前编辑的情况。有七个方框，可以显示当前脚本编程中的七种状态信息。
  - ◆ 第 1 格说明当前光标所处的行和列。
  - ◆ 第 2 格说明当前编辑状态是插入还是修改。利用 Insert 键切换。
  - ◆ 第 3 格说明当前计算窗口是否进行过修改，"是"则显示"修改"，"否"则为空。
  - ◆ 第 4 格说明光标所在行有几个未匹配的圆括号"（"或"）"。
  - ◆ 第 5 格说明光标所在行有几个未匹配的方括号"["或"]"。
  - ◆ 第 6 格说明光标所在位置后面字符的 ASCII 值。
  - ◆ 第 7 格说明当前使用的脚本语言。

6.1.2　计算图标使用的注意事项

- 计算图标引入到流程线上时其默认名称为"未命名"。
- 在计算窗口中输入了内容或进行了修改以后，若关闭窗口或直接运行程序，就会出现一个提示对话框要求保存内容。
- 按键盘右侧小键盘的 Enter 键，可以直接保存计算图标的修改并关闭计算窗口。
- 如果表达式的某一行超长，可以将其打断为两行并以连接符"¬"连接，使用 Alt＋Enter 键可以产生一个连接符。
- 计算图标中的引号必须为英文状态下的引号。
- Authorware 对变量、函数或表达式中的字符大小写不加区分。

6.2　Authorware 中的变量

变量用来记录数值、逻辑值和字符串等数据。顾名思义，变量的数值是可以修改的，当然也可以读取出来。Authorware 的变量分两种，一种是其本身带有的系统变量，如 FullDate 存放当前系统的日期，FullTime 存放当前系统的时间等。另一种是根据需要自定义的变量。Authorware 对变量的要求是相当简单的，既不需要定义变量的类型，也不需要对它定义初值，这样就减少了许多不必要的麻烦。

Authorware 程序不需要考虑变量的类型，自变量可以进行运算，借助这种运算，可以设计一些简单的数学题。

6.2.1　Authorware 的系统变量

Authorware 预先定义了许多系统变量，并且自动更新这些变量的值。它们可以用于跟踪程序的执行情况，记录诸如判定分支流向、框架结构、文件、图片、视频、时间或日期等诸多方面的信息。

从菜单中选择"窗口"→"变量"选项，就会打开"变量"对话框，如图 6-7 所示。

这个对话框与"函数"对话框差不多，只不过增加了初值和当前值选项。它的使用也与"函数"对话框的使用基本一致。

归纳起来，Authorware 系统变量可以分为 11 类，每一类都含有处理该类具体对象的大量系统变量。Authorware 可以自动改变这些系统变量中的存储信息。单击"分类"栏,会出现一个下拉列表框,其中列出了各个类别及其包括的系统变量,如图 6-8 所示。

图 6-7　"变量"对话框　　　　　　　图 6-8　"分类"下拉列表框

每一个变量的命名都是以大写字母开头,并由一个或多个英文单词构成。有一些系统变量的后面还有一个@及图标名,这些变量被称为图标变量,它们对应于一个指定图标中的某个变量的值。

大多数系统变量不能被赋值,它们的值由 Authorware 系统内部决定,反映了一些程序运行的状态和进程,例如 FullTime 反映了当前小时、分钟、秒的时间值,只能读取它们的值。有少数变量可以被赋值,例如 Movable 变量可以被赋值为 True(真)或 False(假),如 Movable@ "IconTitle" :=FALSE,表示图标"IconTitle"(的内容)不能被移动。

系统变量的值会随着程序的运行动态改变。当某个系统变量的值改变后,可直接读取该变量,以得到更新后的值。

6.2.2　变量类型

根据变量的数据存储形式,Authorware 将变量分为 6 种类型。

- 数值型变量:用于存储具体数值,这个数值既可以是正数,也可以是负数。数值型变量可以直接赋值,如 x=3。
- 字符串变量:用于存储字符串的变量。字符串由一个或多个字符构成,这些字符可以是英文字母、汉字、数字、特殊字符(如"♯"、"&"等)或它们之间的任意组合等。在 Authorware 中,一个字符型变量可以存储多达 30 000 个字符。当将字符串赋给一个变量时,必须要用双引号将该字符串括起,如 string="青岛 101"。注意这里的双引号是英文状态下的双引号,如果使用了中文状态的双引号就会出错了。字符型变量可用于存储交互响应中的文本输入内容、文本、日期等信息。
- 逻辑型变量:用于存储 true 或 false 两种值。逻辑型变量用来判断程序是否处于某种状态。逻辑型变量也可以直接赋值,如 test = false。
- 数组(列表)型变量:数组(列表)型变量里存储的是数组。Authorware 支持两种常见的列表。

- 线性列表，即表中每个元素都是单个数值，各元素之间用英文逗号","隔开。比如：

```
week := [ "Sunday", "Monday" ,"Tuesday", "Wednesday", "Thursday", "Friday","Saturday"]
a := [1,3,5,7,9]
```

- 属性列表，即表中每个元素由属性名及属性值两部分构成，二者之间用英文的"："分隔，元素之间用英文的"，"隔开。例如：

  days := [♯College:"河北民族师范学院"，♯Department:"数学与计算机系"，♯Name:"张三"，♯StuNum:"0478"]，反映了一个学生个人信息的属性列表型变量，其中属性值都为字符串型数值。

  Authorware 中有专门的系统函数"List"用来对数组变量进行操作。

- 矩形坐标变量（Rect）：用于存储矩形在演示窗口中的坐标位置，其表达式形式为 $[x_1,y_1,x_2,y_2]$，其中 x_1,y_1 是矩形左上角的坐标值，x_2,y_2 是右下角的坐标值，因而矩形坐标变量非常适合于定义一个矩形区域。系统函数 Rect() 返回的数据就是矩形坐标数据。如：

```
MyRect := Rect(1,1,100,100)
```

其中，MyRect 是一个矩形变量，它建立一个以点 (1,1) 为左上角点，(100,100) 为右下角点的矩形区域。

- 点坐标变量（Point）：用于存储点在演示窗口中的坐标位置，其表达形式为 $[x,y]$，其中 x,y 是一个点的坐标。系统函数 Point() 所返回的数据就是点坐标数据。如：

```
MyPoint := Point(100,200)
```

MyPoint 就是一个点变量，它反映了演示窗口中的点 (100,200)。

6.2.3 在计算图标中使用自定义变量

下面介绍如何在计算图标中使用自定义变量。

（1）新建一个文件，拖动一个计算图标至流程线，命名为"变量练习"。双击计算图标，可以打开一个计算窗口。在其中输入表达式"x :=1"。这里"x"就是一个变量，" :="是一个赋值语句（如果输入"="，在下次打开计算图标时会自动转换为" :="），这里用这个表达式为变量定义了一个值。

（2）单击窗口右上角的 ⊠ 按钮，关闭窗口。这时会出现一个对话框，询问是否将计算图标内容的变化保存下来，如图 6-9 所示。

（3）单击 是(Y) 按钮，这时会出现一个"新建变量"对话框，如图 6-10 所示。要求定义新变量，其中"名字"栏显示了新变量的名称，"初始值"栏定义新变量的初始值，"描述"栏可以输入对新变量的简单描述。

提示：若变量已经在其他某处定义过了，则再次使用该变量就不会出现"新建变量"对话框了。

（4）在对话框中输入变量的初值，在"描述"栏中输入对于变量作用的简单说明，以便于记忆和使用，单击 确定 按钮，关闭窗口，完成变量的定义。这样，就可以在程序中使用了。

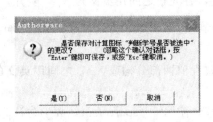

图 6-9   提示保存计算图标内容   图 6-10   "新建变量"对话框

当然,不输入任何内容直接关闭窗口也是可以的,系统会自动以数值"0"作为初值。

现在定义了变量,又为它定义了变量值,要知道变量的值则需要利用显示图标来显示。

6.2.4   在屏幕上显示变量的值

继续前面的练习。

(1)在计算图标下面再拖入一个显示图标,命名为"显示变量值"。

(2)双击显示图标,打开演示窗口。在演示窗口中,利用文字工具输入"a={a}",如图6-11所示。可以对这个内容设置字体、大小和颜色,但必须用大括号括住变量,才能够显示变量的值,否则显示图标会把它作为普通的文字内容"a"来显示。

(3)关闭演示窗口。运行程序,可以发现变量"a"的值显示在演示窗口中,如图 6-12所示。

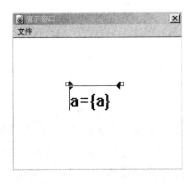

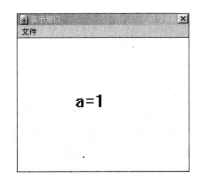

图 6-11   设置显示图标内容   图 6-12   运行程序

6.3   Authorware 中的函数

函数是用来处理数据、执行某种特定任务的语句或程序逻辑单元。一个应用程序可以划分为许多不同的、相互关联、执行各自任务的程序片段,而函数正是相当于执行这些特定任务的一小段相对独立的固定程序,系统将它们简化为一条函数语句或一条函数命令。编程过程中,编程人员不需要反复重写整段代码,采用插入或调用的方式来使用现成的函数即可,这就方便了程序的编写和调试,大大提高了编程的效率和可读性。Authorware 不支持在其内部自定义函数,但它可以调用外部函数。也就是说,Authorware 有两种可调用的函数：系统函数和外部函数。系统函数是 Authorware 为用户提供的函数,它可以实现处理变量、控制程序流程或操作文件等功能;而外部函数可以是利用其他高级语言开发的函数,也可以是操作系统的函数或外部文件中现存的函数。Authorware 支持从外部动态链接库中加载函数以完善和扩充自身的功能。

对于函数而言,每一个函数的使用都要遵循其固有的语法规则,有的函数还需要给出合适的参数。函数的参数也有两种情况,一种是必选的参数,另一种是可选的参数。如果参数是字符串,则需要使用英文的双引号引起来。比如,在语句 ResizeWindow(150,300)里,ResizeWindow 函数有两个参数,分别代表新窗口的宽和高。又如,在语句 SetFill(flag [,color])里,参数 color 是放在一对方括号里的,这就代表参数 color 是可选参数,也就是说,函数 SetFill 有两种使用形式:SetFill(flag)和 SetFill(flag,color)。

除了有参数外,有的函数还有返回值。

6.3.1　系统函数

Authorware 中的系统函数可以分为多种类型,利用它们可以实现如字符处理、文件操作、获取时间、跳转交互、数学计算等各种功能。一般常用的函数就是系统函数,Authorware 提供的系统函数很多,要想完全记住它们,不大可能,也没有必要,只要知道它们放在哪里,怎样查询,然后根据查询的帮助信息使用它即可。

选择"窗口"→"函数"选项,会出现一个"函数"对话框,如图 6-13 所示。

选中某个函数后,在"描述"窗口中就出现关于该函数的描述,在"参考"文本区里会显示出引用该函数的所有图标以及使用该函数的图标列表。如果这时打开着一个计算图标,会发现 **粘贴** 按钮是可用的,单击这个按钮,选中函数会自动粘贴到计算窗口中,这样做可以避免因记忆错误而产生函数输入的错误。

图 6-13　"函数"对话框

6.3.2　外部函数

外部函数也称为第三方开发的函数。在如图 6-13 所示"函数"对话框中,单击"分类"下拉列表里的当前文件名(最后一行),然后单击"载入"按钮,可选择外部函数。Authorware 支持的外部函数有两种,一种是 DLL(动态链接库)类函数,DLL 是英文"Dynamic Link Labrary"(动态链接库)的缩写,是 Microsoft Windows 操作系统主体函数的集合。工作于 Windows 操作系统的应用软件大多数都可直接调用 DLL。另外一种是 U32s(32 位 UCD 用户代码文件)类函数,UCD 是英文"User Code Documents"(用户代码文件)的缩写,是一种符合 Authorware 应用环境的常见的 DLL 函数。在 Authorware 应用环境中虽然可以调用 DLL 文件,但并不方便,因而为提高多媒体程序设计的效率,Macromedia 公司对常规的

DLL 函数进行了匹配 Authorware 运行环境的扩充处理,使其对于 Authorware 程序而言成为一种透明的 DLL 函数,并起名为 UCD 函数。目前只使用 U32s 类函数(即 32 位的 UCD,16 位的 UCD 基本不用了)。当选择好外部函数后,就可选择需要的具体函数了,如图 6-14 所示。在右边的描述区域里,会显示出当前所选函数的详细说明,包括语法格式及参数类型、返回值等。载入函数后,外部函数就可以像系统函数一样使用了。

图 6-14　载入外部函数对话框

6.4　Authorware 的运算符和表达式

运算符与表达式也是 Authorware 的主要编程元素。

6.4.1　运算符

1. 运算符的概念

在 Authorware 程序中,运算符就是能够对操作数进行各种运算(或操作)的符号。从本质上讲,运算符代表了计算机处理数据的指令,而操作数代表了存储的数据。

和一般数学运算的书写格式相似,在 Authorware 程序中经常将两个或多个操作数(运算对象)分别放在运算符的两边。在 Authorware 程序中尽管函数也是一种操作指令(或指令集),但并不属于运算符范畴,因而函数(主要是有返回值的函数)也和常数、变量一起被称为操作数或运算对象。

2. 运算符的类型

- 数值运算符:加(+)、减(−)、乘(＊)、除(/)、乘方(＊＊)。
- 逻辑运算符:否(～)、与(&)、或(|)。
- 关系运算符:等于 (=)、不等于(<>)、大于(>)、大于等于(>=)、小于(<)、小于等于(<=)。

- 其他运算符：赋值运算符（:=）、连接运算符（∧）。

例如：string1="我是一个"、string2="兵"，则 string= string1∧string2 的值为"我是一个兵"。

3．运算符的优先级

不同的运算符在运算时，优先级别是不同的。Authorware 7.0 中运算符优先级分为 9 个级别：

① （ ）（括号）、MOD（求模）

② ～（逻辑非）、＋（正号）、－（负号）

③ ＊＊（幂）

④ ＊（乘）、/（除）

⑤ ＋（加号）、－（减号）

⑥ ^（连接操作符）

⑦ ＝（等于）、＜＞（不等于）、＜（小于）、＞（大于）、＜＝（小于等于）、＞＝（大于等于）

⑧ &（逻辑与）、|（逻辑或）

⑨ := （赋值运算符）

其中，①代表最高优先级，⑨代表最低优先级，位于同一行的运算符具有同一优先级。对于优先级相同的运算符，按其结合性决定顺序，例如"＋"和"－"的结合性是从左到右，而"～"和":="的结合性是从右到左。比如，表达式"a := b := 100"的执行顺序是首先把 100 赋值给变量 b，然后把 100 赋值给变量 a。注意，在计算图标里书写这个表达式时，第一个赋值符号可写成"＝"，但第二个赋值符号必须得写成":="。因为系统自动处理赋值符号时，只会给第一个"＝"前添加冒号。运算时，等级高的运算符先于等级低的运算符，这与一般数学表达式的运算规则相似。

6.4.2　表达式

1．表达式的概念

Authorware 7.0 的表达式是计算求值或执行某个操作的式子，即将运算符和操作数（如常量、变量、函数、字符串），以及括号、注释等元素组合在一起的式子。表达式的核心功能是计算值，因而它总是能返回一个值和数据类型。表达式求值时，按照运算符的一定规则进行运算。

表达式的使用场合与变量和函数的使用场合完全一样。

2．表达式的类型

- 算术表达式：由算术运算符连接的表达式，其值为数值型。算术运算符的意义与数学中的相应符号的意义相同，但要注意程序中的书写格式与普通数学运算稍有不同，例如：x ＊＊ 2 表示 x 的 2 次方；MOD(7,3) 的运算结果为 1（即 7 除以 3 的余数为 1）。
- 字符串表达式：带有连接运算符"^"的表达式，其值为字符串型。例如："Authorware"^"7.0"，其结果就是字符串"Authorware 7.0"。

- 关系表达式：由关系运算符连接的表达式，其值为逻辑型。例如，2<>3，其值为 True。
- 逻辑表达式：由逻辑运算符连接的表达式，其值为逻辑型。例如，2&3，其结果为1，2&0，其结果为0。
- 赋值表达式：由赋值运算符"：="连接的表达式，其含义是把赋值运算符右边的值赋给左边的变量。
- 混合表达式：由两种或两种以上的运算符组成的表达式称为混合表达式。其具体的运算顺序请参照上节所述。

6.5　语句

语句是 Authorware 7.0 编程的技术核心，是由变量、函数、运算符以及表达式等编程元素构成的。它是 Authorware 的一个有效语法结构，它能通过执行某种计算或执行某种操作来输出一个结果。例如，a：=7 是一个赋值语句，它的运行结果就是将数值 7 赋值给变量 a。除了赋值语句外，Authorware 7.0 还有两种十分重要的控制语句：条件语句和循环语句。

6.5.1　条件语句

条件语句是在不同的条件下执行不同的操作。常用的条件语句有三种格式。

1. if-then

格式为：

```
if <条件> then <语句组>
```

这是一个单一选择语句，其中："条件"是一个表达式，它的计算结果必须是一个逻辑数据，如果结果为 true，那么就会执行 then 后面的语句组；如果结果为 false，就不执行 then 后面的任何语句。如果 then 后面的语句组较长，在其最后加上 end if 来结束 if 语句。

这种格式的条件语句的语法最简单，一般在 then 后面只有一条语句，但是当 then 后面有多条语句时，注意不要省略 end if，否则出现错误。

例如：

① if a>0 then s：=60
② if a>0 then
　　　x：=1
　　　y：=3
　　end if

2. if-then-else-end if

格式为：

```
if <条件>　then
```

```
    <语句组 1>
else
    <语句组 2>
end if
```

这是一个双向选择语句,是对第一种格式的扩充,如果条件不为 true,那就执行 else 后的"语句组 2"。

例如:

```
if a > 0 then
    x := 1
    y := 2
else
    x := 2
    y := 1
end if
```

3. if-then else if-then-else -end if

格式为:

```
if <条件 1>  then
    <语句组 1>
else if <条件 2> then
    <语句组 2>
…
else
    <语句组 n>
end if
```

这是一个多项选择语句,是对第二种格式的扩充,可以同时处理许多条件。说明:如果"条件 1"满足,则执行"语句组 1";如果"条件 1"不满足,且"条件 2"满足,则执行"语句组 2";继续判断下去,如果所有条件都不满足,则执行"语句组 n"。

例如:

```
if score > = 90 then s := "A"
else if score > = 80 then s := "B"
else if score > = 70 then s := "C"
else if score > = 60 then s := "D"
else then s := "E"
end if
```

在 Authorware 中,test 函数作用与上述条件语句非常类似,其格式为:

```
test(condition,true expression,false expression)
```

说明:首先判断"condition"条件,如果为真,则返回"true expression"的值,否则返回"false expression"的值。

test 函数与"if - then"语句的区别在于:test 函数有返回值,可以用在显示图标或其他图标属性对话框中;而"if - then"语句没有返回值,一般只在计算图标中使用。

6.5.2　循环语句

循环语句用于重复执行某些语句,直到达到一定的次数或条件为真时停止,形成一个循环过程。循环语句一般有 3 种格式。

1. Repeat with - [down] to - end repeat

格式为:

```
Repeat with 循环变量 = 初始值 to(或者 down to) 终止值
    语句组
end repeat
```

语句中,"循环变量＝初始值 to(或者 down to) 终止值"为循环条件,其中"初始值"和"终止值"限定了程序执行循环的次数。"循环变量"是在循环过程中控制循环的变量,它从初始值开始,每循环一次自动增加(to)或减少(down to)1,当循环变量的值大于(或小于)"终止值"时,程序退出循环。例如,求 1 到 100 的和。

```
S := 0
Repeat with x := 1 to 100
 S := s + x
end repeat
```

又如:

```
Setframe(1, rgb(255,0,0))
Repeat with i := 10 down to 1
 Line(i,100,50 + 20 * 1,300,50 * i)
end repeat
```

以上程序是在窗口中绘制 10 条水平方向的平行线,而且宽度依次增加。可以把上面的程序输入到计算图标中执行一下,看看效果。其中 SetFrame(flag [, color])是为绘图函数设置边框样式.flag,为 true 填充,为 false 不填充。填充色由 RGB 函数设定。

2. repeat with - in -end repeat

格式为:

```
repeat with  <循环变量>  in  <列表>
    语句组
end repeat
```

语句中,循环次数与列表中的元素个数相同,程序每次循环时,列表中的元素值依次赋值给循环变量,直到所有元素用完为止,即列表中每个元素都必须被用来执行一次循环操作。例如:

```
s := 0
list := [1,3,5,7]
repeat with x in list
    s := s + x
```

```
end repeat
```

当循环开始时,x 指定了列表中的第一个值 1,然后进行 s 的累加,s=0+1,当计算完列表中的最后一个值 7 后,将退出循环,最后 s 的值为 16,共执行 4 次循环。

3. Repeat while - end repeat

格式为:

```
Repeat while <循环条件>
    语句组
end repeat
```

这是一个"当型"循环语句,每次循环开始,程序都会检查循环条件是否为真,如果为真,则执行语句组。执行完后再返回检验循环条件是否为真,如为真则继续循环执行语句组,直到条件为假时退出循环。例如,求 1 到 100 的和。

```
S := 0
X := 1
Repeat while x < = 100
S := s + x
X := x + 1
end repeat
```

6.5.3　其他语句

在程序设计时,有时会用到 exit repeat(退出循环语句)与 next repeat(下一次循环语句),这是两种单条语句,可以插入到循环语句的任何位置,以改变当前循环语句的运行流程,是循环语句结构中的辅助型语句。

- exit repeat(退出循环语句):功能是当程序执行到此语句时,退出当前循环语句,执行该循环语句后面的程序语句。主要用于需要提前跳出循环的情形。
- next repeat(继续下一次循环语句):功能是当程序执行到此语句时,不再执行它之后的当前循环语句中的语句,而提前进入本循环语句的下一次循环。主要用于需要提前进入下一次循环的情形。

另外为了增加程序的可读性,Authorware 也有自己的注释语句,它由前置注释符号"－－"和注释内容组成,例如:

```
x := x + 1    - - x 自加 1
```

注释语句编写得好坏,会影响到以后对程序的修改、完善和维护等,建议编程者适当地加入注释语句。

6.6　变量、函数使用实例

6.6.1　变量使用实例

利用 Authorware 的"{}"括号的特殊功能在演示窗口中将变量的值显示出来。

例1：天气预报的制作。

（1）新建一个文件，命名为"天气预报.a7p"。

（2）建立如图6-15所示的流程图。

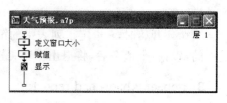

（3）在"定义窗口大小"计算图标中输入：resizewindow(450,300)用来定义窗口大小。

（4）在"赋值"计算图标中输入：

图6-15 程序流程图

```
w := "晴朗"
p := 3
q1 := 12
q2 := -6
```

（5）双击"显示"图标，在打开的演示窗口中输入文字，如图6-16所示。

提示：系统变量fulldate和fulltime分别表示计算机当前所标识的"年、月、日"和"时、分、秒"的值。

（6）选中"显示"图标，在界面下方的显示图标属性对话框中，选中"更新显示变量"选项，使得系统变量的值与当前时间同步变化。

（7）保存并运行程序，在演示窗口中"{}"的内容就会显示出基变量当前值或表达式计算后的值，如图6-17所示。

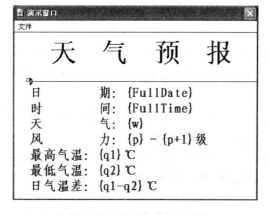

图6-16 显示图标输入的内容

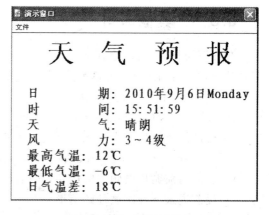

图6-17 运行结果

例2：测量与显示图像的坐标。

（1）新建一个文件，命名为"测量与显示图像的坐标.a7p"。

（2）建立如图6-18所示的流程图。

（3）双击"显示图像信息"图标，在打开的演示窗口中输入文字，如图6-19所示，并将所有文字对象设置为透明模式。且在显示图标属性对话框中，选中"更新显示变量"选项，使得系统变量的值及时更新。

图6-18 程序流程图

提示：DisplayHeight、DisplayWidth、DisplayLeft、DisplayTop、DisplayX、DisplayY这些系统变量存放在图标中显示对象的大小及位置信息。Authorware以像素为单

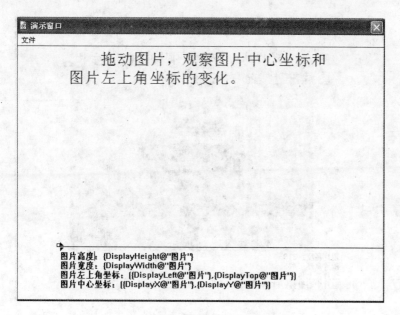

图 6-19　"显示图像信息"显示图标内容

位提交这些变量的值,测量区域包括了图标中的所有对象。DisplayWidth 和 DisplayHeight 存放对象的宽度和高度。DisplayTop 存放对象的上边界到演示窗口上边界的距离; DisplayLeft 存放对象的左边界与演示窗口的左边界的距离。DisplayX 存放对象中心到演示窗口的左边界的距离;DisplayY 存放对象中心到演示窗口的上边界的距离。这些系统变量一般用作:系统变量@"IconTitle",如 DisplayX@"图片"等。

(4)双击"图片"显示图标,在打开的演示窗口中导入一个图片。在图像属性对话框的"版面布局"标签中适当调整图片的大小和位置。并打开显示图标"图片"的属性对话框,设置成如图 6-20 所示的值,这样图片可在整个演示窗口中拖动,以精确测量与显示其坐标。

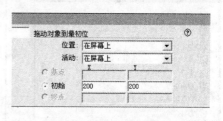

图 6-20　"图片"显示图标属性对话框

(5)保存并运行程序,可拖动图片在演示窗口内移动,而且动态显示图片的中心点坐标及左上角坐标(注:演示窗口的左上角坐标为原点 (0,0))。运行效果如图 6-21 所示。

例 3:跟随鼠标移动。

(1)新建一个文件,命名为"跟随鼠标移动.a7p"。

(2)建立如图 6-22 所示的流程图。

(3)在"椭圆"、"矩形"、"圆"、"直线"、"多边形"、"圆角矩形"显示图标中分别绘制椭圆、矩形、圆、直线、多边形和圆角矩形,并按照图 6-23 所示布置好图形的位置。

(4)在"我是影子"显示图标中用文本工具输入以下文本:

```
{Test(ObjectOver = "","空白",ObjectOver)}
```

图 6-21　运行效果

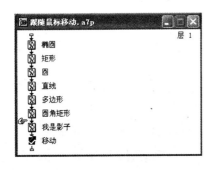

图 6-22　程序流程图

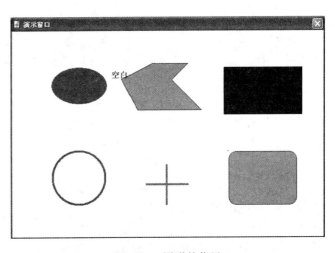

图 6-23　图形的位置

并适当设置文本的字体、字号和颜色,将显示模式设置为"透明"模式,且在显示图标属性对话框中,选中"更新显示变量"选项,在"位置"框内,选择"在屏幕上"。

提示:系统变量 ObjectOver 保存了在演示窗口中鼠标指针所指对象的图标标题,如果无任何对象,则为空值。

(5)在打开"我是影子"显示图标演示窗口的情况下,单击"移动"移动图标,在其属性对话框,设置移动类型为"指向固定区域的某点",移动对象为"我是影子"显示图标中的对象,并按照图 6-24 所示设置其属性。

提示:系统变量 CursorX 和 CursorY 保存了当前鼠标位置距演示窗口左上角的距离(单位为像素),并具有自动刷新的特性,只要鼠标移动,CursorX 和 CursorY 的值会自动刷新。又由于"执行方式"设置为"永久",就形成了移动对象随鼠标移动的效果。

图 6-24 设置移动图标属性对话框

（6）保存并运行程序，可见随着鼠标的移动随时显示指针所指的显示对象名称，如果鼠标没有指向任何显示对象，则显示"空白"，如图 6-25 所示。

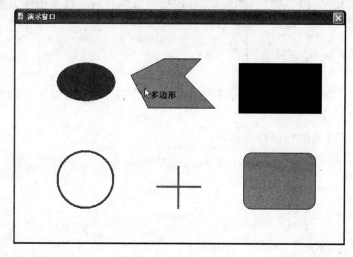

图 6-25 效果图

6.6.2 函数使用实例

例 1：画图程序。

（1）新建一个文件，命名为"画图.a7p"。

（2）建立如图 6-26 所示的流程图。

（3）在"窗口设置"计算图标中，输入下列文本：

```
ResizeWindow(400,250)
ShowMenuBar(OFF)
```

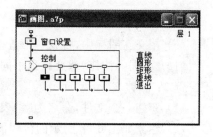

图 6-26 程序流程图

提示：系统函数 ShowMenuBar(display) 的功能是设定是否显示菜单栏。display 为 OFF 时不显示用户菜单栏，为 ON 时显示。当一个文件重启动时，Authorware 在退出时的同一位置显示用户菜单。ShowMenuBar 仅使用在计算图标中，不能在表达式中使用或嵌入。如果菜单栏是关闭的，可在任何时候使用 Alt＋F4 键退出文件。

（4）在"直线"计算图标窗口中输入：

```
Line(2, 30, 30 ,320, 170)
```

用来画一条从(30,30)至(320,170),粗细为 2 的直线。

(5) 在"圆线"计算图标窗口中输入:

```
SetFill(1, RGB(255, 0, 0))
x := 200
y := 120
R := 80
Circle(1, x - R, y - R, x + R, y + R)
```

用来画一个半径为 R,圆心为(x,y)的圆,填充色为红色。

提示:系统函数 SetFill(flag [，color])为绘图函数设置填充样式,flag 为 true 填充,为 false 不填充。填充色由 RGB()函数设定,在使用绘图函数前在计算图标中使用该函数。

(6) 在"矩形"计算图标窗口中输入:

```
SetFill(1, RGB(0, 255, 0))
Box(1, 80, 30, 300, 200)
```

用来画一个以(80,30)为左上角,以(300,200)为右下角,粗细为 1 的矩形,填充色为绿色。

(7) 在"虚线"计算图标窗口中输入:

```
x := 20
y := 100
j := 0
SetFrame(1,RGB(0,0,255))
repeat while j <= 350
    Line(2,x + j,y,x + j + 5,y)
    j := j + 10
end repeat
```

提示:SetFrame(flag [，color])为绘图函数设置边框样式,flag 为 true 填充,为 false 不填充。填充色由 RGB 函数设定,在绘图前在计算图标中使用该函数。

(8) 在"退出"计算图标窗口中输入:

```
quit()
```

(9) 在交互图标中,排列一下五个按钮的位置。

(10) 不同的按钮,就会画出不同的图形,如图 6-27 所示。

例 2:画钟表。

(1) 新建一个文件,命名为"钟表. a7p"。

(2) 建立如图 6-28 所示的流程图。

(3) 在"初始值"计算图标窗口中输入:

```
ResizeWindow(400,400) ---- 重定窗口大小
ShowMenuBar(OFF) ---- 关闭菜单栏
x := 200 ---- 原点 x 值
y := 200 ---- 原点 y 值

-- 画表框
```

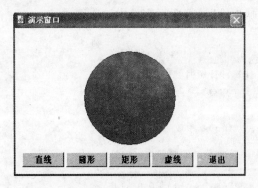

图 6-27 效果图

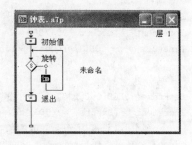

图 6-28 程序流程图

SetFill(1, RGB(200,200,200)) ---- 设置圆的填充色为灰色
Circle(5, x+150,y+150, x-150, y-150) ---- 画一个半径为 150 的圆形
Circle(8, x+8,y+8, x-8, y-8) ---- 画一个圆心

-- 画粗刻度
repeat with kd1 := 0 to 3 ---- 划分粗刻度,重复取数 0~3,即 4 刻钟
    cx := 145 * COS(kd1 * 90/360 * 2 * Pi) ---- 粗刻度线与表框交点的 X 坐标
    cy := 145 * SIN(kd1 * 90/360 * 2 * Pi) ---- 粗刻度线与表框交点的 Y 坐标
    Line(6, x+cx, y+cy, x+cx*5/6, y+cy*5/6) ---- 画刻度线
end repeat

-- 画中刻度
repeat with kd2 := 0 to 11 ---- 划分中刻度,重复取数 0~11,即 12 个小时
    zx := 145 * COS(kd2 * 30/360 * 2 * Pi) ---- 中刻度线与表框交点的 X 坐标
    zy := 145 * SIN(kd2 * 30/360 * 2 * Pi) ---- 中刻度线与表框交点的 Y 坐标
    Line(2, x+zx, y+zy, x+zx*6/7, y+zy*6/7) ---- 画刻度线
end repeat

-- 画细刻度
repeat with kd3 := 0 to 59 ---- 划分细刻度,重复取数 0~59,即 60 分钟
    xx := 145 * COS(kd3 * 6/360 * 2 * Pi) ---- 细刻度线与表框交点的 X 坐标
    xy := 145 * SIN(kd3 * 6/360 * 2 * Pi) ---- 细刻度线与表框交点的 Y 坐标
    Line(1, x+xx, y+xy, x+xx*14/15, y+xy*14/15) ---- 画刻度线
end repeat

(4) 设置"旋转"决策图标属性对话框,如图 6-29 所示。

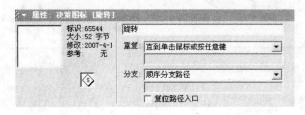

图 6-29 "旋转"决策图标属性对话框

（5）双击群组图标，在二级流程线上的"画指针"计算图标窗口中输入：

```
-- 画秒针
SetFrame(1,RGB(255,0,0)) ---- 设置线的颜色为红色
Increment := (Sec * 6 - 90)/360 * 2 * Pi ---- 计算秒针顺时针方向的弧度值
Line(2,x,y,x + COS(Increment) * 145, y + SIN(Increment) * 145) ---- 画秒针

-- 画分针
SetFrame(1,RGB(0,0,255)) ---- 设置线的颜色为蓝色
Increment := (Minute * 6 - 90)/360 * 2 * Pi ---- 计算分针顺时针方向的弧度值
---- 画分针,长度为半径的 0.8 倍
Line(3,x,y,x + COS(Increment) * 0.8 * 145, y + SIN(Increment) * 0.8 * 145)

-- 画时针
SetFrame(1,RGB(0,0,255)) ---- 设置线的颜色为蓝色
Increment := ((Hour + Minute/60) * 30 - 90)/360 * 2 * Pi
---- 画时针,长度为半径的 0.6 倍
Line(5,x,y,x + COS(Increment) * 0.6 * 145, y + SIN(Increment) * 0.6 * 145)
```

（6）在"退出"计算图标窗口中输入：

```
quit()
```

（7）保存并运行程序，观察一下使用函数绘制的钟表，如图 6-30 所示。

例 3：画正弦曲线 y=sinx。

（1）新建一个文件，命名为"正弦曲线的绘制.a7p"。

（2）建立如图 6-31 所示的流程图。

图 6-30　效果图

图 6-31　程序流程图

（3）双击"定义坐标"显示图标，在打开的演示窗口中，在适当位置导入如下两个图形：

$$-\frac{\pi}{2} \qquad \frac{\pi}{2}$$

（4）在"定义坐标轴"计算图标窗口中输入下列内容：

```
x0 := 400
y0 := 300
a := 350
b := 200
SetLine(2)
SetFrame(1,RGB(0,0,0))
Line(2,x0 - a,y0,x0 + a,y0)
Line(2,x0,y0 + b,x0,y0 - b)
SetLine(0)
Line(1,x0,y0 - 50,x0 + 5,y0 - 50)
Line(1,x0,y0 + 50,x0 + 5,y0 + 50)
DisplayText(WindowHandle,"X",x0 + a,y0,"times new roman",15,2,0)
DisplayText(WindowHandle,"Y",x0 + 5,y0 - b,"times new roman",15,2,0)
DisplayText(WindowHandle,"O",x0,y0,"times new roman",15,3,0)
DisplayText(WindowHandle,"1",x0 - 15,y0 - 60,"times new roman",15,3,0)
DisplayText(WindowHandle," - 1",x0 - 20,y0 + 40,"times new roman",15,3,0)
```

其中 DisplayText 函数是外部函数库 Disptext. u32 中的函数,关闭计算窗口时需要导入该函数。该函数已经存放在和程序同一文件夹下。

(5) 在"画曲线"计算图标窗口中输入下列内容:

```
2 SetFrame(TRUE, RGB(255,0,0))          -- 填充
repeat with x := - 2 * Pi * 50 to 2 * Pi * 50
y1 := SIN(x/50)
yw := SIN((x + 1)/50)
Line(2,x + 400,300 - 50 * y1,x + 400,300 - 50 * yw)    -- 画线
end  repeat
```

(6) 在"曲线的名称"显示图标窗口中使用文本工具输入:

```
y = sinx
```

(7) 保存并运行程序,结果如图 6-32 所示。

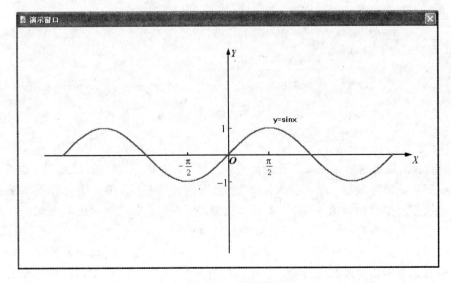

图 6-32 效果图

第7章

Authorware结构设计

除了交互图标可以产生交互操作外，Authorware 的判断图标◇、导航图标▽和框架图标回也能够对程序的执行进行控制，例如使程序根据设置的某种条件自动执行，在程序内容之间灵活导航等，为我们的设计带来更大的灵活性。本章主要介绍这几个图标的功能、属性及用法。

7.1 判断图标

判断图标能够根据设置的条件自动决定程序的执行情况。下面先来简单地认识一下这个图标。

7.1.1 判断图标及分支的属性

新建一个文件，拖动一个判断图标◇到流程线上，命名为"判断"，再拖动一个群组图标到判断图标右侧，则群组图标会变成判断图标的一个分支，通常命名为"分支1"，这就是标准的判断结构。

双击该判断图标，打开判断图标属性对话框，如图 7-1 所示。

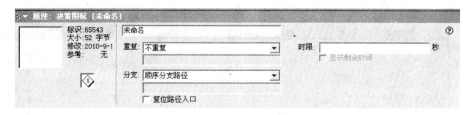

图 7-1　判断图标属性对话框

其中主要有如下属性：

- "重复"：定义在判断图标运行时的重复方式，其中共有 5 种选项，如图 7-2 所示。
  - ◆ 固定的循环次数：允许输入一个数值、变量或表达式，用来决定分支重复执行的次数。如果输入值小于"0"表示不重复，程序会退出或越过此判断图标。如果输入值大于现有分支数，程序会顺序重复执行分支。
  - ◆ 所有的路径：直到所有的分支都被执行到，程序才会退出此判断图标。
  - ◆ 直到单击鼠标或按任意键：一直在判断图标中执行，直到单击鼠标或按下一个按

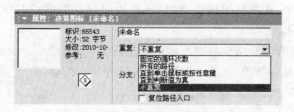

图 7-2 重复类型

键程序才退出。

◆ 直到判断值为真：每次执行分支前，先判断条件（变量或表达式）是否为"真"。条件不为"真"，就继续执行分支；若条件为"真"，就退出此判断图标。

◆ 不重复：不重复执行分支，当每个分支都被执行一次后就退出此判断图标。

• "分支"：定义判断图标运行时如何选择分支，共有 4 种选择方式，如图 7-3 所示。

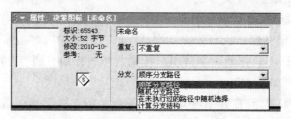

图 7-3 分支类型

◆ 顺序分支路径：顺序执行各分支。

◆ 随机分支路径：随机选取任一分支。

◆ 在未执行过的路径中随机选择：随机选取任一未被执行过的分支。

◆ 计算分支结构：依据条件（变量、表达式）计算的结果来确定执行哪个分支。

• "复位路径入口"：清除对已经执行的分支的记录，就好像所有挂接在判断图标下的分支都还没有被执行过一样。

• "时限"：设定一个执行此判断图标的时间值，当指定的时间一到，程序会自动终止对此判断图标的执行，而不管其分支是否执行完。如果还选择了"显示剩余时间"选项，则演示窗口会出现一个显示当前剩余时间的小闹钟。

各选项可以有机地相互组合，从而达到程序需求。下面用几个具体的例子来看看各个选项的实际应用。

选择判断图标右边的分支图标，从菜单中选择"修改"→"图标"→"路径"命令，或者双击分支上的判断符号，会出现如图 7-4 所示的判断分支属性对话框。

窗口中除分支名称等常见信息外，还包括以下内容。

• "擦除内容"：设定分支内容擦除的方式，它包括 3 个选项。

◆ 在下个选择之前：在显示下一个分支内容前删除当前分支内容。

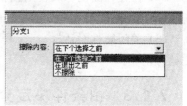

图 7-4 判断分支属性对话框

◆ 在退出之前：在判断图标执行时，保留当前分支的内容。在退出判断结构时，清除分支内容。

◆ 不擦除：离开判断结构后也不擦除分支内容。

- "执行分支结构前暂停"：选中此项，则在执行分支前，屏幕上会出现一个等待按钮，单击此按钮后才能进入分支执行。

7.1.2　闪烁的字符

可以利用"显示→等待→擦除→再显示→……"来实现文字闪烁，但是这样的程序太烦琐了。现在可以用判断图标来解决这个问题。

（1）新建一个文件。从图标工具栏上拖动一个判断图标◇到流程线上，命名为"闪烁3次"。这时判断图标的图标符号中出现的是一个"s"，这是因为系统在默认状态下自动为判断图标选择"顺序分支路径"分支方式。

（2）双击判断图标，打开其属性对话框，设置"重复"属性为"固定的循环次数"，在重复次数栏输入数字"3"，定义顺序执行分支3次。"分支"属性的内容不需要改变。

（3）关闭属性对话框。拖动一个群组图标到判断图标的右侧，建立一个判断分支，命名该分支名称为"内容"，如图7-5所示。

（4）双击打开群组图标，在其中建立如图7-6所示的二级流程线，首先等待0.5秒，然后利用显示图标显示文字"文字闪烁！"，最后再等待0.5秒。

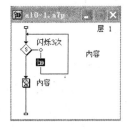

图 7-5　建立一个判断分支

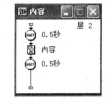

图 7-6　二级流程线

（5）运行程序，窗口中就会出现闪烁的文字。但是文字在闪烁3次离开判断结构后就被擦除了，如果想在文字闪烁后保留文字内容，就应该在主流程线上再添加一个同样的显示图标（复制显示图标"内容"）。

（6）再次运行程序，可以看到文字在闪烁后得到保留。

修改一下"重复"属性，可以使字符持续闪烁，直到单击鼠标或按键为止。

（7）打开判断图标属性对话框，设置"重复"属性为"直到单击鼠标或按任意键"，定义判断循环直到单击鼠标或按键为止。

（8）关闭属性对话框，运行程序。字符不停地闪烁，不受次数的限制，直到单击鼠标或按键为止。

7.1.3　由条件决定分支

在判断图标中，可以利用条件来选择要执行的分支。例如，利用随机函数产生一个5～

10 之间的随机数,然后根据数值情况执行不同的分支,显示不同的内容。

(1) 新建一个文件。拖入一个计算图标,命名为"条件"。打开计算窗口,在其中建立如图 7-7 所示内容,为变量"n"定义一个 5～10 之间、间隔为 1 的随机值。

(2) 关闭计算窗口,保存对变量 n 的定义。

(3) 拖入一个计算图标,命名为"选择分支"。打开计算窗口,在其中输入如图 7-8 所示的计算内容。若"n≤6",就执行分支 1。若"n=7",就执行分支 2。若"7<n≤9",就执行分支 3。否则,就说明"n=10",执行分支 4。

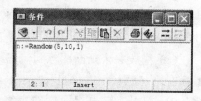

图 7-7 为变量 n 定义随机值

(4) 关闭计算窗口,保存计算内容。

(5) 拖动一个判断图标到流程线上,命名为"判断"。再拖动 4 个显示图标到判断图标右侧,分别命名为"大丽花"、"迎春花"、"牡丹花"、"梅花",并在显示图标中分别导入图片,如图 7-9 所示。

图 7-8 设置计算图标内容

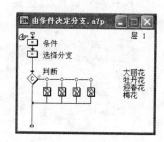

图 7-9 建立判断结构

(6) 双击判断图标,打开其属性对话框,设置"分支"属性为"计算分支结构",并在表达式中输入变量 path,如图 7-10 所示,定义由变量 path 的数值来决定执行哪个分支。

(7) 关闭判断图标属性对话框。为使判断循环结束后图片内容不消失,需要修改各分支的擦除内容属性为"不擦除",如图 7-11 所示。

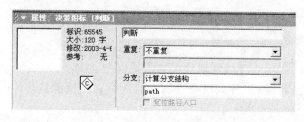

图 7-10 由变量 path 的数值来决定执行哪个分支

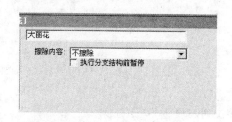

图 7-11 定义分支内容为不擦除

(8) 关闭属性对话框,保存并运行程序。程序首先由计算图标为变量 n 定义一个随机数值,然后由此计算出变量 path 的值,判断图标会根据变量 path 的数值自动选择相应的分支,并显示相应的图片,每次运行程序都可能会得到不同的结果。

7.1.4　由判断值来决定分支执行的次数

（1）新建一个文件，并命名为"奥运五环"，设置文件属性，将窗口的大小设置为 512×342。

（2）拖放一个显示图标到流程线上，并命名为"标题"，并在其演示窗口中输入文字"2008·北京"。

（3）拖放一个判断图标到流程线上，并命名为"画奥运五环"，并拖五个群组图标到判断图标右侧，分别命名为"蓝"、"黑"、"红"、"黄"、"绿"。其主流程线如图 7-12 所示。

（4）打开"蓝"群组图标的二级流程线，拖放一个计算图标在二级流程线上，并命名为"定义"，打开计算窗口，在其中输入：

```
a := 140                        -- 定义圆心 x 轴的坐标
b := 100                        -- 定义圆心 y 轴的坐标
r := 50                         -- 定义圆的半径
angle := 0
SetFrame(1,RGB(0,0,255))        -- 设置边线颜色为蓝色
```

（5）在拖放一个判断图标到二级流程线上，并命名为"循环"，并依次拖放两个计算图标和一个等待图标在判断图标的右侧，分别命名为"画点"、"频率"、"间隔"，其二级流程线如图 7-13 所示。

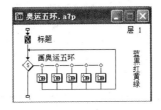

图 7-12　主流程线

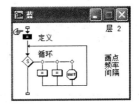

图 7-13　二级流程线

（6）在"画点"计算图标中输入：

```
x := r * COS(angle) + a         -- 定义点的 x 轴坐标
y := r * SIN(angle) + b         -- 定义点的 y 轴坐标
Circle(2,x - 2,y - 2,x + 2,y + 2)  -- 使用画圆函数画点
```

（7）在"频率"计算图标中输入：

```
angle := angle + 0.03           -- 设置画点的间隔
```

（8）设置"间隔"图标的属性："时限"为 0.01 秒，其他设置项取消勾选。

（9）双击"画点"和"频率"分支的判断符号，打开判断分支属性对话框，将"擦除内容"下拉列表设置为"不擦除"。

（10）设置另外四路分支的二级流程。修改计算图标"定义"：

黑色的"定义"计算图标中改为：

```
a := 256
b := 100
SetFrame(1,RGB(0,0,0))
```

红色的改为：

```
a := 372
b := 100
SetFrame(1,RGB(255,0,0))
```

黄色的改为：

```
a := 198
b := 160
SetFrame(1,RGB(255,255,0))
```

绿色的改为：

```
a := 314
b := 160
SetFrame(1,RGB(0,255,0))
```

其余的和蓝色分支的设置都相同。

（11）设置二级流程线"循环"判断图标的属性，"重复"下拉列表设置为"直到判断值为真"，在下面的文本框中输入条件：

```
angle > 2 * Pi
```

"分支"下拉列表设置为"顺序分支路径"。

（12）设置一级流程线"画奥运五环"判断图标的属性，"重复"下拉列表设置为"所有的路径"，"分支"下拉列表设置为"顺序分支路径"。

（13）保存并运行程序，可以看到如图 7-14 所示的依次画五环的动画效果。

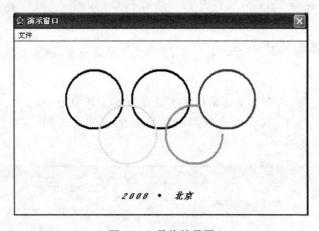

图 7-14　最终效果图

7.1.5　随机测试系统设计

（1）新建一个文件，并命名为"测试"。

（2）建立如图 7-15 所示的主流程线。

（3）双击"初始化"群组图标，其二级流程线如图 7-16 所示。在"标题"和"开始"显示图标中分别输入"请你准备好，开始测试！"和"请你输入正确结果："的提示。

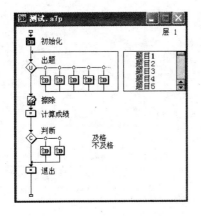

图 7-15　"测试"主流程线

图 7-16　"初始化"二级流程线

（4）判断图标"出题"的属性设置，如图 7-17 所示。

图 7-17　"出题"判断图标的属性设置

（5）双击群组图标"题目 1"，打开其二级流程线，如图 7-18
所示。

在显示图标"题目 1"中写入：

4×9

交互结构"4×9"的两个分支都采用文本交互方式。其中第一
分支的输入条件设为 36，其分支交互类型属性对话框的设置如
图 7-19 所示。

图 7-18　"题目 1"的二级
流程线

图 7-19　第二个分支交互类型属性对话框

另一分支的输入条件设为 ＊ ，其分支交互类型属性对话框的设置如图 7-20 所示。
（6）其他题目群组的设置均与以上设置类似。

图 7-20 第二个分支交互类型属性对话框

（7）在"计算成绩"计算图标中输入以下程序：

```
S := TotalScore          -- 总分数
```

（8）"判断"判断图标的属性设置如图 7-21 所示。"分支"的计算条件为 Test(s>15,1,2)，用于判断所得成绩是否大于 15，作为及格的界限，如果及格则进入第一分支，不及格进入第二分支。在第一分支"及格"群组图标中设置一个显示图标，输入"成绩{s}，祝贺你！"。在第二分支"不及格"群组图标中输入"成绩{s}，再努力！"。

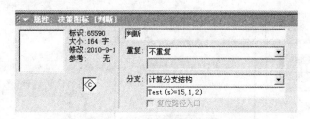

图 7-21 "判断"判断图标属性对话框

（9）保存并运行程序，由系统随机出 5 道题，之后将自动显示及格与不及格的两种提示及所得成绩。

利用判断图标还能够实现诸如自动演示的幻灯片、随机摇号等程序，巧妙地组合判断图标的各项属性，就可以实现设计程序的目的。

7.2 认识框架图标

框架图标回可以实现在多个分支之间的导航功能。它提供了丰富的导航手段，在程序设计中得到了广泛的应用。下面首先来了解一下框架图标，然后以一个具体的练习来说明它的用法。

（1）建立一个新文件，从图标工具栏上拖动一个框架图标回到流程线上，命名为"框架"。

（2）双击框架图标，出现如图 7-22 所示的框架图标内部结构。从图中可以看出内部结构由分隔线分为"进入"和"退出"两部分，通过上下拖动分隔线右边的黑色小长方形可以调整入口区和出口区的相对大小。入口区实际上是交互图标与导航图标的组合，其中交互图标是用以实现按钮交互的功能，而导航图标是用于实现分支之间的管理。导航图标在7.3 节还要讲解。出口区的设置可以在程序退出框架时引发一些事件或擦除显示对象，例如设置交互询问是否退出，或使用显示图标显示相关信息。一般情况都不对出口进行设置。

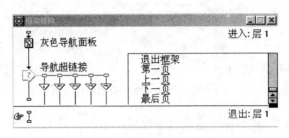

图 7-22　框架图标的流程结构

（3）运行程序，会出现一个如图 7-23 所示的导航面板。上面有 8 个按钮，可以实现向前和向后翻页、查找、退出等多种功能。

（4）结束程序运行。再拖动 5 个显示图标到框架图标右侧，并为各分支命名，形成一个框架结构，如图 7-24 所示。

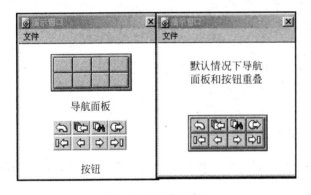

图 7-23　导航面板

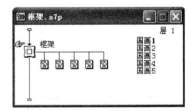

图 7-24　建立框架结构

（5）在各个分支的显示图标中分别引入适当的图片。

（6）运行程序，可以看到第一分支中的图片显示出来。但是如果演示窗口调整得比较小，导航面板可能显现不出来，因为导航面板一般是出现在 640×480 窗口的右上角。

（7）可以先放大演示窗口，调整导航面板的位置使之出现，但是一定要注意，导航面板是由 8 个按钮及面板底图组成，如果要移动，一定要全部选取，如图 7-25 所示。

（8）再次运行程序，使用导航面板，可以在各个照片之间翻页和跳转。

- 单击 按钮，会出现一个"最近的页"对话框，如图 7-26 所示。其中记录了最近

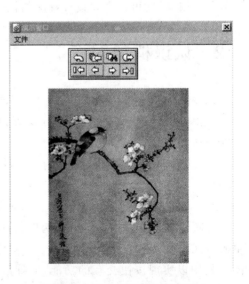

图 7-25　调整导航面板的位置

对分支页面访问的过程,双击任意分支名称,就能够跳转到相应的页面。

- 单击 按钮,就会出现一个"查找"对话框,如图7-27所示。如果需要查找某些文字内容在页面中的位置,就可以利用它来实现。

图7-26 "最近的页"对话框   图7-27 "查找"对话框

其他按钮的功能分别如下。

- ⇐ :向前翻页。
- ⇒ :一页一页向后翻页。
- ⇐ :一页一页向前翻页。
- |⇐ :跳到第一页。
- ⇒| :跳到最后一页。
- ⇨ :退出。

经过试验就会发现,这些按钮基本上能够满足对页面的管理需求,用这种方法进行页面管理,其简单和实用性是一目了然的。

当然,对程序的需求是各种各样的。例如,可能需要对导航面板的外观进行修改,删除一些不需要的按钮等。除了可以删除分支和按钮之外,还可以对按钮的外观、样式等进行修改,就像对普通按钮进行修改那样。

7.3 认识导航图标

大家一定会注意到,在框架图标中包含着许多导航图标 ▽ ,框架图标的导航功能就是利用它们来实现的。导航图标一般有两种不同的使用场合。

- 程序自动执行的转移:当把导航图标放在流程线上,程序在执行到导航图标时,自动跳转到该图标指定的目的位置。
- 交互控制的转移:使导航图标依附于交互图标,创建一个交互结构。当程序条件或用户操作满足响应条件时,自动跳转到导航图标指定位置。

下面来认识一下这个图标。

(1)建立一个新文件,拖入一个导航图标到流程线上。

(2)双击导航图标,打开导航图标属性对话框,如图7-28所示。

其中:

"目的地"是导航图标的链接目标属性,其中有5种选项,如图7-29所示。针对每种链接目标方式,导航图标又会有不同的链接属性。

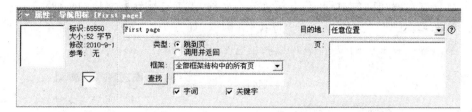

图 7-28　导航图标属性对话框

- "最近"选项：在导航图标属性对话框中设置"目的地"为"最近"选项，则出现如图 7-30 所示的链接属性。

图 7-29　"目的地"下拉列表框

"页"属性有两个选项，选择不同的选项，图标名称也会随着发生变化。

图 7-30　"最近"链接属性

- ◆ "返回"：回到当前页前面刚浏览的一页。
- ◆ "最近页列表"：选择此项，会出现一个对话框，在对话框中列出已经浏览过的页，按顺序最后浏览的页放置在窗口的最上端。如果单击某一页的名称，Authorware 会自动进入相应的页。
- "附近"选项：在导航图标属性对话框中设置"目的地"为"附近"选项，则会出现如图 7-31 所示的"附近"链接属性。

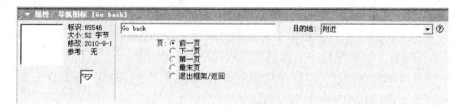

图 7-31　"附近"链接属性

"页"属性有 5 个选项。

- ◆ "前一页"：到前一页，即依附于框架图标中左边相邻的页。
- ◆ "下一页"：到下一页，即框架中右边相邻的页。
- ◆ "第一页"：到第一页，即框架中最左边的页。
- ◆ "最末页"：到最后一页，即框架中最右边的页。
- ◆ "退出框架/返回"：跳出框架。

- "任意位置"选项：在导航图标属性对话框中设置"目的地"为"任意位置"选项,则出现如图 7-32 所示的"任意位置"链接属性。

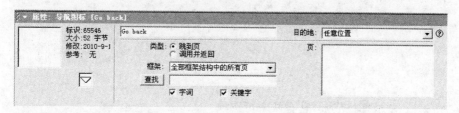

图 7-32 "任意位置"链接属性

"类型"属性有两个可选项。

◆ "跳到页"：直接跳转到设定的页面。

◆ "调用并返回"：调用设定的页面,执行完毕后返回当前位置。

"框架"、"页"：为所链接的节点页选择某个框架图标。在其后的下拉列表中可以选择一个框架图标的名称。或者在"框架"右面的下拉菜单中选择"全部框架结构中的所有页",使得文件中所有的框架图标的页按流程线上出现的顺序排列在"页"右面的列表框中,单击此页,可以建立链接。

"查找"：跳到所搜寻的词、短语或关键词所在的页。

◆ "字词"：在各页的文本实体中查询文字。

◆ "关键字"：在各页中查询关键字。

Authorware 将显示含有所查询内容的图标列表,单击图标名,即可创建与图标对应的链接关系。

- "计算"选项：在导航图标属性对话框中设置"目的地"为"计算"选项,会出现如图 7-33 所示的链接属性。

图 7-33 "计算"链接属性

"类型"：该选项与前面相同。

◆ "图标表达"：在此区域内输入一个表达式,表达式的结果就是程序要跳转的目标图标的 ID。

- "查找"选项：在导航图标属性对话框中设置"目的地"为"查找"选项,出现如图 7-34 所示的"查找"链接属性。

"类型"：与前面介绍的功能相同。

"预设文本"：输入查找的词语或者代表某一词语的变量。如果输入的是一个词而不是一个变量,必须用双引号把它括起来。

图 7-34　"查找"链接属性

"搜索"：显示查找范围，它有两个可选项。

◆ "当前框架"：限制查找范围在当前的框架中。

◆ "整个文件"：允许在整个文件中查找。

"根据"：进一步限制查找范围，它包含有两个选项。

◆ "关键字"：限制查找在框架各页的关键字中进行。

◆ "字词"：限制查找在框架各页的文本中进行。

"选项"：定义查找的属性，它包括两个选项。

◆ "立即搜索"：立即开始查找。

◆ "高亮显示"：在上下文中显示查找的词，查找到的字将被增亮。

实际上，在程序设计时一般不会直接应用导航图标。它一般是作为框架图标的一个导航元素来使用的。

7.4　超文本链接

利用框架图标和导航图标，可以实现超文本链接结构，直接利用超文本形式实现分支链接。要实现超文本形式，必须首先删除导航面板，然后定义超文本样式，最后将它应用到文本中。下面用一个简单的例子来说明超文本链接的实现。

(1) 新建一个文件，拖动一个框架图标到流程线上，命名为"超文本"，再分别拖动 3 个显示图标到框架图标右侧，建立如图 7-35 所示的框架程序结构。

(2) 在各个显示图标中导入相应的图片。

(3) 运行程序，可以看到程序画面及导航面板。当然，如果导航面板的位置不合适，可适当调整。

(4) 这里不想用导航面板来进行导航，而想使用超文本结构来实现，双击框架图标，打开框架结构，将其中的交互图标及其所有分支都删除，如图 7-36 所示。

(5) 双击显示图标 Gray Navigation Panel，打开演示窗口，删除导航面板中的底版图案，并输入文字内容，如图 7-37 所示。

(6) 从菜单栏中选择"文本"→"定义风格"选项，则屏幕上出现"定义风格"对话框，如图 7-38 所示。可以在这里修改、定义或删除文字风格。需要注意的是，只有在程序中未被使用到的文字风格才可以被删除。

(7) 单击 添加... 按钮，添加一种新的文字风格。默认的新文字风格的名称是"新样式"，修改这个名称为"钢琴"。窗口的中间部分定义了文本的字体样式，右侧部分定义了文本的交互特性,定义超文本风格的样式及特性,如图 7-38 所示。

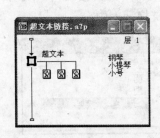

图 7-35 建立框架程序结构

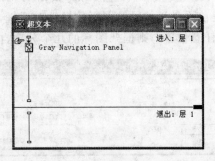

图 7-36 将其中的交互图标及其所有分支都删除

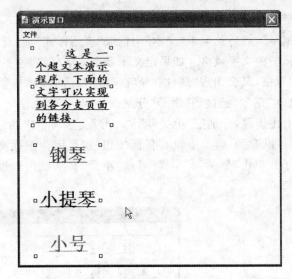

图 7-37 删除导航面板的底版图案,并输入文字内容

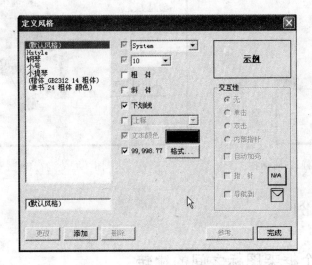

图 7-38 "定义风格"对话框

（8）单击 后面的 标志，会出现"属性：导航风格"对话框，如图 7-39 所示。它实际上就是前面讲过的导航图标的属性对话框，要求选择超文本的链接去向。从"目的"属性中选择"任意位置"，则框架图标的几个分支自动出现在链接列表中。

图 7-39　"属性：导航风格"对话框

（9）不选择具体链接目标，直接单击 确定 按钮关闭窗口。

（10）选取文字"钢琴"，然后从菜单"文本"中选取"应用样式"项，会出现一个对话框，如图 7-40 所示，要求选择一种文字风格。如果定义了多个文字风格，这里就会出现多个选项。

（11）选中"钢琴"风格，又会出现"属性：导航风格"对话框，要求选择具体的链接目标。选择"钢琴"，定义超文本"钢琴"链接到"钢琴"分支。

（12）同理，按照上述步骤，分别把"小提琴"、"小号"文字与相应的分支链接起来。

（13）运行程序。可以看到，画面上没有任何按钮（这是因为前面操作时把所有的按钮以及按钮背景都删掉了），单击"钢琴"、"小提琴"或"小号"文字就可以链接执行相应的分支内容，如图 7-41 所示。

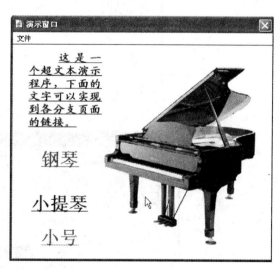

图 7-40　"应用样式"对话框

图 7-41　运行程序

7.5　综合实例

7.5.1　多个框架图标之间的跳转

制作一个图片欣赏程序，通过单击相应按钮选择不同类别的图片，还可以通过导航按钮在同类型图片间跳转。

（1）新建文件，拖放图标到流程线上，并命名，如图7-42所示。

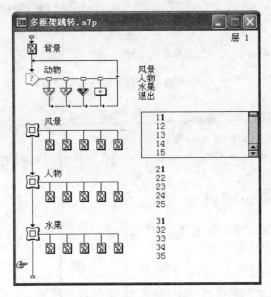

图7-42 主流程线

（2）在显示图标中插入相应的图片，设置交互按钮的样式、大小和位置，如图7-43所示。

图7-43 背景图片及交互按钮的位置

（3）设置"风景"导航图标，如图7-44所示。

（4）设置"人物"、"水果"导航图标，将"框架"下拉列表框设置为"人物"、"水果"，"页"列

图 7-44 "风景"导航图标属性对话框

表选择"21"和"31"显示图标,其他设置与"风景"导航图标相同。

(5) 在"退出"计算图标中输入函数:quit()。

(6) 保存并运行程序,通过按钮交互可以实现在三个框架结构之间跳转。

7.5.2 定时自动翻页

本例在框架图标下挂 20 个显示图标,通过改造框架图标的内部结构形成定时自动翻页的效果,就像连续播放幻灯片一样。

(1) 新建一个文件,命名为"定时自动翻页.a7p"。

(2) 拖动一个框架图标到流程线上,命名为"定时自动翻页"。

(3) 在框架图标下挂 20 个显示图标,巧妙的作法是:调整桌面上窗口的布局,让 Windows 资源管理器窗口和 Authorware 窗口各占据演示窗口的一半,并使下挂显示图标的框架图标可见。在资源管理器中同时选定 20(或更多)个图片文件,然后拖动到 Authorware 框架图标的右侧,释放鼠标稍等片刻,就生成了 20 个显示图标,并在每一个显示图标中分别导入了一个图片文件,而且这些图片在演示窗口中是自动与左上角对齐的。程序流程图如图 7-45 所示。

(4) 双击"定时自动翻页"框架图标,打开其内部结构,为交互图标增加一个条件响应并下挂一个群组图标,如图 7-46 所示。

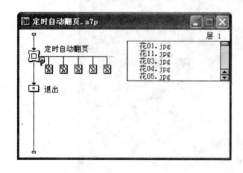

图 7-45 程序流程图

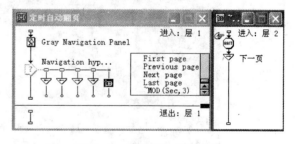

图 7-46 框架图标内部结构

(5)"～mod(sec,3)"条件响应图标的属性设置,如图 7-47 所示。

(6)"下一页"导航图标的属性设置如图 7-48 所示。

(7) 保存并运行程序,每隔 3 秒自动更换一幅画面。在自动更换时,原来的 8 个导航按钮仍然具有原来的功能。

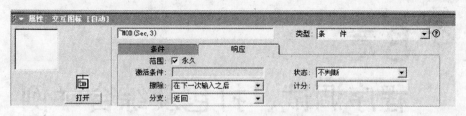

图 7-47　"～mod(sec,3)"条件响应图标属性对话框

图 7-48　"下一页"导航图标属性设置

第8章

程序调试、打包及综合举例

在实际程序的开发工作中,要想一次制作完成后就能正确运行是非常困难的。还需要进行大量的测试、查错和优化等工作,这些工作称为调试。调试工作是程序开发中的重要环节,也是提高程序容错性和保障程序流畅运行的切实可行的方法。

在程序调试完成后,需要将程序发布,使程序的运行脱离 Authorware 开发环境,一来为方便复制,二来也可将程序加密,保护知识产权。Authorware 支持两种发布的方式,一种是发布成可执行文件,在 Windows 下运行(可以以光盘为媒介传播);二是可以发布成为网络形式,可以在网络环境下运行。

最后以一个项目的制作过程为例,把前面介绍的知识综合应用起来,快速提高读者的多媒体应用和开发能力。

8.1 程序调试

8.1.1 Authorware 程序中的常见错误

Authorware 程序中的错误情况一般可能有以下几种:

- 语法错误。比如函数书写错误、括号遗漏、缺失 end if、end repeat 等。对于此类语法错误,关闭计算图标时,系统会自动提示,按照提示进行相应的修改即可修正此类错误。
- 运行错误。比如程序打包后,在运行时显示找不到 Xtras、找不到外部函数、找不到外置媒体文件等。对于此类错误,可根据 Authorware 的提示手动复制相应的文件到相应的文件夹。
- 逻辑错误。逻辑错误是指程序在执行时,不能正确地反映设计者的意图。比如错误地设置了某个响应的激活条件,造成该响应永远不可能匹配;或者在一个循环执行的决策判断分支结构中错误地设置了退出分支结构的条件,造成程序无法继续执行等。逻辑错误隐蔽性较大,不太容易检查出来。此时需要使用各种调试方法,灵活判断问题所在。

8.1.2 养成良好的设计习惯

养成良好的设计习惯可最大程序地避免在程序中出现各种错误和问题。在编写程序时付出的少量努力都可能大幅度减轻后期的调试工作量。养成良好的设计习惯，可以从以下几个方面入手。

- 程序流程模块化。在设计程序时，尽量使用群组设计图标来组合实现某一逻辑功能的多个设计图标，并给该群组图标赋予一个直观清晰的名称，这样可大大增加程序的可读性，也便于后期程序的调试工作，特别适合经过较长时间后，重新回头来调试程序。
- 分块管理程序代码。在同一个计算设计图标中尽量避免使用过多的语句。可通过建立多个计算图标，并集中放置实现同一逻辑功能的语句，有利于定位代码中出现的错误。
- 适当添加注释文字。在重要的群组图标前，或者一个功能模块前面单独设置一个计算图标，并在此图标中详细地说明模块中每个设计图标的作用及模块的功能等，这有助于调试和维护程序。在计算图标中，最好为关键性语句分别添加注释文字。
- 给图标上色。当程序较为复杂时，往往有大量不同类型的图标。按照一定的功能模块设置其颜色是一个比较好的做法，这有利于开发人员区分不同的功能模块。
- 实时跟踪变量值。通过在显示图标或交互图标中嵌入变量，可跟踪变量值。将程序中使用的关键性变量嵌入到文本对象中后，勾选对应图标的"更新显示变量"复选框，可使变量的当前值始终显示在演示窗口中，便于跟踪程序的执行。调试结束后，再从显示图标或交互图标中删除变量。

8.1.3　调试工具的使用

Authorware 本身为调试程序提供了比较完善的工具和手段。Authorware 的调试工具主要有以下两个：

1. "开始"和"结束"旗帜的使用

在设计图标面板中有两个旗帜，一个是白色的"开始"旗帜，一个是黑色的"结束"旗帜，如图 8-1 所示。

"开始"和"结束"这两个旗帜都可放在流程线上的任意位置。要使用这两个旗帜，只需要用鼠标把旗帜拖动到流程线上的相应位置即可。一旦在流程线上放置"开始"旗帜后，快捷工具栏中的 ▶（运行）图标就会变成 ▶（从开始旗帜处运行）图标。

图 8-1　开始、结束旗帜

这样，再运行程序时，程序就会从指定的"开始"位置开始运行，而不是从流程线上程序的起点开始运行。在程序执行过程中，如果遇到"结束"旗帜，程序就会结束运行。在"开始"旗帜和"结束"旗帜的辅助下，可以连续地执行作品中的一小部分，而不必每次都从程序的起点处开始执行。这在程序的开发过程中对部分内容的调试有很大帮助。如果每一次调试都从头开始运行，则要花费大量的时间来运行到修改的点。

注意：〝开始"旗帜和"结束"旗帜是 Authorware 为程序设计时所提供的工具。无论是否从流程线上去掉它们，当程序最终打包发行的时候，所有的旗帜都将被忽略。

要判断程序里是否添加了"开始"和"结束"旗帜，可以通过查看图标面板中的"开始"和

"结束"旗帜是否存在。如果不存在,就说明已经被拖到流程线上去了。如果不知道这两个旗帜被拖到了哪里,则可以单击图标面板中旗帜的相应位置,旗帜会自动回到面板中去。

2. 控制面板及跟踪窗口的使用

通过前面所讲的"开始"旗帜和"结束"旗帜可完成一些初级的程序调试工作,如果程序比较复杂,特别是对于一些复杂的交互响应和分支等,仅用"开始"和"结束"旗帜就显得远远不够。正是基于此,Authorware 提供了一个功能窗口,即跟踪窗口,通过该窗口可以非常方便地进行程序的调试。

跟踪窗口主要用来显示 Authorware 在执行程序过程中所遇到的设计按钮的相关信息。如果程序的分支结构特别复杂,或者程序执行得太快以至于很难看得清楚,跟踪窗口就可以帮助我们。

要想打开跟踪窗口,可通过"窗口"→"控制面板"菜单命令或按 Ctrl+2 键,也可以单击控制面板(如图 8-2 所示)最右边的  按钮。

沿程序流程线来跟踪 Authorware 作品时,如果遇到"等待"按钮、"交互"按钮、"框架"图标等需要输入交互响应的地方,跟踪窗口会自动停下来,等候用户与程序的交互,然后从该处继续执行跟踪任务。在跟踪窗口里有以下 6 个功能按钮。

图 8-2　控制面板

- 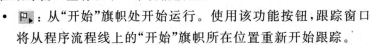：从"开始"旗帜处开始运行。使用该功能按钮,跟踪窗口将从程序流程线上的"开始"旗帜所在位置重新开始跟踪。

- ：从"开始"旗帜处重新设置跟踪窗口。如果"开始"旗帜已经放置到流程线上,则单击该功能按钮,跟踪窗口便从"开始"旗帜处重新开始跟踪。不过,此时处于暂停状态中,要重新单击控制面板中的 ▶ 按钮才会继续开始跟踪。

- ：向后执行一步。如果是一个分支结构,单击该按钮,Authorware 将执行分支结构中的所有对象,而不是一个按钮一个按钮地执行。

- ：向前执行一步。该功能按钮用于在流程线上实现精确跟踪。如果是一个分支结构按钮,单击该按钮,Authorware 将进入分支结构中,一个按钮一个按钮地执行。在使用该功能按钮时,跟踪窗口会显示所有按钮的信息。

- ：跟踪开关。该功能按钮控制跟踪信息的显示与否。

- ：显示不可见的信息。在该功能按钮打开的情况下,程序在演示窗口上可以显示某些不能显示的内容,例如目标区等。当该按钮关闭时,程序不显示这些不可见的内容。

在跟踪窗口中,会具体显示出当前正要被执行的图标名称,可以根据该区域的内容来判断当前程序执行到流程线上的位置。最下方的区域是已经执行过图标的信息,这些信息由三部分构成：Number、Class、Title。

- Number 表示该图标在程序流程线上的级别。最先的流程线级别为"1"。通过该信息,可以定位该设计图标在流程线上的层次。

- Class 表示该图标所属的类别缩写。Authorware 中图标类型名称及其缩写,如表 8-1 所示。

- Title 表示该图标的标题。

表 8-1　Authorware 中图标类型名称及其缩写

图 标 类 型	缩　　写	图 标 类 型	缩　　写
显示图标	DIS	决策图标	DES
移动图标	MTN	交互图标	INT
擦除图标	ERS	计算图标	CLC
等待图标	WAT	群组图标	MAP
导航图标	NAV	数字化电影图标	MOV
框架图标	FRM	声音图标	SND

在跟踪窗口中,除了可以跟踪程序的流程外,还可以跟踪变量。跟踪变量的过程比跟踪图标的过程要复杂得多。在实际的程序设计和调试过程中,由于变量的赋值而产生的错误是导致程序错误的一大主要原因,因此在程序的调试过程中要注意变量的赋值。

有一个函数是专门用来在跟踪窗口中跟踪变更的值的,这个函数就是 Trace 函数。其语法格式为:Trace("string")。

Trace 函数的作用就是将需要在跟踪窗口中显示的变量值在跟踪窗口中显示出来。使用的方法是,在预期要发生变量值变化的地方放置一个计算图标,在计算图标中输入 Trace 函数,当应用程序运行到该设计按钮后,Authorware 不会对程序结果产生任何影响,只是将该 Trace 中变量值的信息在跟踪窗口中显示出来。很显然,如果要多次跟踪变量的值,就需要添加多个计算图标。

除了用上述方法来跟踪变量的值以外,在前面也曾讲过,可在显示图标或交互图标的演示窗口里输入"{变量名}"的方法来动态跟踪变更的值(注意勾选"更新显示变量"复选框)。

8.2　项目发布和文件打包

开发多媒体作品的最终目的,是让更多的用户使用它,这就需要将可编辑的源文件变成可以在某些系统下运行并且不可编辑的应用程序。从源文件得到应用程序的过程叫做程序的发布。Authorware 7.0 的一键发布功能,可一次同时发布为.exe(或.a7r)文件、.aam 文件(适用于网络播放)、.htm 文件。

8.2.1　发布设置

选择菜单命令"文件"→"发布"→"发布设置"(或按 Ctrl＋F12 键)即可打开"一键发布"对话框,如图 8-3 所示。

其中对话框中各选项卡的含义如下。

1."格式"选项卡

- "指针或库":是将要发布的文件的完整路径名,默认选项为当前打开的文件,如果希望发布其他文件,可以单击右侧的 ▦ 按钮,从弹出的"打开文件"对话框中选择路径及文件。
- "发布到 CD,局域网,本地硬盘"区域:

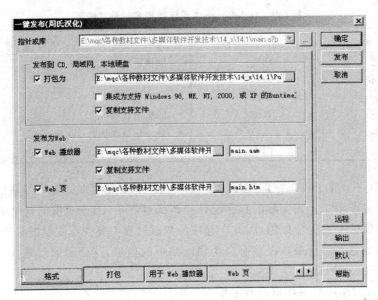

图 8-3 "一键发布"对话框

◆ "打包为"复选框：该项用来设定打包后文件要保存的位置，如要修改保存的位置，可以单击右侧的▓▓按钮，从出现的 Package File As 对话框中选择位置，设置文件名，如图 8-4 所示。

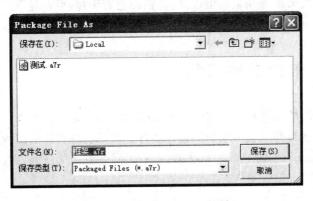

图 8-4 Package File As 对话框

◆ "集成为支持 Windows 98，ME，NT，2000，或 XP 的 Runtime 文件"复选框：选中此项后，打包后将生成.exe 可执行文件，可以单独运行于 Windows 系统环境下。如果没有选择此项，则输出文件是一个.a7r 文件，此文件不能直接执行，需要先执行 Authorware 提供的运行时间库文件 runa7w32.exe，然后在其中打开.a7r文件。

◆ "复制支持文件"复选框：选中此项后，会将程序中用到的所有支持文件自动打包。比如，建立一个 Xtras 文件夹，将所有用到的 Xtras 文件放入其中。
在"发布为 Web"区域中，可以设置网络发布的文件存储路径及文件名。

◆ "Web 播放器"复选框：选中此项，则发布的应用程序可以使用 Authorware 的网络播放程序进行播放,其后缀为.aam。

◆ "Web 页"复选框:选中此项,则将发布一个网页应用文件,其后缀为.htm。

提示:.aam 文件可以直接在浏览器中查看,也可嵌入到网页中去,但前提条件都要先安装 Authorware Web Player,可以到 Macromedia 官方网站去在线安装。地址是:http://www.macromedia.com/shockwave/download/index.cgi?P1_Prod_Version=ShockwaveAuthorware,单击 Install Now 按钮即可,当看到演示动画开始播放时,表示 Authorware Web Player 已经成功安装。

2. "打包"选项卡

在"打包"选项卡中可以设置一些打包时的属性,如图 8-5 所示。

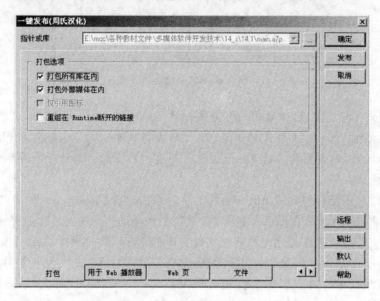

图 8-5　选择"打包"选项卡

各选项的含义如下:

- "打包所有库在内"复选框:将所有的库文件打包到可执行文件中,有利于防止因为链接不当而产生的错误,但可能会使文件变得过大。
- "打包外部媒体在内"复选框:将把外部媒体文件打包到程序中。
- "仅引用图标"复选框:只打包与文件相关联的图标,忽略无关的图标,可减小文件的大小。
- "重组在 Runtime 断开的链接"复选框:选中该项,Authorware 会在运行程序时自动重新链接已经断开链接的关联图标,使程序可以正常运行。

3. "文件"选项卡

"文件"选项卡是用来设置打包生成的文件,如图 8-6 所示。

在上方的文件列表框中显示了全部的打包文件,单击任意文件,将在下方的本地栏显示相应的信息。如果在列表中还有需要的文件没有显示出来,可通过"加入文件"按钮来增加文件。

图 8-6 "文件"选项卡

注意：在文件标签中，很重要的一部分文件就是 Authorware 的 Xtras 文件。下面单独说一说 Xtras 文件。Xtras 文件是 Authorware 的支持文件。比如，要在 Authorware 中显示图片或显示特效，都需要相应的 Xtras 文件。还有一些 Xtras 文件是外部插件，可实现一些特殊的功能。

Xtras 文件是不能打包到 Authorware 文件中去的，但 Authorware 程序的运行又必须有 Xtras 文件的支持，所以在作品打包时，必须带上相应的 Xtras 文件才能保证程序的正常运行。Xtras 文件必须放在程序文件所在文件夹下的 Xtras 文件夹中。Authorware 的项目发布功能可自动发布大多数 Xtras 文件，但仍然会有少部分 Xtras 文件不能自动发布，此时就需要手动复制这些文件。所有的打包文件都需要 Mix32. x32、MixView. x32、Viewsvc. x32 这三个文件的支持。各种类型文件打包时所需要的 Xtras 文件，如表 8-2 所示。这些文件都可以在 Authorware 安装目录或安装目录的 Xtras 文件夹下找到。

表 8-2 各种类型文件打包时所需要的 Xtras 文件

图像文件所需的 Xtras			
图 像 格 式	所 需 文 件	图 像 格 式	所 需 文 件
BMP	Bmpview. x32	TIF	Tiffimp. x32
GIF	Gifimp. x32	DIB	Bmpview. x32
JPEG	Jpegimp. x32	RLE	Bmpview. x32
EMF	Emfview. x32	EnhMetafile	Emfview. x32
LRG	Lrgimp. x32	JPG	Jpegimp. x32
PICT	Pictview. x32	PCT	Pictview. x32
PNG	Pngimp. x32	TIFF	Tiffimp. x32
Photoshop	Ps3imp. x32	WMF	Wmfview. x32
TGA	Targaimp. x32	MetafilePic	Wmfview. x32

续表

声音文件所需的 Xtras	
声 音 格 式	所 需 文 件
PCM	Pcmread. x32
SWA	Swaread. x32、Swadcmpr. x32
VOX	Voxread. x32、Voxdcmp. x32、Mvoice. x32、Vct32161. dll
Wave	Waveread. x32
AIF	Aiffread. x32、Ima4dcmp. x32、Macedcmp. x32
AIFF	Aiffread. x32、Ima4dcmp. x32、Macedcmp. x32
MP3	Awmp3. x32、Swadcmpr. x32
未压缩格式	A3sread. x32

电影文件所需的 Xtras	
电 影 格 式	所 需 文 件
AVI	A7vfm32. xmo
MPG	A7mpeg32. xmo
SWF	FlashAsset. x32
MOV	QuicktimeAsset. x32
Director	A7dir32. xmo
QuictTime	A7qt32. xmo

4. "用于 Web 播放器"选项卡

在很多情况下,需要以网页格式发布 Authorware 作品,例如在 Internet 和局域网中浏览和运行。此时可进入"用于 Web 播放器"选项卡,如图 8-7 所示。

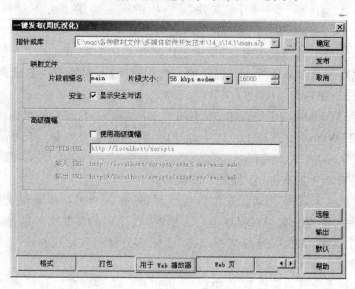

图 8-7 "用于 Web 播放器"选项卡

"片段大小"默认为 16KB,可根据网络环境选择相应的大小。如果该片段设置过小,则会产生很多的片段文件(.ass 文件)。打包后 Web 播放器文件是.aam 文件,还有一个.html网页文件。在计算机中安装好 Authorware Web Player 后,就可在 IE 浏览器中打开发布的.aam 文件,查看运行是否正常。

8.2.2 打包发布

单击"一键发布"对话框右侧的 发布 按钮,
Authorware 将开始对文件进行打包,打包完毕后,
出现发布完毕对话框,如图 8-8 所示。

单击 确定 按钮,完成发布;单击 预览 按钮,
预览发布的程序;单击 细节>> 按钮,将显示发布的
详细信息。

图 8-8　发布完毕对话框

8.2.3 文件打包

虽然 Authorware 7.0 的一键发布有强大的功能,但如果只想将源程序(包括库文件)打

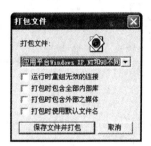

图 8-9　"打包文件"对话框

包为一种脱离编辑环境并能独立运行的程序,也可考虑使用 Authorware 的打包功能。

可以将源程序及它的库文件打包在一起,下面是具体的操作过程。

(1)打开需打包的源程序,选择菜单命令"文件"→"发布"→"打包",弹出"打包文件"对话框,如图 8-9 所示。

其中对话框中各个选项的意义和用法如下:

"打包文件":本项的图标将随下方下拉列表的选项而变化,下拉列表中的选项说明如下。

* 无需 Runtime:选择此项时,必须保证计算机上有 Authorware 7.0 的 Runtime 应用程序,该程序是用来运行.a7r 程序的。选中该项后,对话框中显示两个图标。打包后的文件扩展名为.a7r。
* 应用平台 Windows XP,NT 和 98 不同:选中此项后,打包后的多媒体程序就可以单独运行于 Windows 系统下。选中此项时,只显示一个图标,打包后的文件扩展名为.exe。

对话框中另有 4 个复选框,分别介绍如下:

* "运行时重组无效的连接":在编辑程序时,每放一个图标到流程线上,系统都会自动记录相关数据。如果对程序进行了修改,程序中的某些图标链接就会断开,为了避免产生这种问题,可选择该项,只要图标的类型和名称没有改变,Authorware 就可以恢复它们的链接关系。
* "打包时包含全部内部库":选中此项,可以将所有与程序链接的库文件打包在一个文件中。
* "打包时包含外部之媒体":选中此项,可以将所有外部媒体打包在一个文件中,但

不包括.avi 等外部电影。

- "打包时使用默认文件名"：选中此项，打包后的文件将自动以其源文件的名称命名生成一个同名的可执行文件，并放置在同一个文件夹下。

（2）设置完成后，单击"保存文件并打包"按钮，Authorware 开始打包程序。打包结束后会产生一个.exe 可执行文件。

提示：如果没有选中"打包时使用外部文件名"复选框时，将出现"打包文件为"对话框，要选择打包后程序的位置并给打包文件起名，如图 8-10 所示。

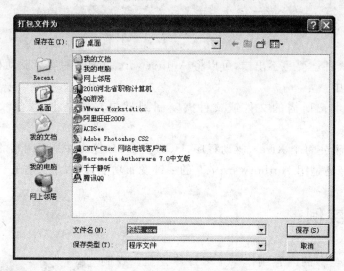

图 8-10 "打包文件为"对话框

（3）双击.exe 文件，就可以脱离 Authorware 环境直接执行了。

但有的时候程序并不能正常运行，这时就应该做好打包之后的工作。

如果将打包的文件保存到新建的文件夹中或复制到别的计算机上，程序运行可能不会正常，因为要运行程序，不但需要主程序及库文件，还应该包括一些相关文件。

在制作比较大型的多媒体作品时，一般是将媒体文件（如图片、数字电影、声音等）作为外部文件放在主程序的子目录中，有的程序还包含数据库文件，它们与主程序有链接关系，但没有打包到主程序中，如果打包的主程序移动了位置，它们也要与之形影不离。

当程序中运用了外部的过渡效果，打包程序的运行就离不开 Xtras 目录下的相关过渡文件。另外，如果程序中插入了多种格式的图片、GIF 动画、Flash 动画等，也要用到 Xtras，最保险的方法是将 Authorware 程序中的整个 Xtras 目录全部复制，放在与可执行文件相同的文件夹下。在 Authorware 7.0 中还有一个新功能，可自动查找程序中用到的 Xtras，方法是选择菜单命令"命令"→"查找 Xtras"，在出现的 Find Xtras 对话框中单击 查找 按钮，即开始查找当前编辑程序中的所有 Xtras，如图 8-11 所示。然后单击 复制 按钮，在弹出的"浏览文件夹"对话框中选择与.exe 文件所在的文件夹，单击 确定 按钮，自动将 Xtras 插件复制到.exe 程序所在的文件夹下，然后关闭 Find Xtras 对话框即可。

如果在程序中使用了.avi、.mpg 等格式的电影文件，在同一目录下还应包含扩展名为.xmo的电影驱动程序文件。另外，程序中如果使用了多媒体扩展函数，在根目录下还要

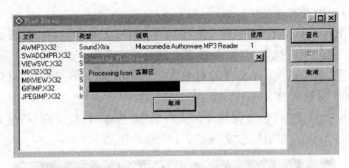

图 8-11　Find Xtras 对话框

有相应的 .ucd 文件。要想不出错,可以将 Authorware 目录下的所有驱动程序复制到主程序的同一文件夹中。

按上面的要求把所需的文件或文件夹复制到打包文件夹中,.exe 文件就可顺利运行了。

要想弄清并记住每个 Xtras、驱动程序、UCD 及 DLL 等文件是很困难的,从这个角度来说,打包作品最好还是用 Authorware 7.0 的一键发布功能,既省事又省心。

8.3　综合实例

本实例综合全书的内容制作一个多媒体光盘。在制作过程中,综合运用了图像与文本处理、声音与视频的处理、制作动画效果、实现人机交互、判断与导航结构、变量与函数等。通过本例的制作,可以对 Authorware 的实用技术融会贯通,从而提高设计水平。该主界面的程序流程如图 8-12 所示。具体的制作过程如下。

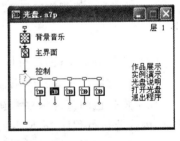

图 8-12　程序流程图

1. 主界面

(1)建立一个新文件,将文件保存为“光盘.a7p”。

(2)选择菜单中的“文件”→“修改”→“属性”,打开“属性:文件”面板,设置“大小”为 1024×768,背景色为黑色,其他选项设置如图 8-13 所示。

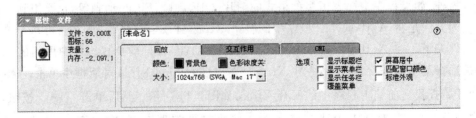

图 8-13　“文件:属性”面板

(3)在流程线上添加一个计算图标,命名为“遮屏”。单击工具栏中的 ⬚ 按钮,打开“函数”面板,在“分类”下拉列表中选择“光盘.a7p”,如图 8-14 所示。

（4）单击"载入"按钮，在弹出的"加载函数"对话框中选择本章"素材"文件夹中的
"COVER. U32"文件，如图 8-15 所示。

图 8-14　"函数"面板　　　　　　　　　　图 8-15　"加载函数"对话框

（5）单击"打开"按钮，弹出"自定义函数在 COVER. U32"对话框，按住 Ctrl 键的同时在
"名称"列表中单击 Cover 和 Uncover，同时选择
它们，如图 8-16 所示。单击"载入"按钮，则选中
的函数被载入到当前程序中。

（6）用同样的方法，载入 Authorware 安装目
录中 WINAPI. U32 中的 BringWindowToTop（）外
部函数。

（7）双击"遮屏"计算图标，在打开的计算窗
口中输入如图 8-17 所示的语句后关闭窗口。

（8）单击菜单栏中的"插入"→Tabuleiro
Xtras→DirectMediaXtras 命令，则弹出"Direct
MediaXtras 属性"对话框。

（9）单击对话框中的"浏览文件"按钮，在弹
出的"打开"对话框中选择本章"素材"文件夹中
的 default. mp3 文件，作为背景音乐。然后在对话框中设置选项，如图 8-18 所示。

图 8-16　"自定义函数在 COVER. U32"对话框

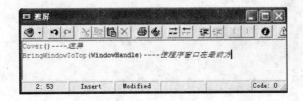

图 8-17　"遮屏"计算窗口

图 8-18　DirectMediaXtras 属性

（10）单击"确定"按钮，则在流程线上添加了一个 DirectMediaXtras 图标，将其命名为"背景音乐"。

提示：DirectMediaXtras 是一款非常优秀的 Sprite Xtras。Sprite Xtras 可以用计算图标进行控制，而且属性也可以通过脚本指定，就像 Authorware 中的内置媒体文件一样。

（11）在"背景音乐"图标的下方添加一个显示图标，命名为"主界面"。

（12）双击"主界面"图标，在打开的演示窗口中导入本章"素材"文件夹中的"主界面.JPG"图片，作为光盘的运行界面，如图 8-19 所示。

图 8-19　光盘的运行界面

（13）单击菜单栏中的"调试"→"停止"命令，关闭演示窗口。

（14）选择"主界面"图标，在"属性：显示图标"面板中设置选项，如图 8-20 所示，防止界面被自动擦除。

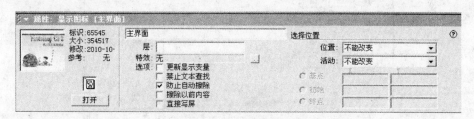

图 8-20　"主界面"显示图标属性

（15）在"主界面"图标的下方添加一个交互图标，命名为"控制"。

（16）在"控制"交互图标的右侧添加一个群组图标，在弹出的"交互类型"对话框中选择按钮交互。

（17）单击"确定"按钮，将群组图标命名为"作品展示"。

（18）双击"作品展示"分支的交互类型标记，在弹出的"属性：交互图标"面板中设置"响应"选项卡中的选项，如图 8-21 所示。然后切换到"按钮"选项卡，设置光标为"手形"。

图 8-21　"作品展示"交互图标属性

（19）在"作品展示"图标的右侧再添加 4 个群组图标，分别命名为"实例演示"、"光盘说明"、"打开光盘"和"退出程序"，则新生成的 4 个分支将自动继承前一个分支的属性。

（20）双击"作品展示"分支的交互类型标记，在"属性：交互图标"面板中单击 ▢按钮▢ 按钮，则弹出"按钮"对话框，如图 8-22 所示。

（21）单击"添加"按钮，则弹出"按钮编辑"对话框，如图 8-23 所示。

（22）在"按钮编辑"对话框左侧选择"常规"列中的"未按"按钮后，单击"图案"选项右侧的"导入"按钮，在弹出的"导入哪个文件"对话框中导入本章"素材"文件夹中的"作品展示 1.jpg"文件。

（23）用同样的方法，依次选择"常规"列中的"按下"和"在上"按钮，分别导入本章"素材"文件夹中的"作品展示 2.jpg"文件，并在"在上"按钮状态下，导入本章"素材"文

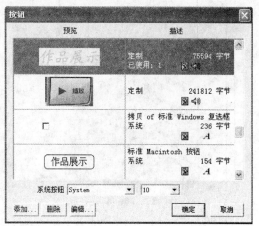

图 8-22　"按钮"对话框

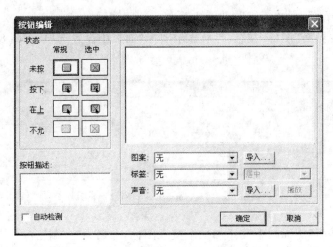

图 8-23　"按钮编辑"对话框

件夹中的"ding.wav"文件。

(24) 依次单击"确定"按钮关闭对话框,则用自定义的按钮取代了默认状态的按钮。

(25) 用同样的方法,分别将"实例演示"、"光盘说明"、"打开光盘"和"退出程序"按钮也设置为自定义按钮,对应的按钮样式在本章"素材"文件夹下分别为"实例演示 1.jpg"、"实例演示 2.jpg"、"光盘说明 1.jpg"、"光盘说明 2.jpg"、"打开光盘 1.jpg"、"打开光盘 2.jpg"、"退出 1.jpg"、"退出 2.jpg"。

(26) 在演示窗口中调整按钮至合适的位置,效果如图 8-24 所示。

图 8-24　布局界面效果

（27）至此完成了主流程线的设计，如图 8-25 所示。

2."作品展示"分支的制作

（1）接上例。双击"作品展示"群组图标，打开二级设计窗口。

（2）在二级流程线上添加一个显示图标，命名为"背景"。

（3）双击"背景"图标，打开演示窗口，导入本章"素材"文件夹中的"作品展示界面.jpg"图片，如图 8-26 所示。

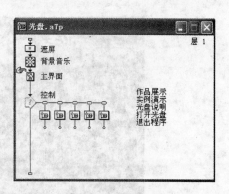

图 8-25　主流程线窗口

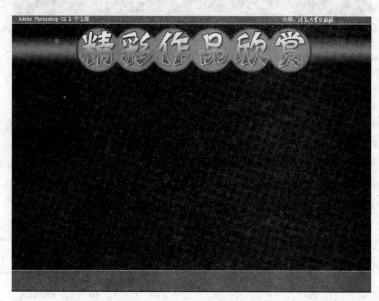

图 8-26　"作品展示界面"图片

（4）选择"背景"图标，在"属性：显示图标"面板中选择"防止自动擦除"复选框。单击"特效"右侧的按钮，在弹出的"特效方式"对话框中选择如图 8-27 所示的特效方式。

（5）在"背景"显示图标下方添加一个显示图标，命名为"角标"，并在其演示窗口中，导入本章"素材"文件夹中的"作品展示角标.png"图片，将其设置为"阿尔法模式"，调整图片的位置，如图 8-28 所示。

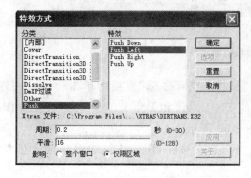

图 8-27　特效方式

（6）选择"角标"图标，在"属性：显示图标"面板中选择"防止自动擦除"复选框。单击"特效"右侧的按钮，在弹出的"特效方式"对话框中选择如图 8-29 所示的特效方式。

（7）在"角标"图标的下方添加一个交互图标，命名为"选择"。并在其右侧添加一个群组图

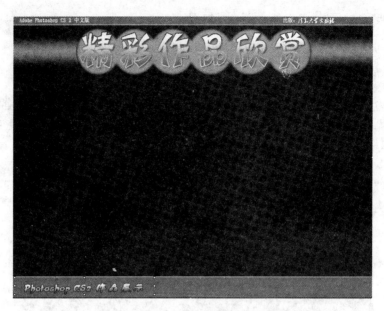

图 8-28　设置图片"阿尔法模式"及位置

标,在弹出的"交互类型"对话框中选择"按钮"类型并确认,将图标命名为"作品 1"。

(8) 双击"作品 1"分支的交互类型标记,在弹出的"属性:交互图标"面板中设置"响应"选项卡中的选项,如图 8-30 所示。然后切换到"按钮"选项卡,设置光标为"手形"。

(9) 在"作品 1"图标的右侧再添加 6 个群组图标,分别命名为"作品 2"~"作品 6"和"返回",则新生成的分支将自动继承前一个分支的属性,如图 8-31 所示。

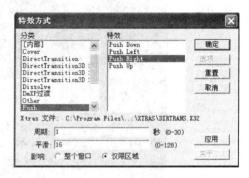

图 8-29　特效方式

图 8-30　"作品 1"交互图标属性

(10) 双击"作品 1"分支的交互类型标记,在"属性:交互图标"面板中单击 按钮… 按钮。参照前面的方法,使用本章"素材"文件夹中的 BN_1. gif 和 BN_1-OVER. gif 作为"作品 1"按钮的"未按"、"按下"和"在上"的状态,如图 8-32 所示。

(11) 用同样的方法,将其他几个按钮也更改为自定义按钮,用作按钮的图片存放在本章"素材"文件夹中。

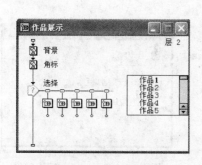

图 8-31 添加群组图标

图 8-32 自定义按钮不同状态的图片

（12）在演示窗口中调整各个按钮的位置，如图 8-33 所示。

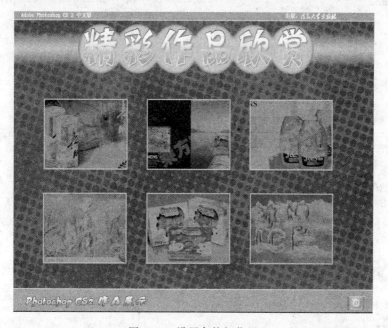

图 8-33 设置各按钮位置

（13）双击"作品 1"群组图标，打开三级设计窗口。在三级流程线上添加一个显示图标，命名为"显示作品 1"，双击该图标，打开演示窗口，导入本章"素材"文件夹中的"作品 1.jpg"图片，调整其位置。

（14）选择"显示作品 1"图标，在"属性：显示图标"面板中单击"特效"右侧的按钮，在弹出的"特效方式"对话框中选择如图 8-34 所示的特效方式。

（15）在"显示作品 1"图标的下方添加一个交互图标，再向交互图标的右侧添加一个擦除图标，在弹出的"交互类型"对话框中选择"条件"选项并确认，将图标命名为 MouseDown，此时的程序流程图如图 8-35 所示。

（16）双击 MouseDown 分支的交互类型标志，在弹出的"属性：交互图标"面板中设置选项，如图 8-36 所示。

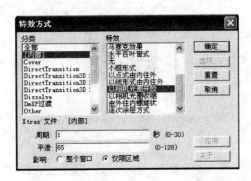

图 8-34 "特效方式"对话框

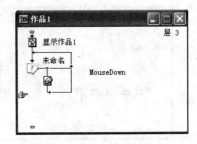

图 8-35 "显示作品 1"流程图

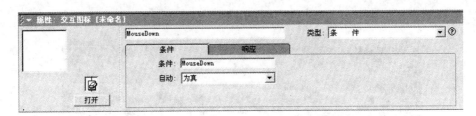

图 8-36 交互图标属性

（17）在三级设计窗口中，将"显示作品 1"图标拖动到 MouseDown 擦除图标上。这样就建立了擦除链接，即擦除图标会擦除"作品 1"。

（18）在 MouseDown 擦除图标上右击，从弹出的快捷菜单中选择"特效"命令，选择如图 8-37 所示的特效方式，即设置了擦除过渡特效。

（19）选择三级流程线上的所有图标，如图 8-38 所示。然后按 Ctrl＋C 键复制选择的图标。

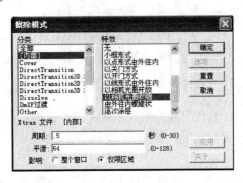

图 8-37 特效方式

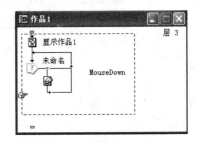

图 8-38 选择流程线上的图标

（20）依次打开"作品 2"～"作品 6"三级设计窗口，按下 Ctrl＋V 键，粘贴复制的图标，然后分别将对应的显示图标改名为"显示作品 2"～"显示作品 6"，并从"素材"文件夹中导入相应的作品。

（21）双击二级流程线上的"返回"群组图标，打开三级设计窗口，在三级流程线上添加一个计算图标，命名为"回主页"。

（22）双击"回主页"图标，在打开的计算窗口中输入如图 8-39 所示的语句后关闭计算窗口。至此就完成了"作品展示"分支的制作。

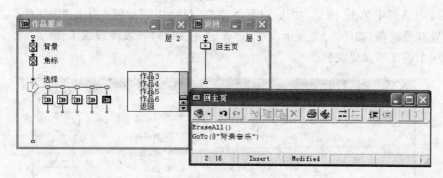

图 8-39　输入"回主页"语句

3. "实例演示"分支的制作

(1) 接上例。双击"课堂实录"群组图标,打开二级设计窗口。

(2) 在二级流程线上添加一个显示图标,命名为"背景2"。双击该图标,打开演示窗口,导入本章"素材"文件夹中的"界面2.jpg"图片。并在"属性:显示图标"面板中选中"防止自动擦除"复选框。

(3) 在"背景2"显示图标的下方添加一个显示图标,命名为"遮罩",双击该图标,打开演示窗口,导入本章"素材"文件夹中的"界面底.jpg"图片。并调整其位置,使其位于窗口的下方。并在"属性:显示图标"面板中选中"防止自动擦除"复选框。

(4) 单击菜单栏中的"调试"→"停止"命令,关闭演示窗口。

(5) 在"遮罩"图标的下方添加一个交互图标,命名为"选择2"。选择该图标,在"属性:交互图标"面板中设置选项"层"为3。

(6) 在"选择2"图标的右侧添加一个群组图标,在弹出的"交互类型"对话框中选择"热区域"交互,将图标命名为"电影剪辑制作"。

(7) 在"选择2"图标的右侧再添加7个群组图标,分别命名为"放射光线字"、"贺卡制作"、"弧线文字"、"薯片包装袋"、"砖墙字"、"足球"、"制作大头贴",此时的流程线如图8-40所示。

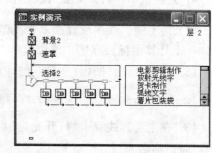

图 8-40　流程线

(8) 双击"遮罩"图标,在按住 Shift 键的同时双击"选择2"交互图标,在打开的演示窗口中分别调整热区域的位置,使它们覆盖在相应的标题上,如图8-41所示。

图 8-41　调整"热区域"的位置

(9) 分别双击每个分支的交互类型标记,在"属性:交互图标"面板中设置光标为"手形"。

(10) 双击"电影剪辑制作"群组图标,进入三级设计窗口。

（11）单击菜单栏中的"插入"→"媒体"→Flash Movie 命令，在弹出的 Flash Asset Properties 对话框中单击"浏览"按钮，选择本章"素材\SWF"文件夹中的"电影剪辑.swf"文件，并设置其他选项，如图 8-42 所示。单击"确定"按钮，向三级流程线上插入一个 Flash 文件，这是一个讲课的录屏文件。

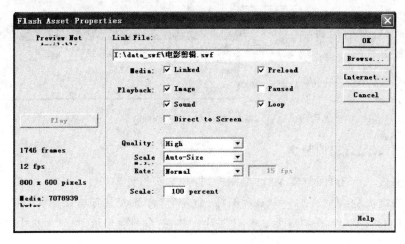

图 8-42　"Flash Asset Properties"对话框

（12）用同样的方法，分别向其他几个交互分支的群组图标中插入相应的 Flash 文件。

（13）在主流程线上打开"作品展示"二级设计窗口，选择其中的"返回"分支，按下 Ctrl+C 键复制该分支，然后打开"实例演示"二级设计窗口，将"返回"分支粘贴到"选择 2"交互图标的右侧。

4．光盘说明和打开光盘分支的制作

（1）接上例。在主流程线双击"光盘说明"群组图标，打开二级设计窗口。在流程线上添加一个计算图标，命名为"读取"。

（2）双击"读取"图标，在打开的计算窗口中输入如下语句：

```
JumpOutReturn("notepad.exe",FileLocation^"说明.txt")
```

（3）在主流程线双击"打开光盘"群组图标，打开二级设计窗口。在流程线上添加一个计算图标，命名为"打开"。

（4）双击"打开"图标，在打开的计算窗口中输入如下语句：

```
JumpOutReturn("explorer.exe",FileLocation^".","")
```

5．退出程序分支的制作

（1）接上例。双击主流程线上的"退出程序"群组图标，打开二级设计窗口。添加一个计算图标，命名为"全擦"。在打开的计算窗口中输入 EraseAll()语句后关闭。

（2）在"全擦"图标的下方添加一个声音图标，命名为"退出音乐"。导入"素材"文件夹中的 music.wav 声音文件，作为退出光盘时的音乐。在"属性：声音图标"面板中"计时"选项卡设置如图 8-43 所示。

图 8-43 "声音"图标属性

（3）添加一个显示图标，命名为"字幕"。并导入本章"素材"文件夹中的"工作人员.jpg"图片，调整其位置至演示窗口的下方。

（4）在"字幕"图标的下方添加一个移动图标，命名为"移动"。

（5）双击"移动"图标，打开移动图标属性面板，在"类型"下拉列表中选择"指向固定点"动画类型，单击演示窗口中的字幕，拖动运动对象，然后垂直向上拖动字幕至合适位置，并设置属性面板中的选项，如图 8-44 所示。

图 8-44 "移动"图标属性

（6）拖一个等待图标，命名为"停 5 秒"。选择该图标，在其属性面板中设置选项如图 8-45所示。

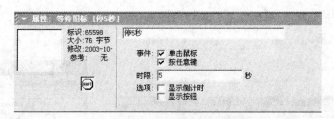

图 8-45 "等待"图标属性

（7）再拖一个计算图标，命名为"关闭"。双击该图标，在打开的计算窗口中输入下列语句：

```
Uncover()
Quit()
```

至此，"退出程序"分支制作完毕，程序流程如图 8-46 所示。

（8）保存程序。

6. 程序打包与发布

（1）由于在该光盘程序中，以链接的形式使用了程序所在文件夹下的\swf 下的.swf 文件,故要在"文件:属性"面板中设置"搜索路径"为".\swf"。

（2）单击菜单栏中的"文件"→"发布"→"打包"命令,在弹出的"打包文件"对话框中设置选项如图 8-47 所示。

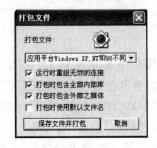

　　　　图 8-46　"退出程序"流程线　　　　　　　　图 8-47　"打包文件"对话框

（3）单击 保存文件并打包 按钮,在弹出的"打包文件为"对话框中选择文件的保存位置,并为文件命名为"光盘.exe"。

（4）单击 保存(S) 按钮,将出现打包进度条,进度条消失后,则完成了打包操作。这时,会在指定的目录下出现一个可执行程序"光盘.exe"。

（5）双击"光盘.exe"文件运行该程序,结果发现程序不能正常运行。这是由于程序的运行需要一些 Xtras 插件的支持,还有程序中用到的外部函数、以链接形式存在的外部素材文件等。

（6）单击菜单栏中的"命令"→"查找 Xtras"命令,在弹出的 Find Xtras 对话框中单击 查找 按钮,则显示出了程序中涉及的所有 Xtras,如图 8-48 所示。

（7）单击 复制 按钮,在弹出的"浏览文件夹"对话框中选择"光盘.exe"程序所在的文件夹,如图 8-49 所示。

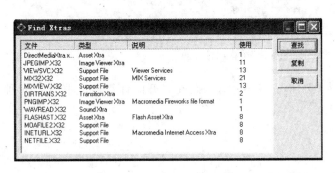

　　　图 8-48　Find Xtras 对话框　　　　　　　　　图 8-49　"浏览文件夹"对话框

（8）单击 确定 按钮,将 Xtras 插件复制到"光盘.exe"程序所在的文件夹下,然后关闭 Find Xtras 对话框。

（9）单击菜单栏中的"文件"→"发布"→"发布设置"命令,在弹出的"一键发布"对话框中选择"文件"选项卡,从中查找程序中用到的 UCD、DLL 等文件,将它们复制到可执行程序"光盘.exe"所在的文件夹下。

(10)单击 确定 按钮,关闭对话框。这样就完成了光盘的发布。本例光盘的结构如图 8-50 所示。

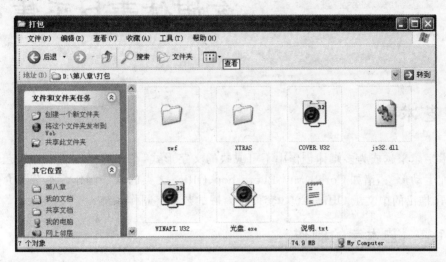

图 8-50　本例光盘结构

(11)为了使光盘能够自动运行,要在"光盘.exe"所在的文件夹下建立一个文本文件,输入如下内容:

```
[autorun]
Open = 光盘.exe
```

(12)将该文件以"autorun.inf"文件名保存在光盘的根目录下。

(13)使用刻录机将该程序刻录到光盘上,一个自运行的多媒体程序就完成了。

该实例讲述了一个多媒体光盘示范程序的制作,并且介绍了制作光盘的一般流程与打包技术。Authorware 的实用领域很多,并不局限在光盘的制作方面,这里主要是通过这样一个典型的实例加深对 Authroware 的认识与理解,巩固前面的知识,并能在实际操作中灵活地运用这些技术。

第 9 章

多媒体素材采集

9.1 艺术字

艺术字越来越成为多媒体创作中不可或缺的文字形式,在多媒体作品中加入艺术字使作品更加生动形象,诸如 CorelDraw、Photoshop、Office 之类的软件制作。本节将介绍的是 Microsoft 推出的中文版 Office 2003 套件中内嵌的艺术字制作系统。

9.1.1 艺术字的制作

(1) 启动 Microsoft 中文版 Word 2003 或演示文稿创作软件 PowerPoint 2003 之后,执行菜单命令"插入"→"图片"→"艺术字",或单击"绘图"工具栏中的"插入艺术字"按钮 ,此时将显示"艺术字库"对话框,如图 9-1 所示。

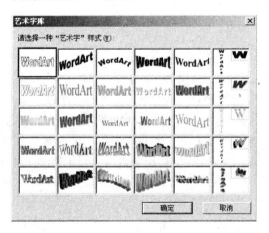

图 9-1 "艺术字库"对话框

(2) 在"艺术字库"对话框中,双击其中一个方框选择所需的艺术字样式,或单击该方框,然后单击"确定"按钮,打开"编辑'艺术字'文字"对话框,如图 9-2 所示。

(3) 在该对话框中输入文本,选择合适的"字体"以及"字号",需要时还可单击"加粗"和"倾斜"按钮。完成上述操作后,单击"确定"按钮。

(4) 编辑界面中将出现插入的艺术字图形对象,该对象含有特别格式化的文本。伴随着还生成一个浮动的"艺术字"处理工具框,用于对艺术字进行进一步加工,如图 9-3 所示。

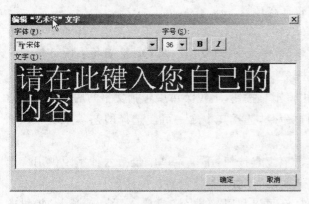

图 9-2 "编辑"艺术字"文字"对话框　　　　图 9-3 "艺术字"处理工具框

9.1.2 艺术字的处理

对艺术字的进一步处理可使用的"艺术字"处理工具栏所列出的 10 项工具按钮加以实现。应该提醒大家的是,艺术字可以由多种效果组合生成,需要反复进行实验比较,才能得到最佳效果。下面对 10 项工具按钮作一简要介绍:

- "插入艺术字"按钮 ：单击该工具按钮,出现"艺术字库"对话框,可插入新的艺术字图形对象。
- "编辑文字"按钮 编辑文字(X)… ：单击该工具按钮,出现"编辑"艺术字"文字"对话框,可重新编辑艺术字文字对象。
- "艺术字库"按钮 ：单击该工具按钮,重新出现艺术字库,可更改艺术字样式。
- "设置艺术字格式"按钮 ：单击该工具按钮,出现"设置艺术字格式"对话框,如图 9-4 所示。
  - ◆ 颜色与线条:选择背景填充颜色(包括填充效果),设置艺术字边线的颜色、线型及粗细。
  - ◆ 大小:设置艺术字的尺寸大小、旋转角度及缩放比例。
  - ◆ 版式:改变艺术字在页面上的位置和文本环绕艺术字功能生效或失效,设置环绕方式及位置。

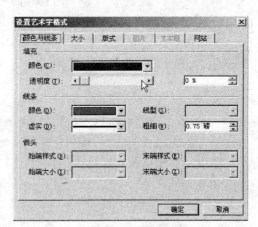

图 9-4 "设置艺术字格式"对话框

后两项在专门制作、生成艺术字领域用处不大。

- "艺术字形状"按钮 ：单击该工具按钮,出现 5 行 8 列共 40 个艺术字图形列表,描述了可以使用的各种艺术字型风格,选择它们可以将处理的文字作弯曲、翻转、倾斜等特殊效果处理。
- "文字环绕"按钮 ：单击该工具按钮,下拉菜单中对所选择的艺术字在文档中的位置进行设置,包括:嵌入型、四周型环绕、紧密型环绕、衬于文字下方、衬于文字上方、上下型环绕、穿越型环绕、编辑环绕顶点。

- 艺术字字母高度相同按钮 ：单击该工具按钮，经过处理后的艺术字字型可能高度不同，单击该按钮可使所有的文字（包括中文、英文大小写）等高，重按一次可复原。
- "艺术字竖排文字"按钮 ：单击该工具按钮，横排文字将改成竖排文字或反之。
- "艺术字对齐方式"按钮 ：单击该工具按钮，下拉菜单中包括文字的居中、左、右对齐命令，以及单词、字母、延伸调整命令，选择其中之一可使选择的艺术字对象以该方式对齐。
- "艺术字字符间距"按钮 ：单击该工具按钮，下拉菜单中包括六种字距供用户选择，若设置"自动缩紧字符对"复选框，可自动调整字符对的间距。

除了以上介绍的 10 类专项工具之外，还可以利用"绘图"工具栏（如图 9-5 所示）提供的选择对象 、填充颜色 、线条颜色 、线型 、虚线线型 、箭头样式 、阴影样式 及三维效果样式 等工具对艺术字进行处理，制作的一个实例，如图 9-6 所示。

图 9-5　"绘图"工具栏

多媒体素材——艺术字的制作

图 9-6　艺术字对象

9.1.3　艺术字的引用

在 Word 或 PowerPoint 中制作的艺术字图形对象，可利用剪贴板技术剪切或复制（也可以存储成一个文件，供以后使用）。退出编辑环境时，系统将提示剪贴板上存有一幅图片，是否希望在退出系统之后，该图片还能被使用，应回答"是"。

在其他多媒体制作环境中，利用粘贴（Paste）或导入（Import）技术，将艺术字对象引入并加以使用。

9.2　抓图软件 HyperSnap 6

HyperSnap 6 是一款运行于 Microsoft Windows 平台下功能强大的抓图软件，利用它可以很方便地将屏幕上的任何一个部分，包括活动区域、活动窗口、桌面等抓取下来，以供使用。

9.2.1　HyperSnap 6 的基本设置

HyperSnap 6 的工作界面主要包括标题栏、菜单栏、工具栏、绘图工具栏和状态栏等几部分组成，如图 9-7 所示。

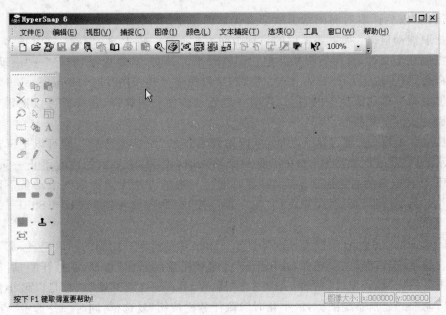

图 9-7　HyperSnap 6 主界面

其中，菜单栏中的"文件"选项是对文件的基本操作，包括新建、打开、保存等；"编辑"选项是对文件进行复制、粘贴、撤消等基本项；"视图"选项是对 HyperSnap 6 工作界面的设置；"捕捉"选项包括捕捉设置和捕捉不同内容的命令；"图像"选项是对捕捉到的图像进行修改；"颜色"选项是对捕捉到图像的颜色进行修改；"文本捕捉"选项主要是对文本进行捕捉的设置和命令。工具栏列举出一些常用的工具按钮，如打开、保存、打印、捕捉设置、激活热键等。绘图工具栏是对捕捉到的图像进行简单修改的工具按钮。状态栏是捕捉到图像的大小以及当前光标在图像上的位置。

9.2.2　HyperSnap 6 应用

在捕捉图像之前，首先对 HyperSnap 6 进行设置。选择"捕捉"→"捕捉设置"命令（见图 9-8），在打开的"捕捉设置"对话框（见图 9-9）中进行设置，然后单击"确定"按钮。接下来介绍几种捕捉图像的方法：

- 抓取灰度图：一般抓图都是抓取真彩图片，但很多报刊杂志在排版时采用的是灰度图，在 HyperSnap 中抓到图后，在存盘前，注意选择一下"颜色"→"灰度"命令即可把当前图片转为灰度图，再存盘即可。

- 抓取带光标的图像：有时为了得到更加真实的效果，往往需要连同光标一起抓下来。这时候 HyperSnap 6 连同光标抓取图像功能就有了它的用武之地，只要选择"捕捉"→"捕捉设置"命令，再选中"包括光标指针"选项，单击"确定"按钮

图 9-8　选择"捕捉设置"命令

退出,以后抓取后的图像上就会有光标图像了。

- 抓取滚动窗口:如果要抓取的目标画面太长而在一屏上显示不了,这时很多人分屏抓成几个文件,再用绘图软件把它们拼起来。其实,只要选择"捕捉"→"滚动区域"命令,或者按下 Ctrl+Shift+G 键,然后再抓那些超长图片时,HyperSnap 6 完全能够突破屏幕和滚动条的限制,自动一边卷动画面一边抓图,这样就可以把很长的画面一次性全部抓取。

- 抓取扩展窗口:通过这个功能,可以做到真正的"所见即所抓",即可以把屏幕上显示的内容"一网抓尽"。如在浏览一个网站时,在 IE 中显示的内容不止一页,此时 IE 会在窗口的右边出现滚动条,这时通过一般的方法无法抓取到滚动条下面的图片。只要选择"捕捉"菜单下的"延展活动窗口"命令或者按下 Ctrl+Shift+X 键即可抓取。

- HyperSnap 6 的启动设置:如果 HyperSnap 6 是经常要用到的抓取工具,那可以让它随系统自动启动。选择"选项"→"启动和托盘区图标"命令,在打开的"启动和系统栏图标"设置窗口(见图 9-10)选中"随 Windows 自动开始"、"总是以最小化方式启动"和"显示系统图标,最小化时隐藏任务栏按钮"复选框,同时一并选中"点击"关闭窗口"[X]按钮时,不退出"复选框。这样,HyperSnap 6 就会随系统启动,而且最小化或单击窗口的关闭按钮就会使 HyperSnap 6 最小化到系统托盘上,按下设置的热键即可抓取图片。

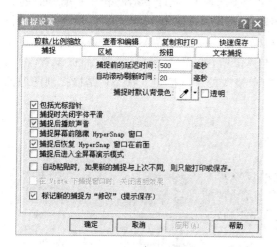

图 9-9　"捕捉设置"对话框

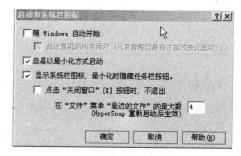

图 9-10　"启动和系统栏图标"窗口

- 可以捕捉任意形状的图像:大多数截图软件只能抓矩形、圆形、多边形窗口,但这还不够自由,如在网上见到一幅精美的图片,只想选取其中一部分,这时 HyperSnap 6 的自由捕捉功能就派上用场了:单击"捕捉"→"徒手捕捉",然后就可以像使用 Photoshop 中的套索选择工具一样,将所需要截取的部分一点点圈出来,再右击,选择"结束捕捉"就可以了。

- 批量抓取图像:HyperSnap 6 允许批量捕捉多幅图像,并可以自动把它们命名为 Snap01、Snap02…齐排列,只是这些文件均为临时文件,如果没有保存这些文件的情况下关闭 HyperSnap 6,系统会提示是否保存它们。所以最好让它们在抓取后自动保存起来：单击"捕捉"→"捕捉设置"，再选中"快速保存"标签，勾选"自动将每次捕捉的图像保存到文件"，并设置文件名及保存的路径及起止数字后，单击"确定"按钮即可。

- 捕捉文字：HyperSnap 6 不仅可以捕捉图像，还可以捕捉图像中的文字，也就是将图像中的文字转换成文本的格式。单击"文本捕捉"→"文本"即可捕捉鼠标左键选中区域中的文本。

- 激活快捷键：在 HyperSnap 6 中一定要先激活快捷键，才能在捕捉图像或者其他对象时使用快捷键。程序默认激活快捷键，如果没有激活快捷键，则在"选项"菜单中单击"激活快捷键"选项激活快捷键。默认情况下快捷键定义如下：

Ctrl+Shift+F：全屏幕截取。

Ctrl+Shift+V：截取虚拟桌面。

Ctrl+Shift+W：截取屏幕上鼠标所指窗口，闪烁的黑色矩形框内为抓取对象。

Ctrl+Shift+R：截取特定区域，此时鼠标变为"+"光标，按住鼠标拖动出一个矩形框，其中内容将被选中。

Ctrl+Shift+A：截取当前活动窗口。

Ctrl+Shift+C：截取不带边框的当前活动窗口。

Ctrl+Shift+P：截取最后指定区域。

- 在捕捉的图像上添加文字：有些时候需要在捕捉的图像上添加一些说明文字，HyperSnap 6 中也提供了这一功能：抓取图像后，单击左边绘图工具栏上的大写字母 A，在图像上拖动鼠标，选择合适的矩形区域，然后释放鼠标，在弹出的"文本工具"对话框中输入文字。然后在"文本工具"对话框中单击"字体/颜色"按钮可以设置字体的颜色和字体的样式。同样，在 HyperSnap 6 中也提供了文字的左对齐、居中和右对齐，其操作与在 Word 中的操作相同。

- 将图像直接捕捉到 Word 文件中：选择"捕捉"→"捕捉设置"命令，打开"捕捉设置"对话框，然后单击"复制和打印"标签，选中"将每次捕捉的图像都复制到剪贴板上"复选框，然后再选中"将每次捕捉的图像粘贴到"复选框，在其下拉框中选中当前正在编辑的 Word 文件窗口。在 HyperSnap-DX 中"将捕捉的图像直接粘贴到当前的 Word 文件"这一功能非常的好用，在写文章时，如果需要一些插图，捕捉后立刻就将它粘贴到所编辑的 Word 文件中。非常方便，不像在 Word 中操作比较麻烦，每插入一幅图片都要进行好几步操作。

9.3　Flash 8 动画制作

二维动画也叫平面动画，是指在二维平面上运动的对象，或具有动态效果的计算机文件。在课件的制作过程中，经常会用到一些二维动画素材，以增强课件的表达效果。那么这些二维动画素材从何而来呢？当然，可以从相关网站中直接获得一些现成的素材，但这些现成的素材往往不完全符合课件制作的需要。因此，获取二维动画素材的一个重要途径是用各种二维动画制作软件来制作，二维动画制作软件多种多样，如 Autodesk Animator Studio、Autodesk Animator Pro、Ulead GIF Animator、Macromedia Flash 等，其中 Macromedia

Flash 是目前比较流行的二维动画制作工具。当 Macromedia Flash 应用到教学领域时,它可以用来制作课件中需要的二维动画素材,也可以直接用来制作教学课件。

Flash 是一种创作工具,设计人员和开发人员可使用它来创建演示文稿、应用程序和其他允许用户交互的内容。Flash 可以包含简单的动画、视频内容、复杂演示文稿和应用程序以及介于它们之间的任何内容。通常,使用 Flash 创作的各个内容单元称为应用程序,即使它们可能只是很简单的动画。可以通过添加图片、声音、视频和特殊效果,构建包含丰富媒体的 Flash 应用程序。

Flash 特别适用于创建通过 Internet 提供的内容,因为它的文件非常小。Flash 是通过广泛使用矢量图形做到这一点的。与位图图形相比,矢量图形需要的内存和存储空间小很多,因为它们是以数学公式而不是大型数据集来表示的。位图图形之所以更大,是因为图像中的每个像素都需要一组单独的数据来表示。

要在 Flash 中构建应用程序,可以使用 Flash 绘图工具创建图形,并将其他媒体元素导入 Flash 文档。接下来,定义如何以及何时使用各个元素来创建设想中的应用程序。

在 Flash 中创作内容时,需要在 Flash 文档文件中工作。Flash 文档的文件扩展名为 .fla(FLA)。

Flash 包含了许多种功能,如预置的拖放用户界面组件,可以轻松地将 ActionScript 添加到文档的内置行为,以及可以添加到媒体对象的特殊效果。这些功能使 Flash 不仅功能强大,而且易于使用。

完成 Flash 文档的创作后,可以使用"文件"→"发布"命令发布它。这会创建文件的一个压缩版本,其扩展名为 .swf。然后,就可以使用 Flash Player 在 Web 浏览器中播放 SWF 文件,或者将其作为独立的应用程序进行播放。

Flash 8 的工作环境和操作界面如图 9-11 所示。

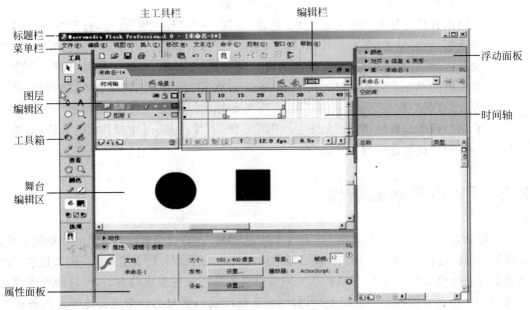

图 9-11 Flash 8 主界面

9.3.1　基本概念

- 场景：相当于戏剧中的"幕"，在 Flash 动画中，舞台只有一个，但场景可以不只一个，就如在戏剧演出过程中可以更换不同的场景。
- 图层：图层主要是为方便制作复杂的 Flash 动画作品而引入的一种手段。每一个图层都包含一条独立的动画轨道，且都包含一系列的帧，而且各图层的帧位置是一一对应的。在播放动画时，舞台上在某一时刻所展示的图像是由所有图层中在播放指针所在位置的帧共同组合而成的。
- 舞台：编辑 Flash 动画的矩形区域，就如戏剧中演员演出的场所。
- 时间轴：用来通知 Flash 显示图形和其他项目元素的时间，也可以使用时间轴指定舞台上各图形的分层顺序。位于较高图层中的图形显示在较低图层中的图形的上方。
- 帧：即 Flash 动画中的每一个静态画面，在时间轴线上表现为一个个小的画格。帧可分为关键帧和普通帧，关键帧是用来定义动画中发生变化的帧，是构成动画的基本单元；而普通帧主要用于延续上一个关键帧的内容。也就是说，在关键帧中编辑动画内容，而普通帧中的内容是根据关键帧的内容自动生成的。在时间轴上空白普通帧用白色小方格表示，普通帧用灰色小方格表示；空白关键帧用小方格中加一空心小圆点表示，关键帧用小方格加一实心小圆点表示。普通帧和关键帧代表在这一帧中已经插入相应的对象（如图片、按钮等），空白普通帧和空白关键帧则代表没有插入对象，如图 9-12 所示。

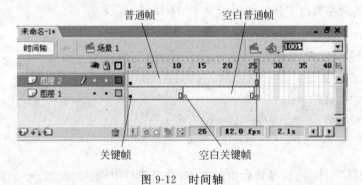

图 9-12　时间轴

9.3.2　四种基本动画的制作

Flash 的动画形式总的来说包括关键帧动画、形状补间动画、运动补间动画和遮罩动画四种。掌握这四种形式动画是应用 Flash 制作课件素材和教学课件的关键。下面就这四种动画的制作步骤分别介绍如下。

1. 关键帧动画的制作

例子说明：

用逐帧动画来制作一段文字的颜色逐字地发生变化，以备在制作相关课件时使用。

操作步骤：

（1）执行菜单栏中的"文件"→"新建"命令，新建一个 Flash 文档。

（2）执行菜单栏中的"修改"→"文档"命令，打开"文档属性"对话框，如图 9-13 所示。在对话框中设置"尺寸"、"背景颜色"、"帧频"等，设置好后单击"确定"按钮。

（3）选择"图层 1"，修改图层名为"文字"。

（4）把鼠标放在时间轴的第 1 帧处，右击，弹出快捷菜单，执行"插入关键帧"命令，如图 9-14 所示。

图 9-13 文档属性　　　　　　　　　　　图 9-14 快捷菜单

（5）选中"文本"工具 **A**，在"属性"面板中设置文字的字体、字号、加粗、颜色等属性，如图 9-15 所示，然后在舞台工作区内输入文本"Hello Flash 8 ！"。

图 9-15 文本工具的属性面板

（6）用"选择"工具 ▶ 选择舞台中的文本，在菜单栏中选择"修改"→"分离"命令。

（7）用"选择"工具选择舞台中的第一个字符"H"，在"属性"面板中修改字体的颜色为红色。

（8）把鼠标放在时间轴的第 5 帧处，右击，弹出快捷菜单，执行"插入关键帧"命令。

（9）用"选择"工具选择舞台中的第二个字符"e"，在"属性"面板中修改字体的颜色为红色。

（10）重复步骤（8）、（9），分别在第 10、15、…、55 帧处插入关键帧，并在对应的关键帧处将下一个字符颜色修改为红色，如图 9-16 所示。

（11）执行"文件"→"另存为"命令以保存文件。

（12）执行"发布"命令将动画发布成 .swf 格式文件，或者执行"导出影片"命令，将动画

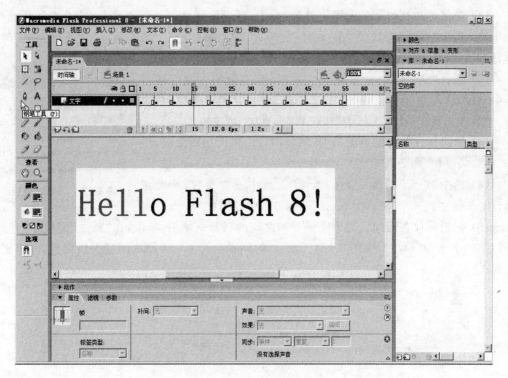

图 9-16　文字逐帧动画

转换为.avi 或.mov 格式。然后,将这些动画文件应用到合适的课件当中。

至此,一个文字变化的逐帧动画课件素材就制作好了。

2. 形状补间动画的制作

形状补间动画是 Flash 内置的一种重要的动画类型,用于实现某一对象从一种形状向另一种形状的过渡。

注意:

- 制作形变动画时,形变动画的起止对象一定都是矢量图形。用 Flash 工具箱中的工具绘制的都是图形("文字工具"除外),可直接用来制作形状补间动画。
- 判断一个对象是不是矢量图形的方法是:用鼠标在对象上单击,如果是矢量图形,则会出现对象被条形波纹覆盖。如果对象是位图文件,要通过执行菜单栏中的"修改"→"位图"→"转换位图为矢量图"命令将其转换成矢量图形;如果对象是元件,要通过执行菜单栏中的"修改"→"分离"命令将其转换成矢量图形;如果对象是文字,要通过两次执行菜单栏中的"修改"→"分离"命令将其转换成矢量图形。

例子说明:

1) 用形变动画制作一个圆形变成正方形。

(1) 执行菜单栏中的"文件"→"新建"命令,新建一个 Flash 文档。

(2) 执行菜单栏中的"修改"→"文档"命令,打开"文档属性"对话框。在对话框中设置"尺寸"、"背景颜色"、"帧频"等,设置好后单击"确定"按钮。

(3) 选择"图层 1",修改图层名为"圆形变方形"。

（4）把鼠标放在时间轴的第 1 帧处，右击，弹出快捷菜单，执行"插入关键帧"命令。

（5）选中"椭圆"工具 ○，在"属性"面板设置"笔触颜色"、"填充颜色"、"笔触高度"等参数，然后在舞台工作区中画一个圆（Shift＋单击）。

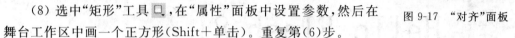

（6）选择"窗口"→"对齐"命令，在 Flash 界面的右侧浮动面板中会出现"对齐"面板（见图 9-17），选择其中的"相对于舞台"按钮，然后选择其中的"水平居中"按钮和"垂直居中"按钮。

（7）把鼠标放在时间轴的第 10 帧处，右击，弹出快捷菜单，执行"插入关键帧"命令。

图 9-17　"对齐"面板

（8）选中"矩形"工具 □，在"属性"面板中设置参数，然后在舞台工作区中画一个正方形（Shift＋单击）。重复第（6）步。

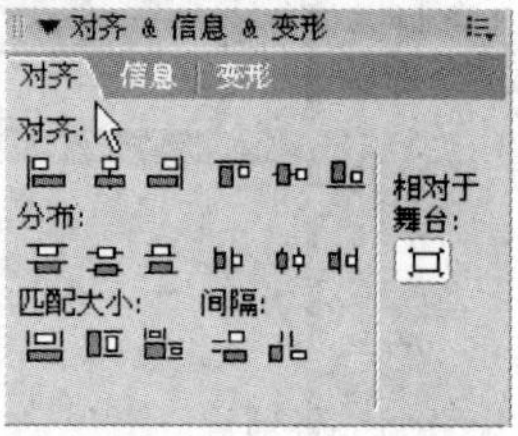

（9）把鼠标放在时间轴的第 1～10 帧之间的任意一帧上，单击，在"属性"面板中"补间"下拉菜单中选择"形状"（见图 9-18）。此时，时间轴的第 1～10 帧之间变为淡绿色，并出现一个箭头。

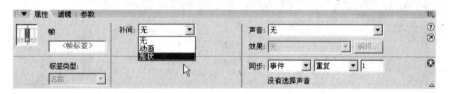

图 9-18　补间动画"属性"面板

（10）执行"文件"→"另存为"命令以保存文件。

2）用形状补间动画制作一个各种能源利用比率的扇形分布图，每种能源所占百分比的面积以扫描的方式出现，而文字则以从小到大的方式呈现。

操作步骤：

（1）执行菜单栏中的"文件"→"新建"命令，新建一个 Flash 文档。

（2）执行菜单栏中的"修改"→"文档"命令，打开"文档属性"对话框，在对话框中设置"尺寸"、"背景颜色"、"帧频"等，设置好后单击"确定"按钮。

（3）把图层 1 改名为"背景"，在舞台上用"椭圆"工具画出一个没有填充色的正圆。把鼠标移到时间轴上的第 40 帧的位置，右击，弹出快捷菜单，从中执行"插入帧"命令。

（4）制作扇形扫描：增加一个新层，命名为"扇形"。

① 用"椭圆"、"直线"和"箭头"工具制作一个扇形图案，如图 9-19（a）所示。

② 在第 15 帧处插入另一扇形图案，如图 9-19（b）所示。

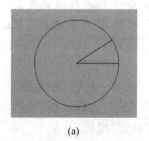
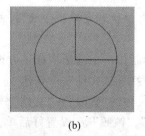

(a) 　　　　　　(b)

图 9-19　绘制扇形图案

③ 把鼠标放到时间轴中第 1～15 帧之间的任何一个位置,单击,在"属性"面板中"补间"下拉菜单中选择"形状"。

④ 选中图层"扇形"的第 1 帧,执行"修改"→"形状"→"添加形状提示"命令,添加 5 个形状提示点,分别移到如图 9-20(a)所示的位置,此时形状提示点均为黄色。选中第 15 帧,移动各形状提示点到图 9-20(b)所示的位置,此时形状提示点均为绿色。

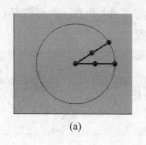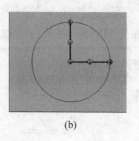

(a)   (b)

图 9-20 添加形状提示

⑤ 把鼠标放到第 40 帧处,右击,执行弹出菜单中的"插入帧"命令。

(5) 制作"石"字由小变大的动态显示:增加一个新层,命名为"石"。

① 在第 15 帧处用"文字"工具在扇形上输入文字"石",字号设为 11。

② 用"箭头"工具选中"石"字,执行"修改"→"分离"命令。

③ 把鼠标放到第 20 帧处,右击,执行弹出菜单中的"插入关键帧"命令。

④ 选中第 20 帧的"石"字,执行"修改"→"变形"→"缩放与旋转",把"石"字放大一倍。

⑤ 把鼠标放到第 15～20 帧之间的任何一个位置,右击,在"属性"面板中"补间"下拉菜单中选择"形状"。

(6) 重复步骤(5),分别在图层"油"的第 20～30 帧之间,图层"百分比"的第 30～40 帧之间制作文字由小变大的动态显示。

最后时间轴的结果如图 9-21 所示。

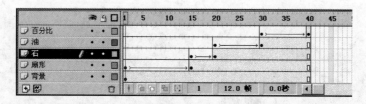

图 9-21 时间轴

3. 运动补间动画的制作

运动补间动画的限制和形变动画的限制正好相反,就是制作运动的起止对象一定都是元件或组对象,而且必须是同一元件或组对象。运动动画是对组合、实例和文本的属性进行渐变的动画。

例子说明:

制作皮球在地面上运动的简单动画。

操作步骤:

(1) 执行菜单栏中的"文件"→"新建"命令,新建一个 Flash 文档。

（2）执行菜单栏中的"修改"→"文档"命令，打开"文档属性"对话框。在对话框中设置"尺寸"、"背景颜色"、"帧频"等，设置好后单击"确定"按钮。

（3）把图层1改名为"皮球"，执行"文件"→"导入"→"导入到库"命令，从外部导入一幅皮球图片，然后在库面板中将这个图片拖入到舞台工作区，选择"修改"→"转换为元件"命令，在"转换为元件"对话框（见图9-22）中选择"影片剪辑"单选项，并输入名称"皮球"。利用工具箱中的"任意变形"工具 口 调整好图片的大小、角度，并调整其位置。在"滤镜"面板（见图9-23）中选择相应的效果，并进行参数设置。

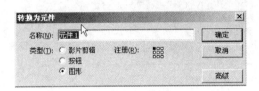

图 9-22 "转换为元件"对话框　　　　　　图 9-23 "滤镜"面板

（4）把鼠标放到第20帧处，右击，执行弹出菜单中的"插入关键帧"命令。利用工具箱中的"任意变形"工具 口 调整好图片的大小、角度，并调整其位置，如图9-24中的皮球b所示。

（5）把鼠标放到第1～20帧之间的任何一个位置，右击，在弹出的快捷菜单中选择"创建补间动画"命令。

（6）执行菜单栏中的"插入"→"时间轴"→"运动引导层"命令，在图层"皮球"的上面添加引导层，命名为"移动路径"。用"直线"工具在"移动路径"图层上画一斜线，并用"箭头"工具拖动使其成为曲线。把鼠标放到第20帧处，右击，执行弹出菜单中的"插入帧"命令。

（7）选中图层"皮球"中的第1帧，用鼠标拖动"皮球a"影片剪辑元件实例的中心点到引导线的起始点，然后选中第20帧，将"皮球b"元件实例的中心点拖到引导线的终点位置，如图9-25所示。

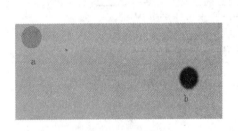

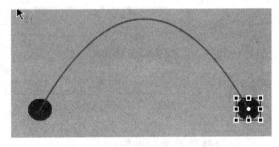

图 9-24 皮球的位置　　　　　　图 9-25 皮球移动的起点与终点

（8）把上述内容发布成制作课件时需要的文件格式。

4. 遮罩动画的制作

遮罩是 Flash 中一种非常有趣且实用的技术，利用遮罩可以制作出巧妙而神奇的视觉效果。常见的遮罩动画如在舞台上扫来扫去的聚光灯、滚动的文本字幕、水波、百叶窗等。

遮罩动画的制作必须有两层才能完成，上面的一层称为遮罩层，下面一层称为被遮罩层。在遮罩层中的对象(无论填充有色彩还是渐变)将成为透明区域,而对象以外的区域将不透明。这样,被遮罩层的对象就在遮罩层的对象区域内显示出来。

例子说明:

制作太阳在乌云中穿行的效果动画。

操作步骤:

(1) 执行菜单栏中的"文件"→"新建"命令,新建一个 Flash 文档。

(2) 执行菜单栏中的"修改"→"文档"命令,打开"文档属性"对话框。在对话框中设置"尺寸""背景颜色""帧频"等,设置好后单击"确定"按钮。

(3) 将图层 1 改名为"背景",并执行"文件"→"导入"→"导入到库"命令,从外部导入一幅云图。然后在库面板中将这个图片拖入到舞台工作区,选择"修改"→"转换为元件"命令,在"转换为元件"对话框中选择"图形",并输入名称"云图"。

(4) 把鼠标放到第 20 帧处,右击,执行弹出菜单中的"插入帧"命令。

(5) 在图层"背景"的上方新建一个层,命名为"被遮罩层"。从库中把"云团"拖入到舞台中以创建一个元件实例。并调整好其位置与"背景"图层的云图重叠。

(6) 在图层"被遮罩层"的上方新建一个层,命名为"遮罩层"。用"椭圆"工具在舞台上画一个正圆。把鼠标放到第 20 帧处,右击,执行弹出菜单中的"插入关键帧"命令。然后,把鼠标放到第 1～20 帧之间的任何一个位置,右击,在弹出的快捷菜单中选择"创建补间动画"命令。

(7) 在图层编辑框内的"遮罩层"图层名称上右击,在弹出的快捷菜单(见图 9-26)上选择"遮罩层"。此时"遮罩层"图层名称前的图标会变成 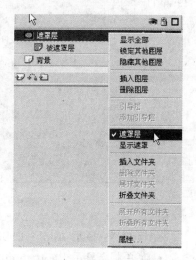,而"被遮罩层"图层名称前的图标会变成 。

图 9-26 "遮罩层"快捷菜单

至此,一个遮罩动画就制作完成了,其时间轴如图 9-27所示。最后,把它发布成制作课件所需要的文件格式。

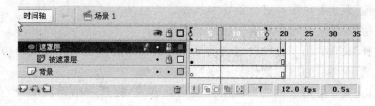

图 9-27 时间轴

9.4 Photoshop

Photoshop 是 Adobe 公司推出的旗舰产品,是功能强大的图像处理和设计工具。它是目前 PC 上公认的最好的通用平面美术设计软件,功能完善、性能稳定、使用方便,所以在几乎所有的广告、出版、软件公司，Photoshop 都是首选的平面工具。

下面介绍 Photoshop 中文版本的应用。

9.4.1　Photoshop 的工作界面

Photoshop 的工作界面主要包括标题栏、菜单栏、工具箱、控制面板和状态栏等几部分组成，如图 9-28 所示。各部分介绍如下。

图 9-28　Photoshop 中文版的工作界面

- 标题栏：显示 Adobe Photoshop 字样和图标。
- 菜单栏：显示 Photoshop 的菜单命令，包括如下 9 个菜单。
  - "文件"菜单：进行图像文件的打开、关闭、存储、输入、打印等操作。
  - "编辑"菜单：进行还原、剪切、复制、粘贴等对图像的编辑操作。
  - "图像"菜单：对图像进行设定和操作。
  - "图层"菜单：进行各种有关图层的操作。
  - "选择"菜单：用于各种对选区的操作以及对所选区域进行修改的功能。
  - "滤镜"菜单：为图像制作出一些特殊的效果。
  - "视图"菜单：用于改变当前图像的观看方式、打开一个新视图、预览在其他颜色方式下的图像、显示或隐藏标尺和网格线等。
  - "窗口"菜单：显示或隐藏各种窗口、浮动调色板或者状态栏。
  - "帮助"菜单：为用户提供帮助。
- 工具箱：列出常用的工具，如图 9-29 所示。单击每个工具的图标即可切换到该工具，用鼠标左键按住图标不动，可显示出该系列工具。
  - 选取工具：包括矩形、椭圆、单行和单列四种选择工具，用于选定矩形、椭圆等区域。

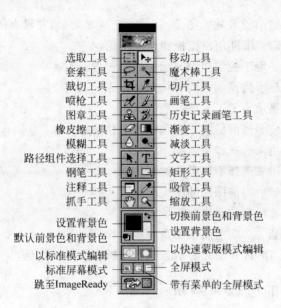

图 9-29 工具箱

- 移动工具：移动选区或者移动当前活动层的图像。
- 套索工具：还包括多边形套索工具和磁性套索工具，用于手动选择不规则的区域。
- 魔术棒工具：可直接在图像上选出与单击处颜色一致的闭合区域。
- 裁切工具：对图像进行裁剪。
- 切片工具：还包括切片选取工具。
- 喷枪工具：可将前景颜色喷射到图像上。
- 画笔工具：还有铅笔工具，可画出任意的曲线。
- 图章工具：包括仿制图章工具和图案图章工具，可复制局部图像。
- 历史记录画笔工具：还有历史记录艺术画笔工具，可恢复在执行某次操作以前的图像。
- 橡皮擦工具：还有背景色橡皮擦工具和魔术橡皮擦工具，可擦除图像的颜色。
- 渐变工具：还包括油漆桶工具，制作渐变效果或填充颜色。
- 模糊工具：还包括锐化工具和涂抹工具，可模糊、锐化或涂抹图像的颜色。
- 减淡工具：同组工具还包括加深工具和海绵工具，使作用的选区变亮、变暗或者改变图像颜色的饱和度。
- 路径组件选择工具：还包括直接选择工具。
- 文字工具：用于文本的输入。
- 钢笔工具：还包括自由钢笔工具、添加锚点工具、删除锚点工具和转换点工具。
- 矩形工具：还包括圆角矩形工具、椭圆工具、多边形工具、直线工具和自定形状工具。
- 注释工具：还包括语音注释工具。
- 吸管工具：还包括颜色取样器工具和量度工具，用于选取颜色、量度尺寸大小。
- 抓手工具：可滚动图像便于查看。

◆ 缩放工具：缩小或者放大图像，只是改变观察效果，并没有改变实际大小。
- 控制面板（面板）：帮助用户监控和修改图像。
  ◆ 导航器面板：用于控制图像显示比例和位置。
  ◆ 信息面板：显示当前面板的有关信息。
  ◆ 选项面板：显示当前工具的选项参数。
  ◆ 颜色面板：显示当前的前景色和背景色信息。
  ◆ 色板面板：用来选择颜色。
  ◆ 画笔面板：用来选择不同类型的画笔。
  ◆ 图层面板：显示当前图像的图层信息。
  ◆ 通道面板：显示当前图像的颜色通道。
  ◆ 历史记录面板：对当前图像的每一步操作。
- 状态栏：显示当前打开图像的信息和当前操作的提示信息。

9.4.2　图像的选取和编辑

在实际图像处理中，不可能自己动手创作每一张素材，更多的是在现有的素材中选取自己需要的图像，然后合成。例如，把两张现成的素材图片合成一张需要的图片。

例：制作"蝴蝶精灵"图像。

（1）选择菜单"文件"→"打开"命令，打开"人物.jpg"文件，是一幅人物图片，如图 9-30 所示。

（2）选择工具箱中的"多边形套索"工具 ，在图像中作人物选择。

（3）选择菜单"图层"→"新建"→"通过复制的图层"命令，将选择的图像复制，并创建一个新图层，默认为"图层 1"。

（4）在"图层 1"面板中右击，选择"图层属性"，修改名称为"人物"，单击"好"按钮。

（5）选择菜单"文件"→"存储为"命令，将图片另存为"蝴蝶精灵.psd"。

（6）再选择菜单"文件"→"打开"命令，打开"蝶.psd"文件，如图 9-31 所示。

图 9-30　"人物.jpg"文件图像

图 9-31　"蝶.psd"文件图像

（7）选择工具箱中的"磁性套索工具" ，选项栏设置如下。

羽化： 0 px ☑消除锯齿 宽度： 5 px 边对比度： 20% 频率： 57

（8）在图像窗口中，沿蝴蝶翅膀的边缘拖动鼠标，建立选区。

（9）选择菜单"编辑"→"复制"命令，将被选择的图像复制到系统剪贴板中。

（10）单击"蝴蝶精灵.psd"图像窗口，选择菜单"编辑"→"粘贴"命令，将图像粘贴到当前图像中。

（11）在"图层"面板中的"图层1"上右击，选择"图层属性"，修改名称为"右翅"，并将该层拖动至"人物"层下方。

（12）按Ctrl＋T键，翅膀图像外出现矩形"定界"框，在"定界"框中右击，选择快捷菜单中的"扭曲"命令，调整窗口中翅膀的位置，双击鼠标确认。

下面制作"左翅"的效果。

（13）选中"右翅"图层，单击"图层"面板右上角的 按钮，选择"复制图层"命令。在弹出的"复制图层"对话框中，复制右翅为"左翅"，单击"确定"按钮。

（14）选定"左翅"图层，按Ctrl＋T键，用同样方法（包括用"编辑"→"变换"→"水平翻转"命令）调整到合适位置。

（15）制作完毕，最终图像如图9-32所示。

（16）选择"文件"→"存储"命令，将图像保存。

图9-32 调整后的合成图像

9.4.3 图层的应用、文字设计和滤镜的使用

图层可让你在不改变初始图像数据的情况下更改图像。例如，将一些照片存储在几个单独的图层上，然后将其组合成一个复合图像。可以将图层想象成一张张叠起来的醋酸纸。如果图层上没有图像（即图层透明之处），可以一直看到底下的图层。一个文件中的所有图层都具有相同的分辨率、相同的通道数以及相同的图像模式（RGB、CMYK或灰度）。绘制、编辑、粘贴和重定位一个图层上的元素，不会影响其他图层。在组合或合并图层前，图像中的每个图层都是相对独立的。

滤镜是使图像产生特定效果的作用方式，Photoshop自带一百多种滤镜效果，分为15种类别，如风格化滤镜、画笔描边滤镜、模糊滤镜等。它可以极大地丰富图像的表现力，做出绚丽夺目的图像。Photoshop支持外挂滤镜。业界比较著名的外加滤镜有KPT3.0、KPT5.0等。外加滤镜安装后，出现在"滤镜"菜单的底部，运行方式与内置的滤镜相同。

在设计一张"背景"图像的实例中，讲解图层的使用、文字的编排设计、渐变效果和滤镜的使用。举例如下。

1. 制作背景

（1）新建一个文件，其宽为1像素，高为2像素，模式为RGB模式，背景颜色为白色。

（2）选择工具栏上的"缩放"工具，在画面上单击，放大该图像，直到 1600％ 为止（即不能放大为止）。或者选择菜单"窗口"→"显示导航器"命令打开"导航器"面板，拖动缩放滑块至最右端。

（3）选择工具栏上的"矩形选择"工具，选中图像的上半部分，如图 9-33 所示。

（4）选取一种自己满意的前景色，在工具栏上选择"油漆桶"工具，填充图像的选中部分，即上半部分。

（5）用"矩形选择"工具将该图全部选中（或按 Ctrl＋A 键）。

（6）选择菜单中的"编辑"→"定义图案"命令，出现对话框。修改图案名称为"抽象"后单击"好"按钮确定，并关闭此窗口。

（7）再新建一个文件，宽为 640 像素，高为 480 像素，模式为 RGB 模式，背景颜色为白色，分辨率为 72。

（8）选择"编辑"→"填充"命令，在打开的"填充"对话框的使用下拉列表中选择"图案"，再在"自定图案"中定义刚才的图案。单击"好"按钮确定，如图 9-34 所示。

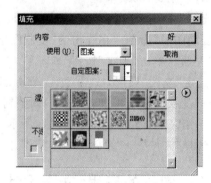

图 9-33　选中图像的上半部分　　　　　　　　图 9-34　填充图案

（9）命名此文件为"背景.psd"，并保存。这样背景就制作完成了。这种方法一般是用来做抽象背景。当然，填充颜色可以根据自己的个人爱好来设置，而且高度不一定设置成 2 个像素，宽度也不一定要设成 1 个像素，可以根据自己的要求调整。

图片也可以用来做背景。将图片选取好之后，复制进来，然后设置该图层的"不透明度"，一般都设得较低，视具体情况而定。

2. 拼合图层并引入到背景图中

打开"蝴蝶精灵"图像后，要将整个图像的四个图层的内容一起复制到上一步制作好的背景图中，首先就要对图层进行合并。具体操作步骤如下：

（1）打开"蝴蝶精灵.psd"文件，其图层面板如图 9-35 所示。

（2）打开菜单栏上的"图层"菜单，如图 9-36 所示。在 Photoshop 中，关于图层的所有操作都可以在"图层"菜单中找到。常用的菜单命令有"新建"、"复制图层"、"删除图层"、"图层属性"、"图层样式"、"排列"、"对齐"与"合

图 9-35　"蝴蝶精灵.psd"图层面板

并"等。

菜单命令"向下合并"指的是将当前图层和处在它下方的图层合并;"合并可见图层"指的是合并当前图像中所有可见的图层;"拼合图层"一般在输出图像时使用,将所有可见的图层合并,同时将隐藏的图层去掉。

(3)选中"人物"图层,选择"图层"→"向下合并"命令,将人物、右翅、左翅和背景四个图层合成一个图层。当然,也可以在"图层"面板上进行操作。

注意:有很多时候,都是使用"图层"面板的,而不是使用"图层"菜单的,虽然功能一样,但是"图层"面板比"图层"菜单更简洁方便。

提示:单击"图层"面板右上角的右向圆形按钮,打开图层设置面板,如图 9-37 所示。可以发现很多选项都是和"图层"菜单相同的。

图 9-36 "图层"菜单

图 9-37 合并图层

选择"向下合并"后,就将所有图层合成一个以"背景"为标题的图层。

(4)在"背景"层上双击,在弹出的"新图层"对话框中命名为"蝴蝶精灵",其他默认,如图 9-38 所示。单击"好"按钮,将"背景"层更改为普通层。

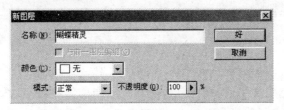

图 9-38 "新图层"对话框

（5）选中该图层，按住 Ctrl 键的同时，单击该图层，将图层中的手和徽标同时选中。

（6）选择"编辑"→"复制"命令，将内容复制到剪贴板。

（7）使"背景.psd"置于当前编辑状态，选择"编辑"→"粘贴"命令，将蝴蝶精灵图像粘贴进来。

（8）选择"编辑"→"自由变换"命令，将蝴蝶精灵图像缩小到合适大小，双击鼠标确认；而后选择工具栏上的"移动"工具，将蝴蝶精灵图像移到合适的位置。

3．编排设计文字

（1）选择工具箱上的"文字"工具，在图像上单击，出现闪烁光标，输入文字"Photoshop 图像制作"。当工具改为"文字"工具之后，菜单栏下出现文字工具的选项栏，如图 9-39 所示。在这个文字工具的属性栏里可以设置文字的方向，如横向或纵向；设置字体格式、大小；消除锯齿方式；文字对齐方式；文字颜色等。

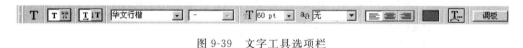

图 9-39　文字工具选项栏

（2）选中文字，设置文字的字体、大小和颜色。注意：在进行字体属性设置时，一定要使文字处于选中状态，否则所做的修改将是无效的。Photoshop 6.0 增加了一些新的文字处理功能，如文字的变形，这是一个很重要的改进。以往在设计文字时，一般要借用外挂滤镜才能完成文字的变形设计，自己动手设计文字的变形是非常麻烦的。单击文字工具属性栏上的"创建变形文本"，打开对话框，在"样式"下拉菜单中，共有 15 种字体变形样式，如图 9-40 所示。

还可以打开"面板"，对文字的格式进行进一步的设计，如图 9-41 所示。

图 9-40　文字变形

图 9-41　"面板"属性

输入文字之后，在图层面板自动增加一个文字的图层。如果要对文字进行修改，选择工具栏上的文字工具，选中文字所在的图层，使其处于当前编辑状态，而后直接在图像的文字部位单击就可以进行文字的修改。

（3）选中文字所在的图层，选择菜单中的"图层"→"图层样式"→"混合选项"命令，打开"图层样式"对话框，如图 9-42 所示。

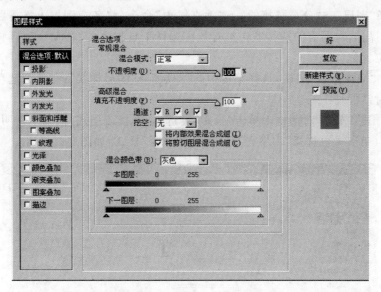

图 9-42　"图层样式"对话框

（4）选择"投影"和"外发光"复选框，样式属性为默认值。单击"好"按钮确定。

（5）选取工具箱中的"移动"工具，选中该图层，将文字拖到合适位置。

"图层"面板上对应的图层表示会有所改变，如图 9-43 所示。

图层左边的眼睛表示该图层在当前是可视的，画笔表示该图层处于当前编辑状态。在实际的平面处理过程中，如果不想让某部分的图层出现，在眼睛上单击隐去该图层即可。

依照上述步骤，输入"图像选取"、"图层使用"、"滤镜特效"、"文字编辑"等文字，图层面板上会相应地增加图层，相应的有四个文字图层，分别以各自输入的文字命名。

（6）选中"图像选取"图层，在"图层使用"图层的前面小框里单击，出现一条锁链，表明该图层已经和"图像选取"图层链接。因为这四个图层要进行对齐处理，所以要先将这四个图层链接。按同样的方法链接其他的文字图层，如图 9-44 所示。

图 9-43　"图层"面板

图 9-44　文字图层链接

（7）选择菜单中的"图层"→"对齐链接图层"→"水平居中"命令，将这四个图层水平居中对齐。

（8）选择"图层"→"分布链接的"→"垂直居中"命令，将各个图层上下等距离对齐。链接之后，移动操作，对所有的链接图层都有效。选择工具栏上的"移动"工具，将这四个图层移动合适的位置。

（9）选中"图像选取"图层，选择菜单中的"图层"→"图层样式"→"混合选项"命令，打开"图层样式"对话框。

（10）在"图层样式"对话框上单击"投影"复选框，选择该样式，拖动不透明度的滑块，将不透明度改为90％；再选择"内发光"和"斜面和浮雕"样式，如图9-45所示。

图9-45　图层"样式"选项

单击"好"按钮确定，这样就给"图像选取"图层加上样式。

（11）在"图像选取"图层上右击，选择"复制图层样式"，然后分别在"图层使用"等三个图层上右击，选择"粘贴图层样式"，这样给这三个图层也加上同样的样式。或者在这三个图层中任何一个图层上右击，选择"将图层样式粘贴到链接的"，给所有链接的图层加上同样的样式。这样就完成了文字图层的编排设计，并设置了一定的样式。

4．图层编组

图9-46　图层编组

图层编组并没有对图层内容进行改变，它是为了方便选择图层而将某些具有某种相同或相似特性的图层编成一组。

单击图层面板右上角的右向圆形按钮，选择"新组自链接的"命令，命名为"技能"，将这四个图层编成"技能"组序列，如图9-46所示。

图层编成图层组之后，就可以整体进行复制了。前面讲到的手和徽标的复制。如果不用合成的方法复制，也可以使用编组，而后复制。这样做的好处在于保存原来的图层，图层组复制好之后，仍然可以打开该组内的图层进行处理，原有的图层划分仍然保留。而图层合并之后，就形成了一个图层，只能作为新的图层来处理。

单击"技能"前面的右向箭头，可以打开该图层组。同时，右向箭头也变成向下箭头，如图9-47所示。

各个图层的格式仍然存在，可以继续编辑。

5．使用渐变效果

渐变的应用非常广泛，可以是图层背景的渐变，也可以是文字色彩的渐变。在工具箱上选择"渐变"工具。"渐变"工具共有五种，分别是线性渐变、径向渐变、角度渐变、对称渐变和菱形渐变。

图 9-47　图层组内的各个图层

用"渐变"工具在图像上作直线，渐变均以所作直线为坐标渐变色彩，色彩渐变的范围取决于所作直线的长短，以始点开始色彩渐变至终点结束。

- 线性渐变，指直线方向上的色彩渐变。
- 径向渐变，指以始点为圆心，以所作的直线为半径的色彩渐变。
- 角度渐变，以所作的直线为起点，绕此直线一周作色彩渐变。
- 对称渐变，以所作线段为方向，以该线段的中垂线为对称点的色彩渐变。
- 菱形渐变，是以所作线段为半径，始点为菱心的色彩渐变。

各种渐变有各自不同的表现效果，在实际的平面处理过程中，应根据不同的需要灵活运用各种渐变，增加图像的表现力。举例如下。

例：利用"渐变"产生一特殊的空间效果。

操作步骤如下：

（1）选择菜单栏中的"文件"→"新建"命令，在弹出的"新建"对话框中设置参数和选项，如图 9-48 所示。

图 9-48　"新建"对话框

（2）单击"新建"对话框中的"好"按钮，创建新的图像文件。

（3）选择菜单栏中的"视图"→"显示标尺"命令。

此时在图像窗口的上方和左侧显示出水平标尺和垂直标尺，它们的作用相当于作画时用的尺子。Photoshop 6.0 系统默认标尺的单位为厘米。因为在创建图像是，使用的单位是像素，所以下面要将标尺的单位也修改为像素。

（4）选择菜单栏中的"编辑"→"预置"→"单位与标尺"命令；将"单位"的"标尺"设置为"像素"，单击"好"按钮，如图 9-49 所示。

（5）将鼠标移至图像上方的水平标尺上，当鼠标指针变成"左上指"形状时，向下拖动鼠标拉出一条蓝色的水平辅助线；再将鼠标移至图像左方的垂直标尺上，当鼠标指针变成"左上指"形状时，向右拖动鼠标拉出一条蓝色的垂直辅助线。

（6）选择工具箱中的"移动"工具，将鼠标移至水平（或垂直）辅助线上，变成"夹子型"时拖动鼠标，可以移动水平（或垂直）辅助线；将水平（或垂直）辅助线移动到图像的中间位置。

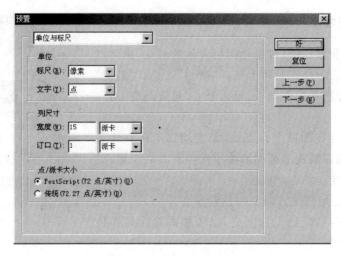

图 9-49　"预置"对话框

（7）选择工具箱中的"渐变"工具。

（8）单击选项栏中的"渐变"框，在弹出的"渐变编辑器"对话框中设置选项，如图 9-50 所示。

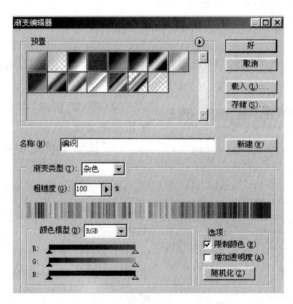

图 9-50　"渐变编辑器"对话框

（9）单击"渐变编辑器"对话框中的"新建"按钮，创建一个名为"编织"的新渐变效果。之后单击"好"按钮，关闭"渐变编辑器"对话框。

（10）修改选项栏选项，如图 9-51 所示。

图 9-51　渐变选项栏

（11）按住 Shift 键，在图像窗口中沿垂直辅助线由上至下拖动鼠标，图像窗口中显示
"角度渐变"效果，如图 9-52 所示。

图 9-52 "角度渐变"效果

（12）再次修改选项栏选项，如图 9-53 所示。

图 9-53 修改渐变效果

（13）再在图像窗口中沿垂直辅助线由上到下拖动鼠标，图像窗口中显示"线性渐变"效
果，如图 9-54 所示。图像产生一种向计算机内部延伸的空间效果。

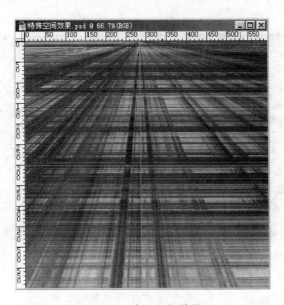

图 9-54 产生空间效果

（14）还可以对图像进一步调整。选择菜单栏中的"编辑"→"消退渐变"命令，弹出"消退"对话框，在这个对话框中调整刚完成渐变的"不透明度"值和"模式"选项，再使图像效果产生变化。

（15）选择菜单栏中的"文件"→"存储"命令，保存文件为"特殊空间效果.tif"。

6. 使用滤镜

图像中间稍显得有些空。可以增加一个图层，做一个滤镜效果，弥补其中的不足。具体操作步骤如下：

（1）选择菜单中的"图层"→"新建"→"图层"命令，新建一个图层。

（2）在工具箱上选择"矩形选框"工具，在图像上画一个矩形框。

（3）选择"油漆桶"工具，挑选一前景色（前景色与背景相近为宜），填充该矩形。

（4）选择菜单中的"滤镜"→"纹理"→"彩色玻璃"命令，给该色彩矩形添加滤镜效果。

（5）调整该图层的"不透明度"为100%。

注意：运用滤镜需要耗费大量的内存。如果系统内存不是很多，那么有些滤镜在应用的时候，就要考虑。尤其是一些外挂的滤镜，需要的内存非常大。

9.4.4　线条的使用与图像的调整

1. 使用线条

在一幅图像中，线条在构图上起着重要的作用，有意识地使用线条，可以烘托图像的气氛，给观看者以美的享受。线条的使用，以图像的主题为准，不能随意或刻意为之。大多时候，线条起到了连接主题、突出重点等作用。

画线条有诸多方法，比如说画矩形，填充适当的颜色；也可以画线，直接用工具栏上的"直线"工具，设置一定的线宽。这里使用画矩形填充颜色的方法来画线。其效果如图9-55所示。

图 9-55　"背景"图像

（1）新建一个图层序列，在图层序列中增加图层。

（2）选择"矩形选框"工具，画一选区框。

（3）选择一个前景色后，用"油漆桶"工具填充颜色。若线条不符合要求，则可以调整。

（4）按住 Ctrl1 键不放，单击图层面板上该矩形框所在的图层，这样就选取了该图层中的图像，即矩形框。

（5）选择菜单中的"编辑"→"自由变换"命令，将该矩形框改成所要的线条。

（6）给线条所在的图层加上"投影"效果。

在图层面板上继续增加新图层，画线。将每条线条画在不同的图层里，是为了避免自由变换的时候，影响其余的线条。

当然，也可以使用图层复制，而后调整线条位置。

2．调整图像

Photoshop 有一个"图像"菜单，如图 9-56 所示。"模式"包含图像的颜色模式，如 RGB 颜色、CMYK 颜色、Lab 颜色、多通道、灰度、索引颜色等。一般使用 RGB 颜色，有些特殊的要求则要使用其他的颜色模式。模式的转换也是在这里完成。一张 CMYK 颜色的图像可以通过选择菜单中的"图像"→"模式"→"RGB 颜色"命令，将该图像转成 RGB 颜色的图像。

"调整"指的是调整图像的色阶、对比度、色彩平衡等，如图 9-57 所示。

图 9-56 "图像"菜单

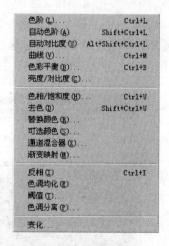

图 9-57 "调整"菜单

一般，若对色彩要求比较严格，可以在这里进行色彩的调整。平常的平面处理中，更多的是依赖于视觉的感受。

在"图像"菜单中，常用的除上面介绍之外，还有"图像大小"、"画布大小"和"旋转画布"等其他菜单命令。

如果觉得 640×480 像素不能符合要求，可以使用菜单中的"图像"→"图像大小"命令来调整图像的大小。如果觉得图像的画面太小，影响图像的整体效果，那么可以调整画布的大小。也可以对图像进行旋转，如图 9-58 所示。

Photoshop 6.0 被称为是目前最强大的图像处理软件。通过对工作界面、选取操作、图层和滤镜的一步步熟悉和掌握,会逐渐体会到平面设计的艺术魅力。在平面处理中,一个非常重要的方面就是创意。创意不会凭空产生,只有通过平常的不断积累,才能灵光一闪,打开创意的泉眼。"冰冻三尺,非一日之寒",但"九层之台,起于垒土"。只要不断努力,终究是会有收获的。

图 9-58　旋转画布

9.5　COOL 3D 3.0

9.5.1　COOL 3D 3.0 简介

Ulead Cool 3D 作为一款优秀的三维立体文字特效工具,广泛地应用于平面设计和网页制作领域,最近推出的 Cool 3D 3.0 版较以前又增加了许多新功能。本文即以 Cool 3D 3.0 版为例,来介绍它的界面、功能和基本操作方法。

Cool 3D 3.0 对系统的要求相对来说高一点,由于它的 3D 立体渲染功能比较强,所以相应地对 CPU 的速度、内存的大小有着相当苛刻的要求。为了提高渲染速度,系统中最好要装上 DirectX 7.0,还推荐安装 Quick Time 4 驱动程序和 Real Player。

Cool 3D 3.0 主要用来制作文字的各种静态或动态的特效,如立体、扭曲、变换、色彩、材质、光影、运动等。它的完整界面如图 9-59 所示,顶部是菜单栏,当中是被编辑图像的工作区,下部是包含各种现成效果的"百宝箱",右边是对象管理器(Object Manager)。对象管理器用于管理图中的各种文字图形对象,是 Cool 3D 3.0 所增加的新功能。

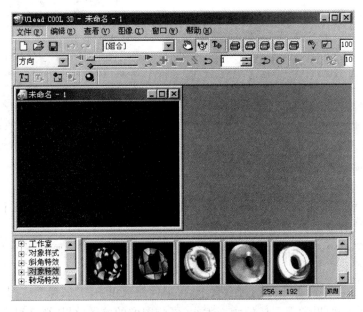

图 9-59　Cool 3D 3.0 工作窗口

9.5.2 工具栏

工具栏中有众多命令的快捷按钮,其中比较重要的是对象工具栏,即图中被编辑窗口正中间紧挨着上边缘的那几个按钮,如图9-60所示。不同的情况下工具栏的位置也不同。如果图中没有这个工具栏,可以在"查看"菜单中选"对象工具栏",以使对象工具栏"现形",对于其他工具栏方法类似。对象工具栏中五个按钮的功能分别是输入文字、编辑文字、插入图形对象、编辑图形对象、插入几何立体图形,而且前两个功能还可用快捷键F3和F4来实现。

刚输入的文字,它们的位置、角度、方向等参数往往不能满足需要,于是就需要在图中进行调整。手工调整所用到的工具如图9-61所示。

左边的下拉式列表框可以选择要编辑的对象,在屏幕上对象较多无法用鼠标直接单击选中时特别有用。第一个按钮是移动按钮,当它按下时,鼠标对屏幕上对象的拖动效果反映为平移;第二个按钮旋转按钮按下时,拖动对象可引起对象在各个方向上的旋转;第三个按钮用来缩放对象。另外在对象需要精确定位时,可以对图中位置工具栏中的数值进行直接调整,如图9-62所示。位置工具栏中最左边一个按钮表示当前使用的调整工具类型。

图9-60 对象工具栏　　图9-61 手工调整用到的工具　　图9-62 位置工具栏

调整了文字的位置和角度后就应该给文字加上各种效果,Cool 3D 3.0的图中下部有一栏就是"百宝箱",如图9-63所示。它提供了许多现成的特效,共六大类,好几十个子类,是Cool 3D 3.0的主要创意区,图中是它的效果类列表。对于大多数效果,屏幕下方的属性工具栏都会显示对应的参数即属性设置,而且左边标有"F/X"字样的按钮可以控制本次效果是否施加于被选择对象上。可以在施加效果之前调整效果的参数以达到最满意的目的。对于满意的效果,还可以通过单击最右边的"添加"按钮把效果加入百宝箱的现成特效集中,当需要重复工作时能提高一点儿效率。

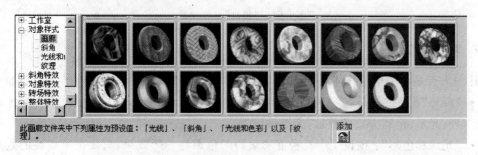

图9-63 百宝箱

注意:Cool 3D 3.0把文字对象看作由五个部分组成,分别是前面、前面的斜切边缘、边面、后面的斜切边缘、后面。许多针对对象本身性质的效果可以选择施加的面,这是由如图9-64所示的工具栏控制的。默认时是所有面,也就是

图9-64 选择位置(面或面的边缘)工具栏

效果施加于整个对象。

9.5.3　百宝箱

"百宝箱"如图 9-63 所示。

1．工作室

这一大类中提供的主要是关于整个图像创作方面的典型内容。

- "组合"栏：有图像页面布局和内容的整体实例，因为这是现成的对象，所以没有属性可以设置。
- "背景"栏：包含着十几个风格各异的背景图案，对应的属性工具栏中有色彩、亮度、饱和度、色调等参数，如果勾选了"使用图像"复选框，则前几个选项都无效，如图 9-65所示。

图 9-65　"背景"参数设置

- "形状"栏：预先设置了一些像房子、花朵、苹果、音符一样的物体模型，要用时可以直接拖动或双击此按钮。
- "对象"栏：预设置了一些现成的物体模型，要用时可以直接拖动或双击此按钮。
- "动画"栏：有着许多种风格的运动方式，两者都没有属性的设置。
- "相机"栏：定义了许多种视角，视角的变换能制作奇妙的运动效果。可以调节属性工具栏上的"相机镜头"和"距离"参数以获得不同的视角，镜筒长度越长，距离越远，图像也就越小，如图 9-66 所示。

图 9-66　"相机"参数设置

2．对象样式

这一大类是有关单独物体属性样式设置的总和。它也分几个子类：

- "画廊"：提供的是各种风格各异的现成效果，有静态的，也有动态的，都是各种纹理、光影、运动方式的叠加，无属性设置。
- "光线和色彩"：预设了十几种五彩缤纷的色调与光影效果，只要把所需要的效果拖动到工作区的某一个对象上，该对象就会具有这种效果，除了可以调节光影与色彩的亮度、饱和度、色调外，还可以在参数中选择光照效果是施加于物体表面、整体，还是作为镜面反射的参数（高光部分），如图 9-67 所示。

图 9-67　"光线和色彩"参数设置

- "纹理"：是纹理效果集,可以施加于对象,使对象的表面看起来像各种各样的不同材质。可以自己设定：在属性工具栏中勾选"使用图像"复选框,在弹出的对话框中挑一个适合于做材料的图片即可。左面下拉式列表框中的覆盖模式参数控制图片贴在物体表面的方式：平面、圆柱、球形、反射。三个按钮能对对象上的材质分别作平移、旋转和缩放。"清除色调"按钮则用来屏蔽原对象的色彩属性,如图 9-68 所示。

图 9-68 "纹理"参数设置

- "斜角"：含有多种风格的边缘斜切方式,即平时所说的"倒角"、"倒边",它有斜角、圆角、双层斜角、双层圆角等多种风格,能赋予对象以很强的立体感。属性工具栏中可以在左边的下拉式列表框中选择斜切效果的大范围,如斜角、圆角等。另外还可以在属性工具栏的右边调整斜切效果的各种细微的参数,如挤压系数(Extrusion)、特效字的粗细(Weight)、边框宽度(Border)、深度(Depth)、斜切面的光滑程度(Precision)等,如图 9-69 所示。

图 9-69 "斜角"参数设置

3. 斜角特效

这一大类效果主要是给文字加上底板或边框形状,只要看看图中就可以知道,实际上它和上面的"斜角"一栏属于同一类,只是"斜角"太过复杂,为方便使用这里便单独地分了出来。它提供各种形状的"板",有镂空的,有雕刻的,有只加个边框的。因为所做的作品不会只要求文字浮在空中,所以这些效果必不可少,使用频率较高。

4. 对象特效

这一大类是可施加于具体对象的千奇百怪的特殊效果,既有静态的扭转、弯曲、折叠,又有动态的跳舞、翻滚、爆炸,而且各种效果的参数一般都能在属性工具栏里设置,如图 9-70 所示。图中选中了"爆炸"效果,对应的参数有"运动类型"、"爆开类型"、"动作顺序"以及其他一些与动画的时间有关的参数等,随意改动一点就可能使制作出来的效果千差万别。

图 9-70 "对象特效-爆炸"效果参数设置

5. 转场特效

这类效果一般是对对象整体的一种变换。

"碰撞"效果：就是一些字一串串地窜来窜去。

"跳跃"效果：是蹦来蹦去的效果。

"炸开"效果：是散来散去的效果。

6. 整体特效

其中包括光晕、火焰、阴影、动态模糊等子栏目。

- 光晕特效：是给对象加上一层光晕效果，其属性工具栏中的参数有光晕光带区宽度、光晕透明度、光影柔化程度以及光晕色彩设置等，如图 9-71 所示。

- 火焰特效：是用来产生燃烧效果的。图 9-72 中有各种各样的参数设置：

图 9-71 "光晕特效"参数设置

- "强度"：控制火焰燃烧的最大程度；
- "幅度"：控制左右晃动的幅度；
- "方向"：控制火焰与对象物体的融合程度；
- "柔化边缘"系数：控制对象物体边缘的柔化程度；
- "长度"：控制透明度；
- "阻光度"：控制光阻隔的程度；
- "火焰色彩"：有三个调色格，分别用来设置火焰的外焰、内焰、焰心的颜色；
- "燃烧内部"：使火焰在物体内部也具有燃烧效果。

图 9-72 "火焰特效"参数设置

- 阴影特效：用来给对象加上阴影，它的参数设置比较简单，X 偏移量和 Y 偏移量用来设置阴影相对于原对象的偏移程度；"柔化边缘"系数控制阴影的柔化程度，数值越大越模糊。色彩则是用来设置阴影颜色的，如图 9-73 所示。

- 动态模糊特效：给对象加上"尾巴"，如图 9-74 所示。

图 9-73 "阴影特效"参数设置 　　　　图 9-74 "动态模糊特效"参数设置

- "类型"：控制是否连续（选择"不连续"为断续的"尾巴"，选择"连续"为连续的"尾巴"）；
- "路径"：控制"尾巴"的形式是直线、正弦波曲线、螺旋线、摆线还是其他种类的轨迹；
- "密度"：控制"尾巴"的密集程度；
- "长度"和"方向"：分别控制其长度和方向。

9.5.4　实例

例：运动文字的研究。

（1）建一图像文件，插入"多媒体"三个字。

（2）设置合适的色彩、背景、材质与斜切效果，如图 9-75 所示。

图 9-75 输入文本"多媒体"窗口

（3）选择百宝箱左面的"工作室"下的"动画"栏，可以看到右边有许多已经设置好的现成运动特效。例子中选择第一行第四个从左边飞入从右边飞出的，双击它或把它拖动到对象上。

（4）此时图像已经有了运动特效。仔细观察一下动画控制工具栏，如图 9-76 所示。工具栏中已经变样了，帧和时间控制线中已增加了三个关键帧。

（5）把滑块拖动到关键帧处（关键帧此时应该变成蓝色），可以看见处于关键帧时图像的效果。如图 9-77 所示为动画处于第二关键帧时的样子。

图 9-76 动画工具栏

（6）把滑块拖动到其他关键帧处，可以看见其他关键帧。到这里应该明白，每一个关键帧的设置都影响着动画序列的生成效果。

（7）按"播放"按钮可以播放动画。按"停止"按钮可以停止。

总之，动画由关键帧构成，动画的播放只不过是关键帧之间的动态演变而已，中间过程无论多么复杂，总由软件自动生成。对于通常所接触到的简单动画，控制了关键帧就控制了一切。

图 9-77 动画处于第二关键帧时
显示的效果

9.6 三维素材制作

9.6.1 3D Studio MAX 概述

3D Studio MAX 是 Autodesk 公司开发的具有突破性的造型、渲染和动画软件，它不但是影视和广告设计领域的强有力的工具，同时也是建筑外形设计和产品外形设计领域的最佳选择。通过摄像机和真实场景的匹配、声音效果的设计、场景中任意对象的修改、高质量的渲染工具和各种特殊效果的组合，可以创造出逼真的电影级动画。同时，3DS（3D Studio 的简称）MAX 具有友善的开发环境，借助其简单的脚本语言，即可自行扩展功能。

随着制作设计工作的不断复杂与庞大，在 PC 平台上进行专业建模及三维动画制作群体将更多地强调集体的协作，3D Studio MAX R3 三维动画制作软件在整体协作工作流程方面作了很多改进，新增加的功能包括：

- 方便易用的外部参考。调用 External References 脚本语言和 Scripting 脚本宏记录 Macro-recording、可定制的工作环境 GUI、完全重新设计的渲染器及针对下一代三维游戏而设计的一些功能等。

- 界面新添图解视图。通过新的图表面板和快捷菜单可以快速地访问各个工具。命令可以按图标的方式显示在工具栏中,也可以按原来的方式显示文字按钮。可以通过创建自己的工具和工具栏来重新安排用户界面元素,被重新安排的界面还增加了图解视图,从而很容易地观察视图中所有对象的组织结构和层级及参考关系。

- Xrefs 可作宏观控制。Xrefs 是外部参考文件,它允许多个动画师和建模师同时在一个场景中工作,而不相互影响。它既可参考整个场景又可参考部分对象,并随着参考对象的改变随时变化,从根本上解决了原物整体协作工作的诸多不便。

- 增强了建模功能。3D Studio MAX R3 在可编辑网格和编辑网格(Editable Mesh)方面作了大量改进。可直接在网格体上任何位置增加网格线,可对所选面进行拉伸和倒角操作,通过各种变形将简单的几何体创建成复杂的模型对象,将任何非网格对象附加到编辑网络上。新增的 Auto-Grid 可基于表面法线在任何表面上创建临时栅格,并在此栅格上创建对象。

- 扩展了着色方式。3DS MAX R3 在材质编辑器中增加了许多新的着色方式,为了适应这个变化,用户界面也作了适当的安排。扩展的着色方式可以直接给材质编辑器界面插入新的明暗模式,同时每个明暗模式有它自己的贴图类型。材质编辑器中还有多种复合材质特性,如 Composite 材质,可复合 10 种材料;Morpher 材质,结合 Morpher 编辑器,对材质进行变形;Shellac 材质,可叠加不同的材质。

- 实时交互渲染的特色。在渲染的时候可以选择 3DS 提供的反走样过滤器,在渲染过程中可以产生类似的特效,以前只能使用应用镜头闪光、发光、颜色平衡、对比、增亮和模糊等操作,现在可以在渲染的过程中交互地调整它们。这些参数也可以设置动画,该选项对计算机生成的图形与存在的影片镜头混合非常有用,可以比以前更方便地浏览正确的路径。

另外在功能性和易用性方面也有许多非常大的改进。由于 3D Studio MAX R3 功能强大,并较好地适应了国内 PC 用户众多的特点,被广泛运用于三维动画设计、影视广告设计、室内外装饰设计等领域,业内有句话:只有你想不到的,没有 3DS MAX 做不到的。也就是说,用 3DS MAX 搞三维创作,最大的局限便是作者本身的能力。

1. 3DS MAX 的功能模块

- 建模(Modeling object):3DS MAX 的重要特点是有一个集成的建模环境。可以在一个工作空间完成二维图纸、三维建模及动画制作的全部工作。

- 材质设计(Material design):3DS MAX 提供了一个高级材质编辑器,可以通过定义表面特征层次来创建真实的材质。

- 灯光和摄像机(Lighting and Camera):3DS MAX 中,创建各种特性的灯光是为了照亮场景。创建的摄像机有着真实摄像机的控制器。

- 动画(Animation):3DS MAX 中,通过单击 Animate 按钮,可以在任意时间使场景产生动画。还可以通过 Track View(轨迹视图)控制动画。

- 渲染(Rendering):3DS MAX 的渲染器的特征包括选择性的光线跟踪、分析性抗锯齿、运动模糊、容积光和环境效果。还可在 Video Post(视频后处理)窗口渲染和编辑多幅动画视图。

2．窗口组成

启动 3D Studio MAX 后，屏幕上出现 3D Studio MAX 应用程序窗口，它由标题栏、菜单栏、工具栏、命令面板、视图窗口、视图调整控制、动画放映控制、状态栏、提示栏、锁定选择按钮和其他按钮组成，如图 9-78 所示。

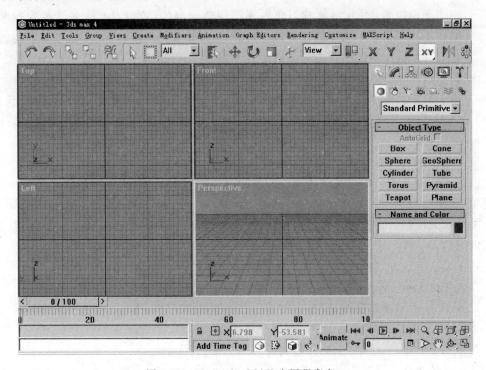

图 9-78　3D Studio MAX 应用程序窗口

- 标题栏：位于 3D Studio MAX R3 应用程序窗口最上面的一个矩形条，它显示应用程序的名称（3D Studio MAX）以及当前视图中正在处理的动画文件名。标题栏左端是控制菜单框，右端三个按钮分别是最小化、最大化（或还原）和关闭按钮。
- 菜单栏：位于标题栏的下方，其中每个选项都代表一个菜单，而且每个菜单又包含一个命令列表，利用鼠标可以单击菜单选项或按下 Alt＋带下划线字母键，则打开相应的下拉菜单，然后选择并执行菜单命令。
- 工具栏：位于菜单栏的下方，它包括 3D Studio MAX 中使用频率较高的工具。与一般 Windows 应用程序不同的是，某些工具只能通过工具栏才能取得。另外将光标放在某按钮上，稍后将自动出现此按钮功能的提示文字。可以通过左右拖动工具栏来找到屏幕外的工具。
- 命令面板：屏幕的右边是一组命令面板，它是 3D Studio MAX 的核心。其中包含在场景中创建、造型和编辑物体等经常要使用的工具和命令。在命令面板中有六个选项卡，它们从左到右依次是 Create（创建）、Modify（调整）、Hierarchy（层次）、Motion（运动）、Display（显示）和 Utilities（实用）选项卡。选择每个选项卡就可以访问相关的命令,打开时默认状态的选项卡是 Create 选项卡。

- 视图窗口:在屏幕上占据较大区域的四个方形窗口就是视图窗口。可以通过视图窗口从任何不同的角度来观看所建立的场景,并可使用多种不同的排列及显示方式。默认的设置是四个等分的视图:右下角的透视图从任意角度显示场景;其余的三个视图是当前位置的正交视图,即沿着空间坐标轴(x、y、z)的方向,从前方、上方和左方来直接观看场景。
- 视图调整控制:使用屏幕右下角的视图调整控制按钮,可以改变场景的观察效果,但并不改变场景中物体的位置,这些视图控制按钮的功能包括缩放、平移和旋转等,它们会依据所激活的视图的不同而有不同的控制按钮。
- 动画放映控制:包括动画时间滑块条、动画按钮和一组控制动画播放的按钮,主要用于放映动画以及在动画各帧之间移动。动画时间滑动条在屏幕的左下角,状态栏上面,拖动滑块条或在其任意一边单击均可设置动画的当前帧,拖动滑块还可以播放动画。

较大的 Animate 按钮是动画设置的开关按钮。当在该按钮上单击时,它变为红色,说明当前处于动画方式。此时拖动动画时间滑块可以改变帧的位置,变换场景即可产生动画关键帧。

动画开关按钮的右边有八个控制按钮,这些按钮分为两排,上面一排共五个按钮,从左到右依次是:

- Go to Start 表示移到激活时间段内的第 1 帧;
- Previous Frame 表示移到前一帧或前一关键帧;
- Play 表示播放动画;
- Next Frame 表示移到下一帧或下一关键帧;
- Go to End 表示移到激活时间段最后一帧。

下面一排共有三个按钮,从左到右依次是:

- key 表示关键帧方式开关,用于设置每次向前或向后移动一关键帧;
- Frame Number 表示当前帧编号,要想进入某一帧,可在该栏中输入帧编号;
- Time Configuration 表示时间配置,单击该按钮,出现时间配置对话框,以设置播放动画的速度、激活时间段以及其他一些参数。
- 状态栏和提示栏:状态栏位于屏幕的底部,在它的下面是提示栏。状态栏显示目前所选择的物体数目并可锁定所选择的物体,它还提供坐标位置的显示。提示栏显示正在使用工具的描述内容。
- 锁定选择按钮:在创建一个选择集后,可以利用锁定选择按钮锁定选择集。当选择集被锁定后,不能向选择集内加物体,也不能从选择集内去掉物体。

3. 菜单栏

3D Studio MAX 的菜单栏包括 File(文件)、Edit(编辑)、Group(成组)、Views(显示)、Rendering(渲染)和 Help(帮助)等选项,下面将简单地描述每一种菜单选项的功能。

- File 菜单:允许创建、打开、合并、输入、输出和查阅不同的文件,输入文件的摘要信息,设置路径和优先特性以及退出系统等。

- Edit 菜单：允许撤销或恢复上一次操作；暂存或装载暂存场景；删除、复制、各种选择和变换几何体以及其他一些命令等。
- Group 菜单：允许创建、打开、关闭、拆开和连接对象组。
- Views 菜单：允许撤销或恢复上一次视图调整；保存和再现当前视图的参数；单位设置、绘图辅助设置以及视图设置等，通过这些命令可以控制观察物体对象的不同方位。
- Rendering 菜单：允许进行渲染、视频后处理和环境设置等。

4. 命令面板

命令面板汇集了访问 3D Studio MAX 的全部绘图和编辑命令，这是 3D Studio MAX 的核心图部分。在应用程序窗口右侧有六个命令面板，每次只有一个命令面板是可见的。

每个命令面板都由三个区域组成。面板的顶部是一组按钮，可用于访问不同类型的命令；在按钮的下面是子命令类型的下拉列表；在下拉列表下方是命令卷展栏，命令和参数均列在这个区域中。下面简单说明各命令面板的用法。

- Create(创建)命令面板：可以创建各种物体。在该面板中有七个按钮，每个按钮表示可以创建物体的类型。它们分别是：Geometry(几何体)、Shapes(图形)、Lights(光源)、Cameras(摄像机)、Helper(辅助器)、Space Warp(空间扭曲)和 System(系统)等。在这些按钮的下面是一个下拉列表框，即每种物体类型都能产生一些子类型，如 Geometry 可以产生五种子类物体，它们分别是 Standard Primitives(标准图元)、Patch Grids(面片网格)、Compound Objects(组合物体)、Particle Systems(粒子系统)和 Loft Objects(造型物体)，如图 9-79 所示。
- Modify(修改)命令面板：用于存取和改变被选定的任一物体的参数。可以使用不同的调整器(Modifiers)，如弯曲或扭曲等，调整几何体。在该命令面板上还可以访问调整器堆栈(Modifier stack)，如图 9-79 所示。
- Hierarchy(层级)命令面板：用于创建反向运动和产生动画的几何体的层次结构，如图 9-79 所示。

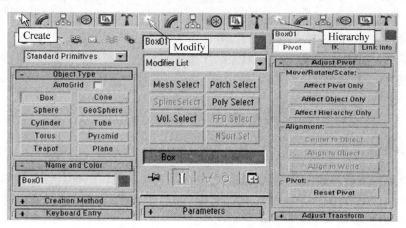

图 9-79　创建面板、修改面板和层级面板

- Motion(运动)命令面板：用于将一些轨迹运动控制器赋给一个物体，也可将一个物体的运动路径转变为样条曲线或将样条曲线转变为一个路径，如图 9-80 所示。
- Display(显示)命令面板：用于控制任意物体的显示，包括隐藏、消除隐藏和优化显示等，如图 9-80 所示。
- Utilities(外挂)命令面板：用于访问几个实用工具程序，如调色板(Color Clip board)，如图 9-80 所示。

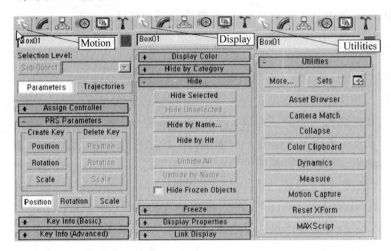

图 9-80 运动面板、显示面板和外挂程序面板

在 3D Studio MAX 命令面板中选定一个命令时，该命令按钮将变为绿色，表示该命令已被激活。此时与该命令有关的参数也出现在命令卷展栏中。为了安排屏幕空间以显示更多的可读信息，可以将卷展栏收起或展开。不同的命令其卷展栏中的选项也不同。例如在 Create 命令面板上单击 Cylinder 命令按钮，该按钮即变为绿色，并出现一个命令卷展栏。

卷展栏中的每一组参数由一个水平按钮将其分隔开，每个水平按钮标题前面标有一个加号"＋"或减号"－"。在"＋"号栏单击，卷展栏扩展，"＋"号变为"－"号，所示的命令变为有效。在"－"号栏单击，卷展栏收起，命令也隐藏起来。如果展开卷展栏区域，卷展栏向下延伸且屏幕不能完全显示整个卷展栏时，可动态地移动卷展栏。此时只要将光标放在卷展栏的非激活部分，光标则变为一只手形光标。按住鼠标左键即可用手形光标上下拖动卷展栏，使隐藏的部分显露出来。

9.6.2 3D Studio MAX 基本操作

1. 选择对象

选择对象的方法有单独选择、组选择、按对象名称选择等。图 9-81 所示的是 3DS MAX 中的工具栏中的部分按钮，其中右下角有小三角的按钮包含一组按钮，在鼠标按住时会弹出所包含的子按钮，它们在基本操作中很关键。

- 选择一个对象(单独选择)：是最基本的操作，是用对象选择工具，即 Select Object 图标来完成，它的作用是选择一个单独的对象。方法是在工具栏中单击 Select

图 9-81　功能按钮简介

Object 图标,在任意视图窗口中单击选择任意对象,在线框图中,被选择的对象变为白色;在透视图中,被选择的对象周围出现白色边角框,表明该对象被选中。

- 选择多个对象(组选择):组选择也叫区域选择(Region Selection),方法是拖动鼠标以定义一个区域,在这个区域内或触及该区域的所有对象将被选中。具体操作是:在任意视图窗口中围绕多个对象,沿对角线方向拖动鼠标画出一个矩形框,松开鼠标左键后,矩形选择框内和触及该区域的所有对象将被选中。
- 按名称选择对象:在含有多个对象的复杂场景中,最快捷的选择方法是按对象的名字进行选择。在工具栏中,单击 Select By Name 图标,将出现 Select Objects 对话框。场景中的所有对象已列在显示栏中,已被选择对象的名字高亮显示,可用右上角的选项来按一定的顺序显示栏目中的对象名,也可用右边的复选框改变显示栏中对象的类别,如图 9-82 所示。

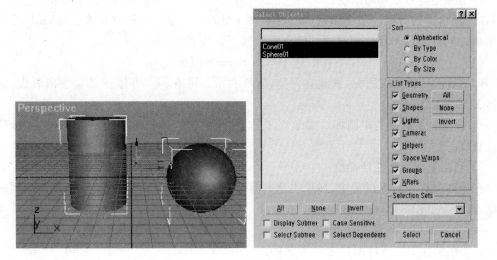

图 9-82　选择事例

当想选择指定的对象时，可以在显示列表中单击它们或在对话框中输入要选择对象的名字。如果要选择多个对象，可以按住 Ctrl 键，在显示栏中单击多个要选择的对象名。或按住 Shift 键，在显示栏中选择相连的多个对象。也可以用通配符从显示栏中选取。

- 锁定已选择的对象：如果已经选择了一个对象集并在移动它们之前偶尔在选择集外单击，那么将释放所有已选择的对象而无法移动它们。这种情况在复杂场景中，因为对象很小，常常会发生。可以用锁定选择集的方法来解决这个问题，具体操作如下：

（1）选择两个或更多的对象。

（2）在提示行中单击 Lock Selection Set 图标，或者按空格键。Lock 图标变为高亮，并且当前选择被锁定，不能被释放。

（3）在视图窗口中任意位置拖动鼠标，选择集将移动。

（4）可再按空格键关掉 Lock 图标。

2. 缩放与变换动画

1）缩放对象

在缩放操作中，一般有均匀缩放和挤压缩放两种操作。

均匀缩放的操作方法如下：

（1）在视图窗口中建立一个立方体。

（2）单击 Uniform Scale（均匀缩放）图标，如图 9-83 所示。view 坐标系将变为当前坐标系。

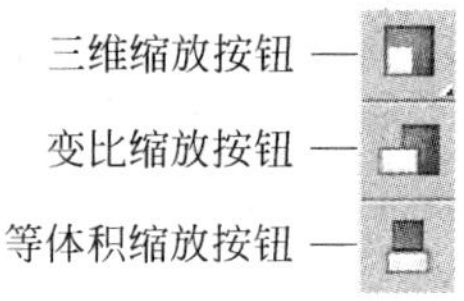

（3）在坐标中心下拉图标中单击 Use Pivot Point 图标。

（4）上下拖动鼠标以缩放立方体，立方体的尺寸会放大或缩小。然后单击以终止操作。

三维缩放按钮 ——
变比缩放按钮 ——
等体积缩放按钮 ——

图 9-83　缩放按钮

在实际创建对象和动画制作中，往往要对对象进行挤压缩放操作，挤压缩放（Squash 缩放）在动画中特别有用。这个功能可以使对象在沿着一个坐标轴的方向缩放的同时，沿着剩余两坐标轴方向以相反比例缩放。操作方法如下：

（1）在 Select and Scale 下拉图标中单击 Squash 图标。

（2）激活 Z 轴约束图标，缩放立方体，然后右击。可看到立方体在 Z 轴方向放大，而在 X 与 Y 轴方向上缩小。

（3）单击"XY"轴约束图标。缩放立方体，然后右击。结果是完全一样的，但鼠标移动方向相反。

2）利用交换制作变换动画

在一些操作与变换过程中，如果将这些具体的变换在不同的帧中操作，最后连续播放这些帧，3D Studio MAX 将以这些关键帧为准，自动计算出关键帧之间的中间状态而形成动画，下面介绍如何制作这类动画：

（1）在坐标中心下拉图标中单击图标。

（2）前进到第 50 帧，并且打开 Animate 图标。

（3）在 Z 轴方向向下挤压立方体。

（4）前进到第 100 帧，沿 Z 轴方向上挤压立方体。

（5）单击 Play（播放）图标，立方体向下挤压后，恢复又拉长。

（6）再次单击 Play 图标，动画将停止播放。

3．调整器堆栈的使用

1）调整器堆栈

调整器堆栈（Modifier Stack）是 3DS MAX 建模操作过程和编辑操作过程的存储区。在 3DS MAX 中建立的每一个对象都有它自己的堆栈。通过调整器堆栈，可以访问并改变对象创建时的参数，对对象进行挤压或扭曲，并制作出相应的动画。

在 3DS MAX 中，无论用什么方法来修改或调整一个堆栈，那么对对象所进行的每一次改动操作都将被记录下来，并放在调整器堆栈里。

可以在 Modify 命令面板里找到调整器堆栈，调整器是对象自身的一种属性，可以把它赋给对象并对对象产生影响。可以在 Modify 命令面板里找到调整器堆栈，如图 9-84 所示。

图 9-84 堆栈器及参数卷展栏

在 3DS MAX 里，几乎所有操作都可以做成动画，当然也包括改变调整器的参数。Taper 调整器的 Taper Axis 值是不能被改变的，所以不能被制成动画，但其他参数的值都可以做成动画。

2）编辑网格调整器

编辑网格调整器（Edit Mesh）即可以直接访问组成对象的子对象并进行操作的调整器。

编辑网格调整器提供了以下四种功能。

- 转换：对某个对象使用了 Edit Mesh 后，如果该对象不是网格对象，则系统自动把它转换为网格对象。这样做，就可以为对象提供编辑操作时所需要的面、顶点和边，而对象的原始参数则被保存在堆栈中。

- 编辑：该功能由 Edit Mesh 卷展栏提供，可以用多种编辑工具对对象的组成部分进行编辑操作。

- 表面编辑：该功能允许设定面的 D（识别码）号，为子对象赋予材质，改变光滑组或修改面的法向量等。

- 选择：Edit Mesh 的选择有双重功能。Edit Mesh 提供对顶点、面和边的选择方式。在选择了子对象以后，可以对选择集使用网格编辑工具，也可以将子选择集送往堆栈，使后面的调整只对子选择集有效。在 3DS MAX 中有三种子对象选择级别，分别对应于网格对象的三种成分：顶点（Vertex）、面（Face）、边（Edge）。

    ◆ 选择顶点

（1）在视图窗口中，创建一个圆柱体。

（2）单击 Select Object 图标。

（3）单击圆柱体的任意一个顶点。在被选择的顶点处出现了一个三向轴。

（4）按住鼠标拉出一个方框，在方框内的顶点都变成红色。

◆ 选择面

（1）在 Sub-Object 列表中选择 Face。这时红色和白色的标记都消失了，同时在下方的卷展栏中出现了一些新的工具。

（2）在 Front 视图窗口中，单击圆柱体中间的任意位置，可以看到有个四边形变成了红色。

（3）按住鼠标拉出一个方框。这时框内的面都以四边形方式显示。

（4）在透视图中，单击圆柱体的顶部。在其他视图窗口中，可以看到圆柱体的顶部被选择。

◆ 选择边

（1）在 Sub-Object 列表中选择 Edge。

（2）单击鼠标选择任意边，然后拉出一个方框以选择多条边，被选择的边都变成了红色。

◆ 编辑圆柱体

（1）创建一个圆柱体。

（2）单击 Edit Mesh。这时 Edit Mesh 出现在堆栈里，旁边还有一个星号。同时 Sub-Object 方式被激活并被设为 Vertex(顶点)级，同时出现了 Edit Vertex(顶点编辑)面板。此时，圆柱体的每个顶点都带上了一个十字标记。

（3）将 Sub-Object 方式设为 Face 级，选择底面。

（4）改变 Amount 值，圆柱体的形状将发生变化。

◆ 调整顶点

首先创建一个矩形，然后单击 Modify 面板中的 Edit Spline 按钮，这时矩形的每个角上显示一个小标记来表示顶点。其中起始点用一个白色的小方块表示。选择一个顶点，在点的左右会各出现一个绿色的方块，代表控制柄。

根据顶点的矢量控制柄来看，顶点一般分为四种。

➢ Smooth(光滑顶点)：顶点的两侧为光滑连接的曲线段。

➢ Corner(边角顶点)：顶点的两侧一般为直线段，有点像活动的铰链，可以是任意的角度。

➢ Bezier(Bezier 顶点)：Bezier 曲线的特点是通过控制多边形来控制曲线，因此它提供了该点的切线控制柄，可以用它来调整曲线。但是无论怎么变化，控制柄始终是切线。

➢ Bezier Corner(Bezier 角点)：提供了控制柄，并允许两侧的线段成任意的角度。移动顶点时，控制柄的夹角不变，有点像局部焊死的铰链连接。

4．创建形体对象

在 3DS MAX 中，对象被分为二维形体和三维形体两种。二维形体主要是指那些只有两个坐标值的图形，简单的可以直接使用，复杂的要用 Modify 来进一步调整。

创建形体对象的步骤从命令面板上看，一是用 Create Shape 创建形体；二是用 Modify 调整形体。创建是基础，而且实际上很少有不经过修改调整就直接能够使用的对象。

打开 Create(创建)命令面板，发现可以创建的内容很多。单击上面的 Shape 按钮，就可以找到能创建的二维形体，如图 9-85 所示。

➢ Line(样条曲线)：操作时只要指明曲线上的点。

➢ Circle(圆)：只指明半径即可。

➢ Arc(圆弧)：指明起始位置和终止位置及半径。

➢ NGon(正多边形)：要指明半径和边数。

➢ Text(文字)：可以产生任意西文和中文。

➢ Rectangle(矩形)：指明长和宽。

➢ Ellipse(椭圆)：指明左下角和右上角。

➢ Donut(环形)：由内外两个圆组成，指明内径和外径。

➢ Star(星形)：指明内外半径和边数。

图 9-85 二维形体创建命令面板

➢ Helix(螺旋线)：有 X、Y、Z 三个方向的坐标值，包括长、宽、高。

1) 创建标准二维形态

本例介绍创建一个星形二维体的具体方法：

(1) 单击 Create 面板上的 Shape 按钮，单击 Star 按钮。

(2) 在 Front 视图中拖动鼠标，拖动的同时，五角星形的外径也在改变，大小合适后松开鼠标。

(3) 继续移动鼠标，内径随着鼠标的移动而变化，合适后单击鼠标以确定大小。

(4) 向上推动命令面板，出现创建星形的参数，其中内径和外径根据刚才拖动鼠标的距离而确定。

(5) 将 Points 设为 5，表示要创建一个五角星；下面的另一个参数 Distortion 是用来确定扭曲的程度的，将其设为 30。这时五角星变成了一只梅花镖的形状，如图 9-86 所示。

2) 创建旋转体

旋转体在日常的生活中是经常看到的，比如花瓶与台灯等都是具有旋转面的对象。在确定了横截面形状后，通过 Lathe 调整，可以很方便地得到一个旋转体。创建一个酒杯的操作步骤如下：

(1) 在 Create 面板中选择 Line。

(2) 在 Front 视图窗口中创建一个如图 9-87 所示的线形，长宽比例与一个酒杯差不多。

(3) 使用 Modify 调整面板中的 Edit Spline 来编辑曲线。

(4) 选择 Sub-Object 列表框中的 Vertex，编辑的对象变成点。

(5) 滚动面板，单击 Edit vertex 卷展栏中的 bane(重定义)按钮。

(6) 在线形的左右两侧靠上些的位置各插入两个顶点。

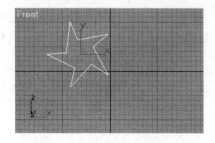

图 9-86 梅花镖二维形体

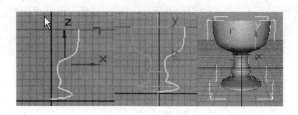

图 9-87 创建二维旋转体

（7）移动最上面的顶点，直到出现一个类似酒杯横截面的图形。

（8）选择 Modify 面板中 Lathe，用它把一个平面图形生成旋转体，如图 9-86 所示。

使用同样的方法，可以创造出现实生活中的很多旋转对象。

3）建立空间扭曲体

空间扭曲是一个对象，可以像创建其他对象一样创建它。下面将创建一个像涟漪（Ripple）一样的空间扭曲，然后再把它与圆柱体连接起来。利用 Ripple 功能将生成一个从中心往外扩展的圆形正弦波，在波动范围内的对象的形状都将随着波动发生变化。具体步骤如下：

（1）在视图窗口中创建一个长方体。

（2）单击 Create 命令面板中的 Space Warps 按钮。

（3）单击 Ripple 按钮。

（4）在 Front 视图窗口中，从长方体的稍右上方开始拖动鼠标以定义涟漪的波长（Wave Length）。

（5）松开鼠标，定义振幅，然后右击以产生涟漪。

（6）单击工具栏中的 Bind Space Warp（连接空间扭曲）图标，然后选择长方体。

（7）在长方体上单击，光标形状发生变化。

（8）把长方体拖到空间扭曲体上，然后释放左键。拖动鼠标时，从长方体的中心点到光标之间出现了一条虚线。当光标经过涟漪（Ripple）或任何空间扭曲体时，光标的形态会发生变化。释放鼠标左键后，涟漪会闪一下，说明涟漪已被连到长方体上了。只要长方体一进入涟漪的范围，就会立即受到它的影响，如图 9-88 所示。

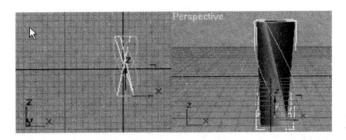

图 9-88　创建空间扭曲体

在 3DS MAX 中，空间扭曲体只影响那些和它相连的对象。一个空间扭曲对象可以与多个对象进行连接，也可以把多个空间扭曲体连接到一个对象上。

4）制作涟漪参数动画

制作涟漪动画实际和前面所做的变换动画差不多，都是在不同关键帧上操作，最后连续播放这些帧时，计算机计算出关键帧之间的过渡状态，最后形成连续变化的动画过程。具体操作如下：

（1）前进至第 100 帧。

（2）打开 Animate 图标。

（3）打开 Modify 面板，选择 Ripple 对象。

（4）设置 Phase 值为 0.5。

（5）关掉 Animate 图标。

（6）单击 Play 图标播放动画。可以看到，由于涟漪参数的变化，长方体发生了扭曲。

5）创建复杂二维形体

在 Create 面板中，有一个选项为 Start New Shape，如果选中了该项，那么每创建一个形体都是单独的。如果清除这个复选框，那么再创建的形体都被添加到当前选中的形体中去。

下面创建一个镂空的圆，中间是一个六角星。

（1）在 Front 视图中创建一个矩形，按住 Ctrl 键可以得到一个正方形。

（2）不复选 Start New Shape，再创建的形体被添加到先前创建的形体中去。

（3）在矩形的外边创建一个圆。

（4）再在矩形的中间创建一个星，设定它的 Points 为 6，六角星在创建的时候要注意它的内径和外径的大小，否则看起来可能不像一个六角星。

（5）使用 Modify 面板中的 Extrude，将它拉伸一个厚度，数值为 40。

（6）使用 ZoomExtentsAll，以便能看到整个形体。

（7）在一个合适的角度观察创建出来的形体，一个镂空的矩形，中间有一个六角星，如图 9-89 所示。

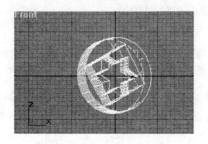

图 9-89　组合形体的创建

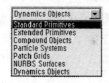

图 9-90　三维对象类型

5. 创建三维形体

3DS MAX 中，Geometry 主要指的是三维对象，即 X、Y、Z 三个方向上都有值的对象。3DS MAX 中能够创建出来的三维对象是非常丰富的，这些可以通过打开 Create 面板，单击 Geometry 后，弹出"三维对象类型"下拉列表框，如图 9-90 所示。其中包含三维对象类型如下：

- Standard Primitives（基本形体）；
- Extended Primitives（扩展形体）；
- Compound Objects（组合对象）；
- Particle Systems（粒子系统）；
- Patch Grids（面片网格）；
- NURBS Surfaces（曲面形体）；
- Dynamics Objects（动态对象）。

简单的三维形体可以通过创建直接得到，复杂一些的要通过造型及变形后才能得到。在 3DS MAX 中下列对象都可以直接通过基本三维对象创建按钮创建得到，如图 9-91

所示。

- Box(长方体)：要求长、宽、高。
- Sphere(环体)：要求半径。
- Cylinder(圆柱)：要求半径和高度。
- Torus(圆环)：要求内外半径。
- Teapot(茶壶)：不需要任何的参数，就可以直接生成壶盖、壶罐、把手等。
- Cone(圆锥)：要求先有上半径，然后高度，最后下半径。
- GeoSphere(棱球体)：要求半径。
- Tube(管子)：要求内外径和高度。
- Pyramid(棱锥体)：要求先有上半径，然后高度，最后下半径。
- Plane(平面体)：要求有半径。

图 9-91　基本三维对象
创建按钮

1) 创建基本形体

3DS MAX 具有非常强大的造型功能，使用 Create 面板中的 Geometry 可以创建常见的三维形体，3DS MAX 3.0 还为较复杂的三维形体创建了一个单独的 Objects 工具栏，方便使用。下例就是利用 Objects 工具栏创建的一个基本形体。具体操作步骤如下：

（1）单击工具栏中的 Objects 标签，弹出复杂形体创建按钮。

（2）从能创建的形体种类中挑选 Hedra。

（3）单击 Hedra，在 Front 视图窗口中拖动鼠标得到一个多面体。

（4）打开 Parameter(参数)选项中的 Family。

（5）分别选择 Tetra、Cube/Octa、Dodec/Icos、Star1、Star2，观察形体的变化。

注意：使用 Star2 可以创建出一个漂亮的星形体，当然也可以利用 Objects 工具栏中的按钮直接创建一些复杂形体，如图 9-92 所示。

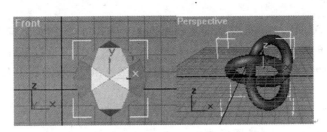

图 9-92　利用 Objects 工具栏创建三维形体

2) 路径造型

路径造型实际上就是将所创建的两个对象中的一个作为路径，另一个作为被动造型物件，连接后产生的造型过程。下面将介绍具体的通过选择路径造型的例子：

（1）选择工具栏的 Shapes 标签中的 Denut，在 Front 视图窗口中创建一对同心圆，作为横截面。再在 Left 视图窗口中创建一个直线作为路径。

（2）选择创建好的同心圆。

（3）使用 Create 面板中的 Geometry→compound Objects 选项。

（4）单击 Loft 按钮。

（5）单击 Get Path 按钮，然后在 Left 视图窗口中选择直线。

（6）选择 Zoom Extents All 图标，可以看到造型后的长筒对象，如图 9-93 所示。

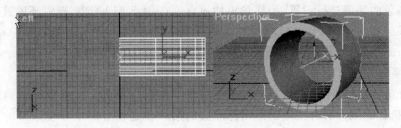

图 9-93 路径构造造型

实际上，也可以通过先选择直线，再选择横截面的方法进行放样造型，即选择横截面造型的方法。不同的是，在选择 Loft 按钮后，再选择 Get Shape 按钮，而不是 Get Path 按钮。

其次，一个对象可以有多个横截面形状的造型。例如，让对象从五角星开始，中间的一段是圆，而最终以方形结束。尽管在创建造型体的时候没能做到这一点，但是可以使用 Modify 面板来增加横截面形状。

6. 建立灯光模型

在 3DS MAX 的场景中，不管给对象设置了什么样的材质，只有在灯光的照射下，对象才能表现出多种多样的质感。在 3DS MAX 中灯光是一种特殊的对象，它们本身并不在渲染后的场景中出现，但却影响周围对象的明暗。

3DS MAX 有四种灯光：

- 泛光灯：一种能向所有方向照射的灯光。
- 目标聚光灯：简称聚光灯，一种可以产生阴影和特殊效果的灯光。
- 自由聚光灯：一种没有目标的聚光灯，主要用于在动画路径上设置灯光，或作为子对象连接到另一个对象上。
- 平行光：这是一种用于模拟太阳光的灯光。

泛光灯是一种向所有方向照射的点光源，容易设置，但不能让对象产生阴影。可以设置一些对象被一个泛光灯照射，而另外一些对象没被照射。现在，来创建如图 9-94 所示的泛光灯效果。

（1）创建一组对象。

（2）在 Create 命令面板上单击 Lights 图标。

（3）单击 Ommi 图标。在 Top 视图窗口的底部创建一个泛光灯，拖动鼠标来调整其位置。一旦创建了泛光灯，默认灯光就被关闭。

（4）在 Left 视图窗口的顶部单击鼠标创建第二个泛光灯。

图 9-94 泛光灯效果

（5）选择第二个泛光灯，打开 Modify 命令面板。

（6）单击 General Parameters 卷展栏中 On 复选框右边的灰色方框，将出现 Color Selector 对话框。

（7）通过改变对话框中的颜色和亮度，可以改变灯光的颜色和亮度。

对场景进行渲染除了考虑对象的形状、颜色、明暗、材质的纹理以及各种灯光效果以外，还可以对场景的环境进行设置，使场景更加逼真。在 3DS MAX 中，设置环境就是给场景加上大气效果。在 Environment(环境)对话框中有以下一些功能：标准雾(Standard Fog)；分层雾(Layered Fog)；体雾(Volume Fog)；体灯光(Volume Light)。

1）标准雾

设置标准雾以后，则在摄像机视图中按场景深度进行着色。离摄像机近的地方看得清楚，离摄像机远的地方看得模糊。使用标准雾的第一步是设置产生环境效果的范围。这可以通过调节环境范围参数来完成，这些参数在摄像机的创建参数中进行设置。具体操作如下：

（1）选择摄像机。

（2）打开 Modify 命令面板。

（3）在 Environment Range 区选中 Show 复选框。可以看见两个方框出现，一个是黄色，另一个是棕色。黄色方框表示在环境效果的近范围处，棕色方框表示在远范围处。雾的效果在近范围开始，在远范围结束。

（4）设置摄像机的环境效果范围调节 Far Range(远范围)参数，使在 Top 和 Left 视图窗口内看到的方框恰好到达最远的对象。调节 Near Range(近范围)参数，使它的方框恰好在最近的一个对象前面。在定义了雾的范围后，就可以进入环境(Environment)对话框设置雾了。

（5）选择菜单栏中的 Rendering→Environment 命令，出现环境对话框。

（6）在 Atmosphere(大气)区域单击 Add(增加)按钮。出现了一个大气效果列表。

（7）选择 Fog 命令，单击 OK 按钮。注意观察一下环境对话框的内容上面的 Background(背景)区域，可以指定背景颜色或背景图。Atmosphere 区域可用于设置各种效果。Effects(效果)窗口列出了所有在当前场景中设置的效果项。一旦从列表中选择了其中一项，在 Atmosphere 区域下边就可显示出该项的各种参数。在 Effects 窗口右边的图标用于管理这些效果项。

（8）单击 Quick Render 图标。可以看到，随着距离的变远，雾越来越重，位于最远处的一个对象完全被雾化。

2）分层雾

分层雾像一块平板，有一定的高度，有无限的长度和宽度。可以在场景中的任意位置设定分层雾的顶部和底部，分层雾总是与场景中的地面平行。

下面，将在场景中加入分层雾：

（1）选择菜单栏中的 Rendering→Environment 命令，调出环境对话框。

（2）单击 Add 按钮。

（3）选择 Fog 项。

（4）在 Fog Parameters 的卷展栏中，选中 Layered 项以使分层雾的参数生效。

(5) 设置雾的高度：设置 Top 为 30, Bottom 为 0。

(6) 单击 Quick Render 图标, 可以看到分层雾的效果。

3) 体雾

体雾是另外一种环境效果, 它用来处理场景中密度不均匀的雾。体雾也能像分层雾一样使用噪声参数, 可以在场景中制作一缕缕飘忽不定的云雾。下面将在一个场景中设定体雾, 具体操作如下：

(1) 选择菜单栏中的 Rendering→Environment 命令, 打开环境对话框。

(2) 单击 Add 按钮。

(3) 选择 Volume Fog, 然后单击 OK 按钮。

(4) 单击 Quick Render 图标, 可以看到体雾的效果。

4) 体灯光

体灯光能够产生灯光透过灰尘和雾的自然效果。可以用它很方便地做出大雾中的汽车前灯照射路面的场面, 体灯光效果的产生方法如下：

(1) 单击 Pick Light 按钮。从视图窗口中拾取的灯光将被加上体积效果。

(2) 在 Camera 视图窗口中单击聚光灯。当鼠标移到聚光灯上时, 光标变成一个十字。

(3) 单击聚光灯。灯光的名字在环境对话框中的弹出式列表中出现。

(4) 单击 Quick Render 图标, 可以看到体灯光的效果。

由于给灯光加上了体积, 渲染时间将会变长。可以看到, 聚光灯的光束呈白色圆锥状。

7. 材质和贴图

1) 设定材质

3DS MAX 中的材质设定是通过材质编辑器来完成的。通过使用材质编辑器, 可以生成理想的材质与贴图。

选择菜单栏中的 Tools→Material Editor 选项, 也可以在工具栏中单击 Material Editor 按钮, 激活材质编辑器, 如图 9-95 所示。材质编辑器的上半部分, 有 6 个材质样本槽。在样本槽的右方和下方分别为垂直工具栏和水平工具栏, 在水平工具栏的下方还有名字域和当前层材质的各种控制按钮。材质编辑器的下半部分是参数卷展栏。一般情况下, 上半部分的内容保持不变, 而下半部分的内容随着材质层次的不同而改变。

下面是一个如何为场景中的对象设定材质的实例。在场景中的对象不具有材质, 它们是用当前的线框颜色（即命令面板中颜色样本中的颜色）显示的。下面为它设定一个材质：

(1) 在视窗中创建一个圆柱体, 单击选中它。

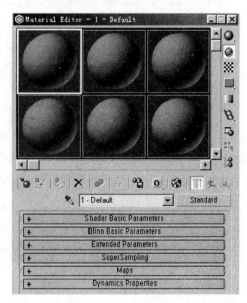

图 9-95　材质编辑器

（2）打开材质编辑器，单击第三个样本槽，该样本槽处于激活状态。

（3）在材质编辑器的水平工具栏中单击 Assign Material to Selection 按钮（左起第三个），这时第三个样本槽的四角出现白色三角边框。

（4）单击工具栏中的 Render Last 按钮，观察效果。

2）热材质和冷材质

在 3DS MAX 中，有热材质和冷材质的划分。热材质是指已出现在场景中的材质，它与样本槽中的材质相互连接。改变热材质时，场景中的相应材质将跟着改变。冷材质是指未出现在场景中的材质，改变冷材质时，场景不会发生相应的变化。

使用热材质可以使场景随时得到更新，但有时也会带来许多麻烦。这时，就需要把热材质变成冷材质，也就是说，在改变材质时并不影响到场景。

使热材质变为冷材质的方法是在材质编辑器的水平工具栏中单击 Make Material Copy 按钮（左起第五个）。这时，四角的白色三角框消失，该材质变成冷材质。单击水平工具栏中的 Put Material to Scene 按钮（左起第二个），该材质再次变成热材质。

3）材质贴图浏览器

3DS MAX 提供了内容丰富的材质库，以供选择。本例将介绍如何从材质库中获取材质：

（1）激活样本槽 4。

（2）在水平工具栏中单击 Get Material 按钮。

（3）在浏览器左上方的 Browse From 区内选定 Mtl Library（材质库）项。

（4）在 Show 区内选定 Materials 按钮，即只显示材质。

（5）在列表上方的工具栏中单击 View Small 按钮。现在列表区以小样本球的方式显示各个材质，如图 9-96 所示。

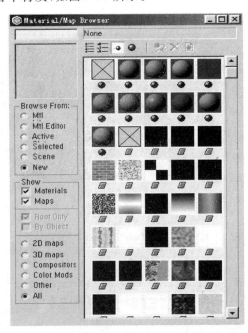

图 9-96　材质浏览器和附加了材质的对象

（6）双击 Carving 材质。

（7）单击 OK 按钮。Carving 材质被放在样本槽 4 中。

（8）选定场景中的对象。

（9）单击 Assign Material to Selection 按钮。

（10）单击 Render Last 按钮，观察场景的变化。

另外，也可以修改材质库：在 Browse From 区中选择 Mtl Library。单击 File 区中的 Open 按钮。可以装入新的材质库文件。

4）环境反射色、漫反射色及镜面反射色

通常来说，材质定义了三种反射特性：Ambient（环境反射色）、Diffuse（漫反射色）和 Specular（镜面反射色）。通过控制这三种反射特性的颜色和强度，可以使材质表现出真实的效果。

Ambient（环境反射色）是指材质在阴暗部分的颜色，在场景中表现为样本圆球右下角区域；Diffuse（漫反射色）是指光源直接照射时，材质所表现的颜色。在场景中表现为样本球左上角的大部分区域。通常，把环境反射色和漫反射色设为相同的颜色；Specular（镜面反射色）是指材质的高光部分所反射的颜色。

除了使用 RGB 和 HSV 微调器以外，3DS MAX 还提供了一种更加直观、更为方便的方法来调整颜色，那就是使用 Color Selector 对话框；光亮度（Shininess）或灰暗度（Dullness）是影响镜面反射高光部分的大小及强度的因素之一。在材质编辑器中，Shininess 微调器用来调整高光区的大小，Dullness 微调器用来调整光亮程度；自发光（Self-illumination）微调器通过用 Diffuse 颜色取代对象表面的所有阴影，使对象产生白炽效果。通过调整 Basic Parameters 卷展栏中的 Opacity 微调器，可以改变对象的不透明度（也即改变对象的透明度）。为了观察方便，通常打开样本槽中的方格背景。

5）贴图

赋予材质的图像称作贴图（Maps）。已被赋予一种或多种图像的材质就被称作贴图材质（Mapped Material）。材质在被赋予贴图以后，其颜色、不透明度（透明度）、光滑度等属性都会发生相应的改变。

3DS MAX 中，贴图图像的类型有标准位图文件（如.tif,.tga,.Jpg 等），也有程序生成的贴图和图像处理系统处理的图像。大多数种类的贴图必须用特定的贴图坐标（Mapping coordinations）把贴图图像在对象上的位置通知给渲染程序。

3DS MAX 提供三种设定的贴图坐标：

- 任意标准对象（在命令面板中列出）：场景生成以后，打开命令面板的 Modify（修改）选项，在 Parameters（参数）卷展栏的底部，选择 Generate Mapping Coords（产生贴图坐标）复选项。这时 3DS MAX 会自动产生相应的贴图坐标。
- UVW 贴图调整器：可以改变 U、V、W 三个方向的贴图位置，从而调整贴图在对象上的位置。此外，可以通过使用 UVW 贴图调整器制作动画。
- 非标准对象的特殊对象：使用特殊的贴图坐标控制器来设定映射坐标。如三维放样对象（Loft Object）具有内在的贴图选项，可以用来沿对象的长度或圆周方向定义贴图坐标。

6）放直贴图

本例是将一副照片图像贴到一个球体上，具体操作步骤如下：

（1）在视图窗口中，创建球体。

（2）选中球体对象。

（3）打开材质编辑器。

（4）在材质编辑器中，激活第一个样本槽。在样本槽下面的卷展栏中单击 Maps 卷展栏。

（5）在弹出的选项列表中，选择 Diffused Color 选项，单击其对应的 Map 选项按钮，将弹出打开图像文件对话框，选择要贴的图像，单击 OK 按钮，这样样本球上则显示出该图片，样本槽下的名字域中显示图像的名称。

（6）单击 Assign Material To Selection 按钮。球体对象的表面都变成了漫反射色。这时，虽然已经将贴图材质赋予了对象，但是由于还未指定贴图坐标，所以贴图并未出现在对象上。场景中的对象为标准对象，它具有内在的贴图坐标，只是现在未被激活而已（不同对象的内在贴图坐标不同）。下面为各对象生成贴图坐标。

（7）在场景中选定球体。

（8）打开 Modify 命令面板，在 Parameters 卷展栏的最底部，选定 Generate Mapping Coords 复选框。

（9）单击 Render Last 按钮，可以看到球体对象都已具有了选定的贴图材质，表面都具有了所选的图像，如图 9-97 所示。

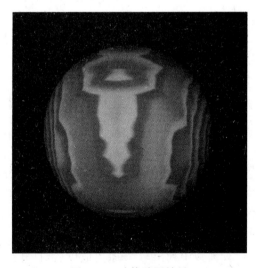

图 9-97　球体贴图效果

如果要在视图窗口中查看贴图效果，单击样本槽下面的 Show Map In viewport 按钮，即可看到渲染的贴了图的对象。

7）改变贴图坐标

标准对象的内在贴图坐标能够恰当地表示贴图所在的位置；对于球，其图像绕球一周，且顶部与底部相连；对于圆柱，则在其侧面围绕一周；而对于立方体来说，贴图则会重复出现在六个侧面上。

要改变贴图在对象上的相对位置,单击 Maps 卷展栏中 Diffuse 行的 Map 按钮。随即出现的 Coordinate 卷展栏,对 U Offset(U 方向偏移量,默认值为 0.0)微调器、V Offset(V 方向偏移量,默认值为 0.0)微调器、Angle(贴图图像在对象表面上沿顺时针方向倾斜的角度值)微调器等进行设置。可以改变贴图的位置和角度。

在 3DS MAX 中,一般有平面贴图方式、圆柱贴图方式、圆球贴图方式、盒式贴图方式、收缩贴图方式等几种。

起用平面贴图方式的效果的方法:取消 Generate Mapping Coords 复选框的选择。平面贴图方式可以在投影中产生变形、位移等效果。

圆柱贴图方式适合圆柱状对象的贴图设计,使用方法:在 Modify 命令面板中,取消选中 Generate Mapping Coords 复选框;再在贴图浏览器中的 coordinates 面板中调整 UVW 的值来改变圆柱贴图投影图像的变化。

圆球贴图方式有两种具体类型,一种是利用标准球形对象的内在映射坐标,另一种是利用 UVW Map 调整器。二者所实现的功能是一样的,但后者更具灵活性。方法同上。

收缩贴图方式和盒式贴图方式的贴图方法同上,主要也是在 Parameters 卷展栏中,通过对 Shink Warp、Box 选项的复选来改变贴图坐标。

9.7 WinMPG Video Convert

AVI 和 MPEG 应该是很常见的视频格式了,所以格式转换的软件颇多。这里介绍的是视频转换大师(WinMPG Video Convert)。

首先进入 WinMPG Video Convert 工作界面,如图 9-98 所示。如果将视频的格式转换为其他格式,则选择"更多"按钮,进入如图 9-99 所示的"请选择要转换到的格式"对话框。如果将视频的格式转换为 AVI、3GP、VCD、DVD、WMV 的格式,单击界面中相应的按钮即可进入如图 9-100 所示界面进行转换。输入源文件的路径和输出文件的路径后,单击"开始"按钮即开始视频格式转换。

其中:

A 添加要转换的源文件;

B 关闭转换窗口,返回主界面;

C 软件帮助;

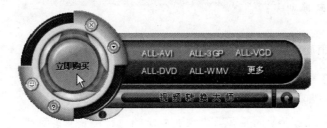

图 9-98 WinMPG Video Convert 工作界面

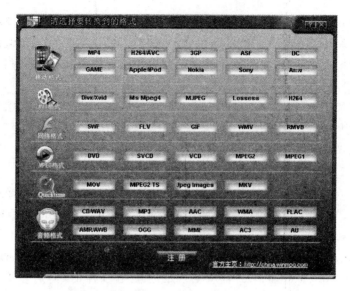

图 9-99　"请选择要转换到的格式"对话框

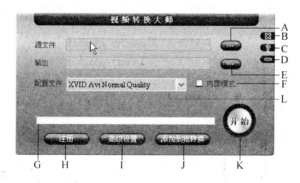

图 9-100　视频转换界面

D 最小化转换窗口；

E 更改转换后的文件保存地址；

F 内部模式（一般默认此项，转换有异常时可尝试更改"内部模式"）；

G 转换进度条；

H 注册（未购买注册码，单击"购买"。已购买注册码，请输入注册码，单击"注册"）；

I 高级设置（切割、分辨率、音频、视频等详细参数设置），无特殊要求此项不用设置；

J 添加到批量转换列表；

K 开始转换；

L 配置文件、画面质量（Low（低）、Normal（中）、High（高））。

Authorware 7.0 系统变量

变　　量	类　　别	说　　明
AllCorrectMatched	Logical	（1）单独使用时，如果交互分支结构的所有标为 Correct 响应状态的附属分支都已经匹配，则该变量为 True，否则为 False。 （2）作为引用变量使用时，如果指定交互的交互作用分支结构中，所有标为响应状态的交互作用响应均被最终用户输入的响应所匹配，则 AllCorrectMatched@"IconTitle"的值为 True，否则为 False。
AllSelected	Logical	（1）如果属于当前"判断"设计图标的所有图标已被使用，则 AllSelected 的值为 True。 （2）作为引用变量使用时，如果指定的"判断"设计图标所附属的所有设计图标均被选，则 AllSelected@"IconTitle"＝True。
AltDown	Logical	如果按下 Alt 键，则该变量的值为 True；在编辑状态时，如果按下 Alt 键，则会激活 Authorware 7.0 系统菜单。
Animating	Logical	如果被指定的设计按钮中的显示对象正在移动，则 Animating@"IconTitle"＝True。
AppType	Numerical	该变量存储的是打包后的文件所包含的 Runtime 类型，或者未打包的 Authorware 7.0 应用程序的类型，共有 4 种值： ① 表示文件打包时 Runtime 文件类型为 Windows 3.1 的 16 位文件。 ② 表示文件打包时 Runtime 文件类型为 Windows 95、98、2000、XP 或 NT 的 32 位文件；文件不打包时为 Authorware 7.0 的应用程序。 ③ 表示文件打包时 Runtime 文件类型为 68K Macintosh。 ④ 表示文件打包时 Runtime 文件类型为 Power Macintosh。

续表

变　　量	类　　别	说　　明
AppTypeName	Character	该变量存储的是打包后的文件所包含的 Runtime 类型，或者未打包的 Authorware 7.0 应用程序的类型，共有 4 种值： ① 16-bit 表示文件打包时 Runtime 文件类型为 Windows 3.1 的 16 位文件。 ② 32-bit 表示文件打包时 Runtime 文件类型为 Windows 95、98、2000、XP 或 NT 的 32 位文件；文件不打包时为 Authorware 7.0 的应用程序。 ③ 68K 表示文件打包时 Runtime 文件类型为 68K Macintosh。 ④ PowerPC 表示文件打包时 Runtime 文件类型为 Power Macintosh。
BranchPath	Numerical	(1) 单独使用时,该变量存储的是最终用户匹配最后一个期待响应所对应的分支类型的数字标记。各数字的含义为：0 = Continue, 1 = Exit Interaction, 2 = Try Again, 3 = Return。 (2) 作为应用变量使用时, BranchPath@ "IconTitle" 存储的是指定交互作用分支结构中,最终用户匹配最后一个期待响应所对应的分支类型的数字标记。
CalledFrom	Icons	该变量一般作为引用变量使用时, CalledFrom @ "IconTitle" 存储的是最近调用程序的设计图标的 ID 标识。
CallStackText	Numerical	该变量用于存储一个列表,该列表显示按钮间调用与被调用的信息；列表的顺序是按照调用发生时间的顺序为准。
CapsLock	Logical	如果当前 CapsLock 键被按下,该变量的值为 True,否则为 False。
CharCount	Numerical	(1) CharCount 数值等于输入响应中所含字符的个数。 (2) 作为引用变量使用, CharCount@ "IconTitle" 的数值等于指定的"交互"设计图标中输入响应所包含字符的个数。
Checked	Logical	当指定的是一个按钮响应,并且按钮的状态选择了 Button Library 列表中的一个,则 Checked@ "ButtonIconTitle" 的值为 True。
ChoiceCount	Numerical	(1) 单独使用时,其数值等于最后一个"交互"设计图标中所有可能的响应数目。 (2) 作为引用变量使用时, ChoiceCount@ "IconTitle" 的数值等于指定的"交互"设计图标中所有可能的响应数目。
ChoiceNumber	Numerical	(1) 单独使用时,该变量存储的是当前"交互"分支结构所有分支中与输入相匹配的分支路径号。 (2) 作为引用变量使用时, ChoiceNumber@ "IconTitle" 等于指定"交互"分支结构所有分支中与输入相匹配的分支路径号。

续表

变　　量	类　　别	说　　明
ChoicesMatched	Numerical	（1）单独使用时，该变量存储的是当前"交互"分支结构中最终匹配的不重复分支路径的数目。 （2）作引用变量使用时，ChoicesMatched@"IconTitle"的值为特定"交互"分支结构中最终匹配的不重复分支路径的数目。
ClickSeconds	Numerical	该变量存储的是最后一次单击到当前的时间间隔，单位为秒。
ClickX	Numerical	该变量存储的是最后一次单击时，鼠标指针到屏幕左边界的像素点数目。
ClickY	Numerical	该变量存储的是最后一次单击时，鼠标指针到屏幕上边界的像素点数目。
CMIAttemptCount	CMI	记录学生访问学习课程的次数。该变量值不能手工设置，只能通过测试得到。
CMIAttempts	CMI	用于保存 Attempt 信息的属性列表中的一项，如果没有任何先前的尝试（Attempt），即 CMIAttempts 的值为 0，列表为空。值可用以下语句访问： 　　CMIAttempts［1.. CMIAttemptCount］［♯ property-name］ 以下属性可以测试但不能用手工设置。 ♯Score：尝试的数字形式的分数值。 ♯Status：尝试的字符串状态，可能的值是："Completed"，"Incomplete" 或"Not Attempted"。 ♯Completed：如果学生完成尝试，则为 True。 ♯Failed：如果学生尝试失败，则为 True。 ♯Passed：如果学生通过尝试，则为 True。 ♯Started：如果学生开始尝试，则为 True。
CMICompleted	CMI	当学生完成学习课程，则该变量的值为 True，其值可以测试到或手工设置。
CMIConfig	CMI	该变量包含输入到 CMI 系统的配置信息，其值可以测试到，但不能手工设置。
CMICourseID	CMI	该变量包含输入到 CMI 系统的课程数目，其值可以测试到，但不能手工设置。
CMIData	CMI	使用 CMIData 变量可以与 CMI 系统交换多方面的活动数据。CMIData 能包含的活动信息有书签、参考或仿真数据；该数据可以包括返回字节数，但不超过 16KB，其值可以测试或手工设置。
CMIFailed	CMI	当 CMIFailed 设置为 True 时，显示学生进行的活动失败，其值可测试到或手工设置。
CMILoggedOut	CMI	设置 CMILoggedOut 为 True，将记录学生退出学习课程后超出的 CMI 系统。如果 CMILoggedOut 设置为 False，则学生将保留记录，其值可以测试到或手工设置。

变 量	类 别	说 明
CMIMasteryScore	CMI	该变量包含学习课程所要求掌握的分数,该变量可由 CMI 系统设置,其值可以测试到或手工设置。
CMIObjCount	CMI	该变量包含相对于学习课程的目标数目,其值可以测试到或手工设置。
CMIObjectives	CMI	该变量包含保存目标信息的属性列表数。如果没有目标,即 CMIObjectives 为 0,列表为空;其值可以测试到,但不能手工设置。其值可以由下列语句来访问: CMIObjectives[1..CMIObjCount][#property-name] 其属性为: #ID:包含目标唯一的对象标识。 #Score:针对目标的数字形式的分数。 #Status:针对目标的状态字符串,可能的值是:"Completed","Incomplete"或"Not Attempted"。 #Completed:如果学生完成该目标,则为 True。 #Failed:如果学生没有完成该目标,则为 True。 #Passed:如果学生通过该目标,则为 True。 #Started:如果学生开始该目标,则为 True。
CMIPassed	CMI	该变量设置为 True,以显示学生通过学习课程,其值可以测试到或手工设置。
CMIPath	CMI	该变量包含学生个人数据目录的完整路径名。CMIPath 可由 CMI 系统设置,其值可以测试到,但不能手工设置。
CMIReadComplete	CMI	将 CMIReadComplete 设置为 True,将删除临时数据文件,该临时文件是在 CMI 系统和 Authorware 7.0 之间传递数据时产生的。如果 CMIReadComplete 设置为 False,则临时数据后来将由 CMI 系统删除。
CMIScore	CMI	该变量包含学习课程的数字形式的分数。如果在文件属性对话框中选择了 Track Score 选项,则 CMIScore 和 TotalScore 将包含相同的值,该变量值可测试到或手工设置。
CMIStarted	CMI	该变量设置为 True,将显示学生已开始学习课程,其值可以测试到或手工设置。
CMIStatus	CMI	该变量包含一个字符串以显示学习课程的状态,可能的值是:"Completed","Incomplete"或"Not Attempted";其值可以测试到或手工设置。
CMITime	CMI	该变量包含学生花费在课程学习上的时间,以秒为单位。CMITime 显示所有访问学习课程的累计时间。当设置 CMITime 时,只确定当前访问学习课程活动所花费的时间。该变量值可以测试到或手工设置。
CMITimedOut	CMI	该变量设置为 True,当太多的停止时间过去后并且 Authorware 7.0 退出活动,将记录学生超出 CMI 系统;将 TimeOutLimit 系统变量设置为允许的停止时间,使用 TimeOutGoTo 系统函数可使 Authorware 7.0 在停止的时间过去后,跳转到一个指定的图标。

续表

变 量	类 别	说 明
CMITrackAllInteractions	CMI	该变量设置为 True,允许 CMI 系统跟踪文件中的交互。CMITrackAllInteractions 和 CMITrackInteraction@"IconTitle"应设置为 True,以便跟踪指定的交互图标。除非交互图标属性对话框中 CMI 制表符中的 Track All Interactions 选项已选取,否则 CMITrackAllInteractions 初始设置为 False;设置 CMITrackAllInteractions 值重叠文件属性对话框中的复选框。
CMITrackInteraction	CMI	设置 CMITrackInteraction@"IconTitle"为 True,允许 CMI 系统跟踪指定的交互图标。CMITrackAllInteractions 和 CMITrackInteraction@"IconTitle"应设置为 True,以便跟踪指定的交互图标。除非交互图标属性对话框中 CMI 制表符中的 Track Interactions 选项已选取,否则 CMITrackInteractions 初始设置为 False;设置 CMITrackInteractions 值重叠文件属性对话框中的复选框。
CMIUserID	CMI	该变量包含学生唯一的标识符,其值可以测试到,但不能手工设置。
CMIUserName	CMI	该变量包含学生用于记录到 CMI 系统的用户名称,其值可以测试到,但不能手工设置。
CommandDown	Logical	如果最终用户按下了 Ctrl(Windows)或 Command(Macintosh)键,则该变量为 True。
ControlDown	Logical	如果最终用户按下了 Ctrl(Windows),则该变量为 True。
Correct	Character	(1) 单独使用时,其数值等于第一个标有"+"的那个期待响应的标题。 (2) 作为引用变量使用时,Correct@"IconTitle"的数值等于指定的"交互"设计图标中第一个标有"+"的那个期待响应的标题。
CorrectChoice	Numerical	(1) 单独使用时,CorrectChoice 的值等于第一个标有"+"的那个期待响应的分支编号。 (2) 作为引用变量使用时,CorrectChoice@"IconTitle"的值等于指定的"交互"设计图标中第一个标有"+"的那个期待响应的分支编号。
CorrectChoicesMatched	Numerical	(1) 单独使用时,当一个交互作用响应的响应状态被标记为 Correct 时,如果最终输入的响应能匹配它,则该变量的值为 True。 (2) 作为引用变量使用时,当指定的一个交互作用响应的响应状态被标记为 Correct 时,如果最终输入的响应能匹配它,则 CorrectChoicesMatched@"IconTitle"的值为 True。
CurrentPageID	Numerical	(1) 单独使用时,该变量存储的是当前框架结构中已显示过的最后一页的 ID 标识。如果当前框架结构中没有任何页显示过,其值为 0。 (2) 作为引用变量使用时 CurrentPageID@"framework"存储的是指定框架结构中已显示过的最后一页的 ID 标识。如果指定框架结构中没有任何页显示过,其值为 0。

续表

变　　量	类　　别	说　　明
CurrentPageNum	Numerical	（1）单独使用时，该变量存储的是当前框架结构中已显示过的最后一页的编号，如果当前框架结构中没有任何页显示过，其值为 0。 （2）作为引用变量使用时，CurrentPageNum @ "framework"存储的是指定框架结构中已显示过的最后一页的 ID 标识，如果指定框架结构中没有任何页显示过，其值为 0。
CursorX	Numerical	该变量存储当前插入点光标距离演示窗口左边界的像素点个数。
CursorY	Numerical	该变量存储当前插入点光标距离演示窗口上边界的像素点个数。
Date	Numerical	该变量存储的是当前计算机的系统时间。
Day	Numerical	该变量存储的是当前计算机的系统日期，每月中的几号，该变量的值为 1～13。
DayName	Numerical	用于存储当前计算机的系统是星期几。
DecimalCharacter	General	该变量值包含于被使用的十进制数字中，一般为小数点。这个变量的值由系统的区域设置决定，只能测试而不能进行设置。
DirectToScreen	Graphics	将 IconTitle 的属性直接显示在屏幕上，则 DirectToScreen@"IconTitle"为 True。
DiskBytes	File	用于存储当前磁盘可用空间的字节数。
DisplayHeight	Icons	（1）单独使用时，该变量存储的是当前设计按钮中所显示对象的高度。 （2）作为引用变量使用时，DisplayHeight@"IconTitle"的值是指定设计按钮中所显示对象的高度。
DisplayLeft	Icons	（1）单独使用时，该变量存储的是当前设计按钮中所显示对象的左边距（以像素为单位）。 （2）作为引用变量使用时，DisplayLeft@"IconTitle"的值是指定设计按钮中所显示对象的左边距（以像素为单位）。
DisplayTop	Icons	（1）单独使用时，该变量存储的是当前设计按钮中所显示对象的上边距（以像素为单位）。 （2）作为引用变量使用时，DisplayTop@"IconTitle"的值是指定设计按钮中所显示对象的上边距（以像素为单位）。
DisplayWidth	Icons	（1）单独使用时，该变量存储的是当前设计按钮中所显示对象的宽度。 （2）作为引用变量使用时，DisplayWidth@"IconTitle"的值是指定设计按钮中所显示对象的宽度。
DisplayX	Icons	（1）单独使用时，该变量存储的是当前设计按钮中所显示对象中心距演示窗口最左边界的像素个数。 （2）作为引用变量使用时，DisplayX@"IconTitle"的值是指定设计按钮中所显示对象中心距演示窗口最左边界的像素个数。

续表

变　量	类　别	说　明
DisplayY	Icons	（1）单独使用时，该变量存储的是当前设计按钮中所显示对象中心距演示窗口最上边界的像素个数。 （2）作为引用变量使用时，DisplayY@"IconTitle"的值是指定设计按钮中所显示对象中心距演示窗口最上边界的像素个数。
DoubleClick	General	如果系统认为最后两次单击是双击，则其值为 True。
Dragging	Icons	如果正在拖动被指定的图标，则 Dragging@"IconTitle"的值为 True。
e	General	常数变量，其值等于自然对数的基数。
ElapsedDays	Time	该变量存储的是距离最后一次使用该作品的天数。
EntryText	Interaction	（1）单独使用时，它存储的是在最后一个"交互"设计图标中输入最后一个响应的正文信息。 （2）作为引用变量使用时，EntryText@"IconTitle"存储的是指定"交互"设计图标中输入最后一个响应的正文信息。
EvalMessage	General	用于存储在使用 Eval( )函数时，将它用在一个无效表达式中发生的错误。
EvalStatus	General	用于存储最近一次使用 Eval 函数或 EvalAssign 函数的状态。 0　完全正确 1　表达式太长（上限是 409 个字符） 2　太长的表达式（上限是 409 个字符） 3　未定义的字符串，使用时少了引号 4　使用了非法的字符和非法的运算符 5　表示有语法错误 6　对运算符的不正确使用 7　测试描述的不正确格式 8　表示使用时少了右括号 9　表示使用时少了左括号 10　表达式太复杂 11　存储器已满 12　赋值方式非法 13　需要赋值运算符 14　在表达式中遗漏了某一操作数 15　表示使用了过多的函数 16　在函数中需要使用变量 17　表示需要其他函数或要求赋值

续表

变　量	类　别	说　　明
EvalStatus	General	18　表示内部的错误
		19　需要一个表达式
		20　暂不使用
		21　使用了未定义的函数
		22　使用了未定义的变量
		23　同@使用的设计按钮不存在
		24　@符不能和该系统变量一起使用
		25　@符不能和该自定义变量一起使用
		26　和@使用的标题不唯一
		27　函数和变量的名字太长
		28　不能使用@来指示系统保留的标题名,例如,Untitled
		29　使用时参数不够
		30　函数不能被嵌入
		31　在该版本中没有该系统变量或系统函数
		32　在库中不能使用@符号
		33　需要使用表达方式
		34　缺少 if
		35　缺少 then
		36　缺少 end
		37　缺少一个新的行
		38　Repeat 后必须跟 while 或 with
		39　缺少 Repeat
		40　repeat-with 的格式应为: repeat with variable :=[down]to value
		41　exit repeat 或者 next repeat 必须在该 repeat 循环中使用
		42　缺少参数列表,重新装载该函数
		43　不合法的符号
		44　不合法的列表
		45　需要"]"
		46　不合法的下标
		47　目标文件不能调整该函数
		48　不能定位目标文件
		49　. model(模式)对话框改变了目标文件
		50　目标文件正在运行
		51　在目标文件中使用了 Toolbox(工具箱)
		52　参数错误
		53　变量名错误
		54　变量已经存在
		55　操作失败
		56　该变量只能在"Calculation"(计算)图标中使用

续表

变　量	类　别	说　明
EventLastMatched	General	（1）单独使用时，该变量存储的是最新的时间响应中所匹配的 Xtras 事件属性列表。 （2）作为引用变量使用时，EventLastMatched @ "IconTitle"的值为指定的事件响应中所匹配的 Xtras 事件属性列表。
EventQueue	General	该变量存储的是由 Xtras 所发出待处理的事件的列表，这些事件按照到达的顺序来排列。
EventsSuspended	General	当该变量的值大于 0 时，Authorware 7.0 将所有的要中断程序流程的事件存储到 EventQueue 变量中，当该变量的值为 0 时，Authorware 7.0 执行这些事件。
ExecutingIconID	Icons	该变量存储的是当前正在执行的设计按钮的 ID 标识。
ExecutingIconTitle	Icons	该变量存储的是当前正在执行的设计按钮的标题，包括该标题的注释。
FileLocation	File	该变量存储的是当前执行的文件所在的磁盘上的目录路径。
FileName	File	该变量存储的是当前文件的文件名。
FileNameType	File	该变量存储的是文件格式的类型，该变量共有两个值： 0　表示该文件是 DOS 类型的文件，8 个字符加上 3 个字符扩展名 1　表示长文件名，可以长达 255 个字符。
FileSize	File	该变量用于存储当前文件的字节数。
FileTitle	General	该变量存储的是在 Modify 菜单下 File 子菜单中 Properties 对话框中选择显示标题的选项，文件打包后在标题栏出现该变量存储的标题。
FirstDate	Time	该变量用于存储用户第一次使用当前文件的日期。
FirstName	General	将全名赋给 UserName 时，该变量存储的是第一姓名。
FirstTryCorrect	Interaction	该变量存储的是最终用户在使用一个交互式应用程序的过程中，第一次就能正确匹配期待响应的总数。
FirstTryWrong	Interaction	该变量存储的是最终用户在使用一个交互式应用程序的过程中，第一次不能正确匹配期待响应的总数。
ForceCaps	Interaction	（1）单独使用时，若将 ForceCaps 的值设置为 True，则当前交互作用分支结构中的所有交互信息的正文对象全部转化为大写字母形式显示。 （2）当作为引用变量使用时，若将 ForceCaps@ "IconTitle" 的值设置为 True，则在指定的交互作用分支结构中的所有交互信息的正文对象全部转化为大写字母形式显示。
FullDate	Time	该变量根据当前系统设置日期全名的样式，存储当前日期的全名。例如，2001 年 10 月 28 日。
FullTime	Time	该变量根据当前系统时间全名的设置，来存储时间的全名。例如，9：30：00。
GlobalPreroll	Network	设置 GlobalPreroll 为声音文件开始播放前通过网络传输的字节数。

续表

变　　量	类　　别	说　　明
GlobalTempo	General	该变量存储的是 Sprite Xtras 取得事件的步长速率,单位是每秒多少个步长。
HotTextClicked	Framework	如果以热文本作为激活某一操作的方式,且激活方式被设置为单击、双击,或鼠标移动到文本上方。当最终用户使用上述匹配方法激活该响应时,HotTextClicked 保存的是最后一次匹配响应的热文本内容。
Hour	Time	该变量存储当前处于该天的哪个小时,范围为 0~23。
IconID	Icons	(1) 单独使用时,该变量存储的是当前设计按钮的数字标识。 (2) 作为引用变量使用时,IconID@ "IconTitle"存储的是指定设计按钮的唯一的数字标识。
IconLog	Icons	运用该变量可以为设计图标设置一个数字标识。Authorware 7.0 将把该图标存储在一个日志型的文件中,以便查阅。例如,如果设置一个数值为 N,则 Authorware 7.0 最多存储 N 个最近执行的设计按钮的标题和 ID 标识。如果该变量的值被设置为 0,则 Authorware 7.0 日志中不保存任何执行设计按钮的信息。
IconTitle	Icons	该变量用于存储当前设计图标的标题。
IOMessage	File	IOMessage 包含最近系统输入输出(I/O)函数的状态信息,它以字符串形式存储状态信息。(I/O) 函数包含 WriteExtFile、ReadExtFile、AppendExtFile、CreateFolder、DeleteFile 和 RenameFile。如果变量值为"no error",表示没有任何错误;其他值表示的含义则与计算机系统的定义有关。
IOStatus	File	IOStatus 包含最近系统输入输出(I/O)函数的状态信息,它以数字形式存储状态信息。(I/O)函数包含 WriteExtFile、ReadExtFile、AppendExtFile、CreateFolder、DeleteFile 和 RenameFile。如果变量值为"0",表示没有任何错误。其他值表示的含义则与计算机系统的定义有关。
JudgedInteractions	Interaction	该变量存储的值是最终用户在使用一个交互式应用程序中,遇到响应状态被设置成 Correct 或 Wrong 的交互作用响应总数。
JudgedResponses	Interaction	该变量存储的值是最终用户在使用一个交互式应用程序中,当输入响应时,其响应状态被设置成 Correct 或 Wrong 的交互作用响应总数。
JudgeString	Interaction	当给该变量赋值后,该变量的值就会作为输入的响应,而不需要输入响应。当该变量中存储的值同一个正文输入响应相匹配时,交互作用分支结构只执行与之相匹配的响应分支中的反馈信息。
Key	General	该变量用于存储用户最后一次输入的键值,例如,A、a、3、Enter 等。
KeyboardFocus	General	该变量存储的是当前需要键盘输入的设计按钮的 ID 标识。可以使用 SetKeyboardFocus 函数来设置该变量的值。

续表

变　量	类　别	说　明
KeyNum	General	该变量用于存储最后一次按键的数字代码。
KnowledgeObjectID	General	KnowledgeObjectID@"IconTitle"包含从图标标题指定的图标中的消息对象的 ID 字符串。
LastLineClicked	Interaction	该变量存储的是最终用户单击某一个正文对象时,单击位置所在的行数。
LastObjectClicked	Interaction	当最终用户单击某个显示对象时,LastObjectClicked 存储的是该显示对象的标题。当单击到非显示对象(如 Windows 背景)时,其值将继续保留最后一次单击显示对象时所被赋予的标题值。
LastObjectClickedID	Interaction	当最终用户单击某个显示对象时,LastObjectClickedID 存储的是该显示对象的 ID 标识。当单击到非显示对象(如 Windows 背景)时,其值将继续保留最后一次单击显示对象时所被赋予的 ID 标识值。
LastParagraphClicked	Interaction	该变量包含最后一次单击文本对象中的某文本段落的段落号,段落是用回车符分隔开的文本框。如果单击的对象不是文本段落,其值继续保留最后一次单击文本段落的段落号。
LastSearchString	Framework	该变量存储的是传递给 FindText 函数的字符串或在 Find Word/Phrase 对话框中输入正文对象。
LastWordClicked	Interaction	该变量存储的是最终用户在单击文本对象时,具体单击了哪一个单词。如果单击了文本对象之外的其他地方,该变量保存的仍是上一次单击的单词。
LastX	Graphics	该变量存储的是由任何一个图形函数所画图形的 X 坐标值。
LastY	Graphics	该变量存储的是由任何一个图形函数所画图形的 Y 坐标值。
Layer	Graphics	单独使用时,该变量存储的是当前对象所处的层。作为引用变量存储时,Layer@"IconTitle"存储的是指定设计按钮中显示对象所处的层。
LicenseInfo	General	该变量存储的是安装 Authorware 时的登记信息,其中包括用户及公司名。
LineClicked	Interaction	该变量存储的是最终用户单击某一正文对象时,单击位置所在的行数,该变量的使用方法同 LastLineClicked 变量相同,不同之处是当单击其他地方时,该变量的值为 0,而 LastLineClicked 仍保持原先存储的值。
Machine	General	该数字变量存储的是当前所用的机型。数字的含义如下: 1　Macintosh Plus，SE，or Classic 2　Macintosh or Performa system with color capability and a processor other than a 68000 3　IBM PC or compatible computer 4　Power Macintosh Power Macintosh

续表

变　　量	类　　别	说　　明
MachineName	General	该字符变量存储的是当前所用的机型。各字符串的含义如下： Macintosh　Macintosh Plus，SE，or Classic Macintosh Ⅱ　Macintosh or Performa system with color capability and a processor other than a 68000 IBM PC or compatible　IBM PC or compatible computer Power Macintosh　Power Macintosh
MatchCount	Framework	该变量存储的是 FindText()函数查找到某一特定单词的次数。
MatchedEver	Interaction	如果匹配过任一响应，则该变量的值为 True。 作为引用变量使用时，如果指定的期待响应与当前输入响应相匹配，而且该响应曾经匹配过，则 MatchedEver @ "IconTitle"的值为 True。
MatchedIconTitle	Interaction	单独使用时，该变量存储的是最终用户匹配的响应的标题。 作为引用变量使用时，MatchedIconTitle@ "IconTitle"存储的是最终用户所匹配的特定的设计按钮的标题。
MediaLength	General	该变量常作引用变量使用，MediaLength@ "IconTitle"存储的是指定的设计按钮中的声音的时间长度或数字化电影的总帧数。
MediaPlaying	General	单独使用时，当数字化电影、声音、视频信息在播放时，该变量的值为 True。 作为引用变量使用时，MediaPlaying@ "IconTitle"存储的是指定设计按钮中数字化电影、声音、视频信息播放的状态，如果正在播放，则为 True。
MediaPosition	General	该变量常作为引用变量使用，MediaPosition@ "IconTitle"存储的是指定的设计按钮中，正在播放的媒体的位置，对于声音媒体为播放的声音时间，对于数字化电影为播放到的帧数。
MediaRate	General	该变量常作引用变量使用，MediaRate@ "IconTitle"存储的是特定的声音媒体的播放速率，这些媒体包括数字化电影、视频、声音媒体等。
MemoryAvailable	General	该变量存储的是 Authorware 7.0 可用的 RAM 中可用的字节数。
MiddleMouseDown	General	当最终用户按下鼠标的中间键时该变量的值为 True。
Minute	Time	该变量存储的是当前小时的分钟数。例如，当前的时间为 2：45，则该变量存储的就是 45。
Month	Time	该变量存储的是当前的月数。例如，当前的月数是 10 月，则该变量存储的是 10。
MonthName	Time	该变量存储的是当前的月的名称，例如，January。
MouseDown	General	当最终单击时，MouseDown 的值为 True，否则为 False。

续表

变 量	类 别	说 明
Movable	Icons	如果想使某个指定的设计按钮中显示的对象在演示窗口中是可以移动的,则可以设置为:Movable@ "IconTitle" :=True,否则设置为 Movable@"IconTitle" :=False。
MoviePlaying	General	如果当前数字化电影正在播放,则该变量的值为 True,否则该变量的值为 False。
Moving	Icons	如果特定的设计按钮中显示的对象被最终用户拖动或被其他设计按钮驱动,则 Moving@ "IconTitle" :=True。
NavFrom	Framework	当由一个"定向"设计按钮或超文本对象所引起的应用程序跳转到某一页时,该变量存储的是应用程序离开那一页的 ID 标识。该变量常在一个框架设计按钮内部结构的退出画面中使用。
Navigating	Framework	该变量主要使用于框架设计按钮内部结构的输入和输出画面,如果当前的定向键正在被 Authorware 7.0 所执行,则该变量的值为 True。
NavTo	Framework	当由一个"定向"设计按钮或超文本对象所引起的应用程序跳转到某一页时,该变量存储的是应用程序目的地那一页的 ID 标识,该变量常在一个框架设计按钮内部结构的进入画面中使用。
NetBrowserName	Network	通过 Authorware 7.0 Web Player 在网上运行 Authorware 7.0 应用程序时,该变量的值为浏览器名;如果应用程序不是用 Authorware Web Player 在网上运行 Authorware 应用程序,则该变量为 0。
NetBrowserVendor	Network	通过 Authorware 7.0 Web Player 在网上运行 Authorware 7.0 应用程序时,该变量的值为浏览器的版本号;如果应用程序不是用 Authorware 7.0 Web Player 在网上运行 Authorware 7.0 应用程序,则该变量为 0。
NetBrowserVersion	Network	通过 Authorware 7.0 Web Player 在网上运行 Authorware 7.0 应用程序时,该变量的值为 True;如果是在 Authorware 7.0 环境或者使用 RunA5W 运行时,其值为 False。
NetConnected	Network	如果使用 Authorware 7.0 Shockwave 插件在网络上运行应用程序,则该变量的值为 True;如果在 Authorware 7.0 或 RunA4W 或者 RunA4M 环境下执行应用程序,则该变量的值为 False。
NetLocation	Network	如果使用 Authorware 7.0 Shockwave 插件在网络上运行应用程序,则该变量保存的是当前执行文件的 URL 地址;否则,该变量的值为 0。
NumCount	Interaction	单独使用时,该变量存储的是输入最后一个响应所包含的数字字符串的个数,输入的内容保存在 EntryText 变量中。 作为引用变量使用时,NumCount@ "IconTitle"存储的是一个指定的交互作用分支结构中,输入最后一个响应中包含的数字字符串的个数。 如果输入 123456789,NumCount 是 1。 如果输入 26,1,500XXX88,NumCount 是 4。 如果输入 5,142,−1,NumCount 是 3。

变　　量	类　　别	说　　明
NumEntry	Interaction	单独使用时,该变量存储的是在正文输入响应中输入的第一个数字值。 作为引用变量使用时,NumEntry@ "IconTitle"存储的是在一个指定"交互作用"分支结构中在正文输入响应中输入的第一个数字值。
NumEntry2	Interaction	单独使用时,该变量存储的是在正文输入响应中输入的第二个数字值。 作为引用变量使用时,NumEntry2@ "IconTitle"存储的是在一个指定"交互作用"分支结构中在正文输入响应中输入的第二个数字值。
NumEntry3	Interaction	作为引用变量使用时,NumEntry3@ "IconTitle"存储的是在一个指定"交互作用"分支结构中在正文输入响应中输入的第三个数字值。 例如,输入 5、142、-1,则 NumEntry 变量中存储的是数字 5,NumEntry2 变量中存储的是数字 142, NumEntry3 变量中存储的是数字-1。
ObjectClicked	Interaction	当最终单击某个显示对象时,变量存储的是该显示对象所在设计按钮的标题。该变量的作用同 LastObjectClicked 变量基本相同,不同之处是当最终用户在屏幕的空白位置单击时,该变量为空,而 LastObjectClicked 变量存储的是最后一次单击显示对象时该显示对象所在设计按钮的标题。
ObjectMatched	Interaction	如果一个交互作用分支结构中包含一个或多个目标区 Target Area 响应类型,当最终用户激活对象后,如果能够匹配响应,则 ObjectMatched 存储的是包含该移动对象的反馈按钮所对应的交互作用响应标题。
ObjectMoved	Interaction	如果一个交互作用分支结构中包含一个或多个目标区 Target Area 响应类型,当最终用户激活对象后,ObjectMoved 存储的是最终用户最近一次移动对象时,包含该移动对象的反馈按钮所对应的交互作用响应标题,而不管移动对象时能否匹配整个响应。该变量仅在图标的 Movable 属性设置为 On Screen 或 Anywhere 时有效。
OrigWorkingDirectory	File	该变量用于为 Authorware 7.0 或打包文件设置工作路径。它存储的是当前运行文件所处的目录位置,该路径由 Authorware 7.0 自动赋值,不能由用户来改动。当使用 JumpFile 或 JumpFileReturn 跳转到其他文件时,该变量的值不变。
OSName	General	该变量存储的是操作系统的分类：Macintosh 或者 Microsoft Windows。
OSNumber	General	该变量存储的是操作系统的分类号,各数字的含义如下：1＝Macintosh，3＝Windows。

续表

变　　量	类　　别	说　　明
OSVersion	General	该变量存储的是操作系统的类型和版本。例如： "MacOS System Software 7.5.1" "System Software 7.1" "Windows 3.1" "Windows 95 (4.0)" "Windows NT (3.51)"
PageCount	Framework	单独使用时，该变量存储的是当前框架结构中包含的总页数。 当作为引用变量使用时，PageCount@"FrameworkIconTitle"存储的是 FrameworkIconTitle 指定的框架结构中包含的总页数。
ParagraphClicked	Interaction	其值为在文本对象中所单击的段数，文本中的段以 Return 分隔。若单击对象不是文本对象的某一段，则该变量为 0。
PathCount	Decision	单独使用时，其值为当前决策图标下挂的分支数。 当作为引用变量使用时，PathCount@"IconTitle"的值为 IconTitle 指定的决策图标下挂的分支数。
PathPosition	Icons	该变量常作为引用变量使用，如果在某个特定的设计按钮中包含沿路径定位的显示对象，PathPosition@"IconTitle"存储的是当前显示对象在路径中的位置。
PathSelected	Decision	单独使用时，该变量存储的是附属于一个"运算"设计按钮中，最终用户最后一次所选择的路径的编号。 作为引用变量使用时，PathSelected@ "IconTitle"存储的是在指定的"运算"设计按钮中，最终用户最后一次所选择的路径的编号。
PathType	File	该数字变量存储的是系统变量或系统函数所返回的路径的格式数字。其中，各数字的含义如下： 0　drive-based; 1　Universal Naming Convention (UNC)。
PercentCorrect	Interaction	PercentCorrect 存储的是在交互作用分支结构中标识为 Correct、Wrong 响应状态的响应中，设置为 Correct 响应状态所占的百分比。
PercentWrong	Interaction	PercentWrong 存储的是在交互作用分支结构中标识为 Correct、Wrong 响应状态的响应中，设置为 Wrong 响应状态所占的百分比。
Pi	General	该变量为数学上的 Pi，该变量的值为 3.1415926536。
PositionY	Icons	该变量常做引用变量使用，PositionY@"IconTitle"存储的是指定设计按钮中显示对象中心点的纵坐标值。
Preroll	Network	其值为 Icon Tile 指定的声音图标播放前将要下载的字节数，若包含声音文件的图标保存在网络服务器上，Authorware 将在播放前下载指定的字节数，以改进声音的质量。通常作为引用变量使用，即 Preroll@"IconTitle"。

变　量	类　别	说　明
PresetEntry	Interaction	可以将一个字符串的值赋给该变量,当执行下一个正文输入响应时,该字符串会自动显示在正文输入响应的正文输入框中,最终用户可以编辑该字符串,然后作为正文输入响应的输入。
PreviousMatch	Interaction	该变量常做引用变量使用,如果指定的反馈设计按钮为最后一个相匹配的设计按钮,则 PreviousMatch@ "IconTitle" 的值为 True。
RecordsLocation	File	该变量存储的是记录信息文件所存放的文件夹的目录路径,在 Windows 系统中,该路径的默认值为:"C:\WINDOWS\A4W_DATA\"。
RepCount	Decision	单独使用时,该变量存储的是当前"判定"设计按钮中已经重复的次数; 作为引用变量使用时,RepCount@ "IconTitle"存储的是当前"判定"设计按钮中已经重复的次数。
ResponseHeight	Interaction	该变量用于存储响应区域(按钮、热区、热对象、目标区和正文输入响应输入框)的高度。
ResponseLeft	Interaction	该变量用于存储响应区域(按钮、热区、热对象、目标区和正文输入响应输入框)左边界距演示窗口左边界的像素值。
ResponseTop	Interaction	该变量用于存储响应区域(按钮、热区、热对象、目标区和正文输入响应输入框)上边界距演示窗口上边界的像素值。
ResponseWidth	Interaction	该变量用于存储响应区域(按钮、热区、热对象、目标区和正文输入响应输入框)的宽度。
ResponseStatus	Interaction	单独使用时,该变量存储的是最后一个"交互作用"分支结构中第一个匹配的响应的状态。各数值的含义如下所示: 0　Not Judged 1　Correct 2　Wrong 作为引用变量使用时,ResponseStatus@ "IconTitle"存储的是指定的"交互作用"分支结构中第一个匹配的响应的状态。
ResponseTime	Interaction	单独使用时,该变量存储的是最终用户匹配当前交互作用所需的秒数(包括秒的小数部分)。 作为引用变量使用时,该变量存储的是最终用户匹配指定交互作用所需的秒数(包括秒的小数部分)。

续表

变 量	类 别	说 明
ResponseType	Interaction	单独使用时,该变量存储的是最后一个匹配响应所对应的设计按钮响应类型的数字编号。 作为引用变量使用时,ResponseType@ "IconTitle"存储的是指定匹配响应所对应的设计按钮响应类型的数字编号。该数字编号的含义如下所示: 1 Entry text; 2 Hot spot; 3 Hot obj; 4 Pull-down menu; 5 Keypress; 6 Button; 7 Conditiona; 8 Time limit; 9 Tries limit; 10 Clickable object; 11 Event。
Resume	General	若该变量的值为 True,则 Authorware 7.0 会自动返回跳转到其他应用程序时的断点处继续执行;若该变量的值为 False,则 Authorware 7.0 从该变量仍为 True 时的最后一个图标开始继续往下执行。如果在文件的属性对话框中选择了 Resume 选项,则该变量的值为 True,并且 Authorware 7.0 总是从文件开头处继续执行,而不管 Resume 的值是否为 True。
ResumeIcon	General	该变量的作用是使用该变量来指定 Authorware 7.0 重新运行文件时从指定的"运算"设计按钮开始执行。 设置的表达式为: ResumeIcon := IconID@ "IconTitle"。其中,IconTitle 为"运算"设计按钮的标题。
Return	General	该变量仅存储一个回车符,可以使用该变量来插入一个分行符。例如,WriteExtFile("RESULTS. TXT", Example1 ^ Return ^ Example2)。
RightMouseDown	General	当最终用户右击时,该变量的值为 True。
RootIcon	Icons	该变量存储的是位于第一层次的"映射"设计按钮的 ID 标识。
SearchPath	File	该变量存储的是 Authorware 7.0 在执行应用程序时,搜寻所需要文件时搜寻的默认路径;在 Authorware 7.0 中,其搜寻文件的默认顺序为: 开发人员第一次加载文件所在的文件夹: 1 如果交互式应用程序已被打包或者文件被移动,则 Authorware 7.0 就不能找到该文件,必须指定该文件存放的正确位置。 2 交互式应用程序所在的文件夹。 3 正在运行中的 Authorware 7.0 或 Ra4w32 应用程序所在的文件夹: Windows 95 文件夹。 Windows 95 系统文件夹。 Authorware 7.0 应用程序中指定的文件夹。 该变量存储的就是 Authorware 7.0 应用程序中指定的文件夹。

变 量	类 别	说 明
Sec	Time	该变量用于存储当前时刻的秒数值,范围为 0~59。
SerialNumber	General	用于存储当前使用的 Authorware 7.0 的版本序列号。
SessionHours	Time	该变量存储的是当前用户打开使用当前文件所持续的时间,单位为小时。计算时间从打开该文件开始。
SearchPercentComplete	Framework	该变量用于跟踪搜索某一对象的进度,如果该变量的值为 0,表示没有进行对对象的搜索,即根本没有使用 FindText() 函数;如果该变量的值为 100,则表示已经完成整个搜索过程。
SelectedEver	Decision	单独使用时,如果最后一个"判定"分支结构中当前所使用的路径曾经被选择过,则该变量的值为 True。 作为引用变量使用时,如果指定的设计按钮附属于某个"判定"设计按钮,而且指定的设计按钮被选择过,则 SelectedEver@"IconTitle"的值为 True。
Sessions	General	该变量存储的是当前用户使用当前文件的次数。
SessionTime	Time	该变量的使用方法与 SessionHours 相同,不同之处是该变量存储的时间方式不同,该变量是用小时和分钟来进行计时的。例如,如果最终用户在当前文件使用了 1 小时 6 分钟,则: SessionHours＝1.1 SessionTime＝1.06
ShiftDown	General	当最终用户按下 Shift 键后,该变量的值为 True。
SoundAvailable	General	如果当前没有声音播放设备,则该变量的值为 False;如果有一个以上声音播放设备,该变量的值为 True。
SoundBytes	General	该变量一般作为引用变量使用,SoundBytes @ "SoundIconTitle"给出 SoundIconTitle 指定的声音图标所播放声音文件的字节数。
SoundPlaying	General	如果当前正在播放一个声音信息,则该变量的值为 True。
StartTime	Time	该变量存储的是开始使用应用程序的时间,存储起始时刻的小时和分钟数,该变量的格式同系统时间的设置有关。
SystemSeconds	Time	该变量存储的是系统启动或重新启动至当前状态所持续的时间,单位为秒。
Tab	General	该变量存储的是有关 Tab 符号,该变量的使用方法如下: WriteExtFile("RESULTS. TXT", Example1 ^ Tab ^ Example2)
TargetIcon	Icons	该变量存储从目标文件加载到当前的精灵的知识对象的 ID 号。若当前文件不是由一个知识对象加载,则该变量的值为 0。
TimeExpired	Decision	单独使用时,如果最近一个"判定"设计按钮超过设置的时间限制,该变量的值为 True。 作为引用变量使用时,用于取得指定的设计按钮是否超过时间的限制。当该"判定"设计按钮正在使用或因其他原因而停止使用时,TimeExpired@"IconTitle"的值为 False。
Time	Time	该变量存储的是当前系统的时间,包括小时和分钟数。

变　　量	类　　别	说　　明
TimeInInteraction	Interaction	单独使用时,该变量存储的是在使用最近一个"交互作用"分支结构时所用的时间,单位为秒,该秒数值以小时形式表示。 当作为引用变量使用时,TimeInInteraction@ "IconTitle"存储的是在使用指定的"交互作用"分支结构时所用的时间,单位为秒,该秒数值以小时形式表示。
TimeOutLimit	General	该变量用于设置一段时间来等待最终用户实施某一操作(单击、双击等),时间控制用秒来计算。如果在这段时间内最终用户没有实施任何操作,Authorware 7.0 将跳转到由系统函数 TimeOutGoTo( )指定的位置。
TimeOutRemaining	General	该变量存储等待最终用户实施某一操作(单击、双击等)剩余的时间,时间控制用秒来计算。如果在这段时间内最终用户没有实施任何操作,Authorware 7.0 将跳转到由系统函数 TimeOutGoTo( )指定的位置。
TimeRemaining	Interaction	单独使用时,该变量存储的是使用当前的一个时间限制需要类型的"交互作用"分支所剩余的秒数。 作为引用变量使用时,TimeRemaining@ "IconTitle"存储的是指定的一个时间限制需要类型的"交互作用"分支所剩余的秒数。
TimesMatched	Interaction	单独使用时,该变量存储的是输入的需要与当前期待响应匹配的次数。 作为引用变量使用时,该变量存储的是输入的需要与指定期待响应匹配的次数。
TimesSelected	Decision	单独使用时,该变量存储的是当前"判定"分支结构中当前路径已被选择的次数。 作为引用变量使用时,该变量存储的是指定"判定"分支结构中当前路径已被选择的次数。
TotalCorrect	Interaction	该变量存储的是在一个应用程序中最终用户正确匹配被设置成 Correct 响应状态的交互作用响应总数。
TotalHours	Time	该变量存储的是开始使用应用程序所花费的时间,单位为小时。
TotalTime	Time	TotalHours 和 TotalTime 存储的都是最终用户使用交互式应用程序所花费的时间,但是这两种变量存储时间的格式不同: TotalHours 使用带有小数部分的数存储。 TotalTime 使用小数和分钟相结合的方式存储。
TotalScore	Interaction	该变量存储的是在应用程序中用户匹配交换响应的总分数。每次选择交互图标中的一个选项,其得分就加到该变量中,可以在响应属性对话框中的 Score 指定用户匹配该响应时获得的分数。

续表

变　量	类　别	说　明
TotalWrong	Interaction	该变量存储的是在一个应用程序中最终用户正确匹配被设置成 Wrong 响应状态的交互作用响应总数。
Tries	Interaction	单独使用时,该变量存储的是用户匹配当前"交互作用"分支结构中一个响应的次数。 作为引用变量使用时,Tries@"IconTitle"存储的是用户匹配指定"交互作用"分支结构中一个响应的次数。
UserName	General	该变量存储的是用户的全名。
Version	General	该变量存储的是当前使用的 Authorware 7.0 软件的版本。
VideoDone	Video	如果当前播放的视频已经结束,则该变量的值为 True。
VideoFrame	Video	该变量存储的是在附加设备上播放的视频信息的帧数。
VideoResponding	Video	如果计算机同选择的视频信息播放设备已正确连接,则该变量的值为 True。
WindowHandle	General	该变量存储的是 Authorware 7.0 的演示窗口在 Windows 系统中的句柄。
WindowHeight	General	该变量存储的是当前演示窗口的高度,以像素点的个数来表示。
WindowLeft	General	该变量存储的是演示窗口左边界同屏幕左边界间像素点的个数。
WindowTop	General	该变量存储的是演示窗口上边界同屏幕上边界间像素点的个数。
WindowWidth	General	该变量存储的是当前演示窗口的宽度,以像素点的个数来表示。
Within	Icons	该变量常作引用变量使用,如果 Authorware 7.0 正在执行指定设计按钮中内容,则 Within@"IconTitle"为 True。
WordClicked	Interaction	该变量存储的是最终用户单击某一正文对象时被击中的单词,如果随后单击屏幕上的其他地方,则该变量中的值改变为一个空的字符串。
WordCount	Interaction	单独使用时,该变量存储的是最终用户输入正文响应中包含的单词个数。 作为引用变量使用时,WordCount@"IconTitle"存储的是指定交互作用分支结构中,最终用户输入正文输入响应中输入内容所包含的单词个数。
WrongChoices Matched	Interaction	单独使用时,该变量的值等于当前"交互作用"分支结构中用户匹配的标有"一"号的响应分支的个数。 作为引用变量使用时,WrongChoices Matched@"IconTitle"值等于指定"交互作用"分支结构中用户匹配的标有"一"号的响应分支的个数。
Year	Time	该变量存储的是当前计算机系统所设定的年份。

Authorware 7.0 系统函数

函　　数	类　别	格式及说明
ABS	Math	格式：number := ABS(x) 说明：返回 x 的绝对值
ACOS	Math	格式：number := ACOS(x) 说明：返回 x 的反余弦函数值，x 的值的范围为 0～Pi
AddLinear	List	格式：AddLinear(linearlist, value [, index]) 说明：该函数的作用是将 Value 插入到 linearlist(线型列表)中。 　　如果该线型列表是一个有序的列表，则 value 被按照一定的规则插入到合适的位置； 　　如果该列表为一个无序的列表，则将 value 插入到列表的最后； 　　如果 index 的值为 1，则 valve 被插入到列表第一个； 　　如果 index 的值超过列表中的个数，则越界的个数用 0 补全，然后再插入 value。例如： 1　numlist :=[1, 2, 3] 　　AddLinear(numlist, 99, 1) 　　numlist 的结果是[99, 1, 2, 3] 2　numlist :=[1, 2, 3] 　　AddLinear(numlist, 99, 6) 　　NumList is now [1, 2, 3, 0, 0, 99]

AddProperty	List	格式：AddProperty(propertyList, #property, value [, index])
		说明：该函数的作用是将属性或值插入到属性列表中。例如：
		1　propList :=[#a:1, #b:2, #c:3]
		　　AddProperty(propList, #d, 99, 1)
		　　PropList 为：[#d:99, #a:1, #b:2, #c:3]
		2　propList :=[#a:1, #b:2, #c:3]
		　　AddProperty(propList, #d, 99, 6)
		　　propList 为：[#a:1, #b:2, #c:3, #d:99]

AppendExtFile	File	格式：number := AppendExtFile("filename", "string") 说明：该函数将字符串中的值插入到一个文件的末尾。 例如： AppendExtFile(RecordsLocation ^ "DATA. txt", NewUser)，将新的字符串 NewUser 加入到 DATA. txt 中。

续表

函　　数	类　别	格式及说明
Application	Platform	格式：string := Application() 说明：该函数的返回值为 COA 加上一个空格，它是 Authorware 7.0 的源文件名。 某些 XCMDs 和 DLLs 需要来决定 Authorware 7.0 是否正在运行。
ArrayGet	Math	格式：result := ArrayGet(n) 说明：读取一个排列中的第 n 个单元，并将它赋给变量 result，该单元可以是一个字符串或数字。
Array( )	Math	格式：MyArray := Array(value, dim1 [, dim2, dim3, … dim10]) 说明：该函数用来创建一个列表，可以是多维的列表的创建。例如： 创建一个三维的列表： MyArray := Array(0,4,3,2) 结果是：[[[0, 0], [0, 0], [0, 0]], [[0, 0], [0, 0], [0, 0]], [[0, 0], [0, 0], [0, 0]], [[0, 0], [0, 0], [0, 0]]]
ArraySet(n, value)	Math	格式：ArraySet(n, value) 说明：将 Value 的值插入到一个排列列表中第 n 的位置。
ASIN	Math	格式：number := ASIN(x) 说明：计算 x 的反正弦值。
ATAN	Math	格式：number := ATAN(x) 说明：计算 x 的反正切值。
Average	Math	格式：Value := Average(anyList) Value := Average(a [, b, c, d, e, f, g, h, i, j]) 说明：取得参数列表中各参数的平均值。 例如： (1)　numList := [1, 2, 3, 99] 　　　Value := Average(numList) 　　　Value 的值为 26。 (2)　Value := Average(1, 2, 3, 99) 　　　Value 的值是 26。
Beep( )	General	格式：Beep() 说明：使系统响铃。
Box( )	Graphics	格式：Box(pensize, x1, y1, x2, y2) 说明：该函数用来在(x1,y1),(x2,y2)两点中间绘制一个方框，方框的线型粗细由 pensize 参数决定，线型默认的颜色为黑色，方框默认为无填充色，使用 SetFrame 和 SetFill 函数来设置线型的颜色和填充色。
CallIcon	General	格式：result := CallIcon(IconID@"SpriteIconTitle", #method [, argument...]) 说明：该函数用来调用带有 sprite Xtra 功能的进程。

函　数	类　别	格式及说明
CallObject	General	格式：result := CallObject("object", ♯method [, argument...]) 说明：该函数调用一个对象的 scripting Xtra 句柄，可以使用 NewObject 来创建一个新的对象。
CallParentObject	General	格式：result := CallParentObject (" Xtra ", ♯ method [, argument...]) 说明：调用一个具有 sprite Xtra 的进程。
CallSprite	General	格式：result := CallSprite (IconID @ " SpriteIconTitle ", ♯method [, argument...]) 说明：调用一个 sprite 进程。
Capitalize	Character	格式：resultString := Capitalize("string" [, 1]) 说明：该函数的功能是将字符串中每一个单词的首写字母转变成大写字母，Authorware 7.0 自动分辨单词之间的空格。如果需要只转化字符串的第一个单词的第一个字母，可以使用参数"1"。 例如： EntryText="the rain in spain" Name := Capitalize(EntryText) 函数的结果为："The Rain In Spain" Name := Capitalize(EntryText, 1) 函数的结果为："The rain in spain"。
Catalog	File	格式： 1　string := Catalog("folder") 2　string := Catalog("folder","D") 3　string := Catalog("folder","F") 说明： 1　将 folder 文件夹中的子文件夹和文件名以字符串的形式赋给变量 string。 2　(D)将 folder 文件夹中的子文件夹以字符串的形式赋给变量 string。 3　(F)将 folder 文件夹中的文件名以字符串的形式赋给变量 string。
CharCount	Character	格式：number := CharCount("string") 说明：返回字符串中的字符的个数，包括空格和特殊字符。 例如： MyString := "a b c" Number := CharCount(MyString) Number 的值为 5。
Char	Character	格式：string := Char(key) 说明：该函数取 Key 所指定按键的名称或数值，然后以字符的形式赋给变量 String。

函　　数	类　别	格式及说明
ChildIDToNum	Icons	格式：number ：= ChildIDToNum (IconID @ " ParentTitle"，@"ChildTitle" [，flag]) 说明：该函数返回一个数值，用来标记由 ChildTitle 所指定的在"映射"设计按钮或附属于分支结构的 ParentTitle 结构中的相对位置，ParentTitle 代表的是"映射"设计按钮或具有分支功能的设计按钮的标题名。在 Authorware 7.0 中，"映射"设计按钮包含的设计按钮按照从上至下的顺序进行标记，最顶端的设计按钮位置为 1，其他的设计按钮以此类推。 "交互作用"分支结构中是按照从左至右的顺序来标记，位于最左边的反馈按钮相对位置为 1，其他以此类推。 对于"框架"设计按钮，其分支结构分三种情况： 1　当参数 flag＝0 时，ChildTitle 必须是页所对应的设计按钮的标题，这些页的相对位置是从左至右的顺序进行标记； 2　当参数 flag＝1 时，ChildTitle 是框架内部结构输入画面中设计按钮的标题，其相对位置是从左至右的顺序进行标记； 3　当参数 flag＝2 时，ChildTitle 是框架内部结构退出画面中设计按钮的标题，其相对位置是从左至右的顺序进行标记。
ChildNumToID	Icons	格式：ID ：= ChildNumToID(IconID@"Parent"，n [，flag]) 说明：该函数的作用是返回"映射"设计按钮、"交互作用"设计按钮、"框架"结构中相对位置为 n 处的设计按钮的 ID 表示，参数 flag 的含义同上所述。
Circle	Graphics	格式：Circle(pensize，x1，y1，x2，y2) 说明：在左上角坐标为(x1,y1)，右下角坐标为(x2,y2)的方框内绘制同该方框相内切的圆，圆周线型由参数 Pensize 决定；可以使用 SetFrame 和 SetFill 函数来调整线型的颜色和填充色； 当 pensize＜0 时，圆内以黑色填充； 当 pensize＝0 时，圆内以白色填充； 当 pensize＞0 时，圆周线条的宽度等于 pensize 指定的像素点的值，圆内没有填充色。
CloseWindow	Platform	格式：CloseWindow("window") 说明：该函数的作用是关闭有"Window"所指定的窗口，该函数是由 XCMD 或 UCD (DLL)所生成的。
Code	Character	格式：number := Code("character") 说明：该函数的作用是返回"character"所对应的 ASCII 码，例如： Code(d)的返回值为 100。

续表

函　　数	类　别	格式及说明
CopyList	List	格式：newList := CopyList(anyList) 说明：该函数实现列表的完全复制，生成一个新的列表，列表复制和列表赋值的不同； 使用列表复制，对新列表的改变不影响原列表的内容；列表的赋值生成新列表，对新列表的改变会影响原列表的内容，例如： 1　列表的复制： ListA := [10, 20, 30] ListB := CopyList(ListA) DeleteAtIndex(ListB, 1) ListA 内容不变，而 ListB 为 [20, 30]。 2　赋值生成列表： ListA := [10, 20, 30] ListB := ListA DeleteAtIndex(ListB, 1) ListA 和 ListB 的值都是 [20, 30]。
COS	Math	格式：number := COS(angle) 说明：计算 x 的余弦值，将值赋给 number，其中 x 为角度，单位是弧度。
CreateFolder	File	格式：number := CreateFolder("folder") 说明：使用该函数来创建一个有 folder 指定名称的文件夹，默认情况下，该文件夹是当前文件夹的子文件夹。文件运行后，Authorware 7.0 改变两个系统变量 IOStatus 和 IOMessage，用来存储该函数的执行信息。如果没有错误，IOStatus 的返回值为 0，而 IOMessage 为空；如果有错误，IOStatus 的返回值不为 0，IOMessage 中存储的是错误信息。
Date	Time	格式：string := Date(number) 说明：参数 number 中存储的是总的天数，该函数将总的天数转换成当前计算机系统的简短的日期格式。 该天数的起始时间为 1900 年 1 月 1 日。 在 Authorware 7.0 中 number 的范围为 25568 ~ 49709，(January, 1, 1970 到 June, 2, 2036)。
DateToNum	Time	格式：number := DateToNum(day, month, year) 说明：该函数的作用是将输入的日期同 1900 年 1 月 1 日的时间差转换成总的天数值。参数 day 表示日期，范围为 (1, 31)；参数 month 表示月份，范围为 (1, 12)；参数 year 为年份，有效值范围为 (1970, 2036)。

函　　数	类　别	格式及说明
Day	Time	格式：value := Day(number) 说明：该函数的作用是自1900年1月1日算起，返回指定的总天数所对应的月中的第几天。 　　该函数中参数 number 值的范围为：25568～49709（January 1，1970 到 June 2，2036）； 　　下面的例子范围1970年1月1日所对应的月中的天数： result := Day(25568) 返回值为1。
DayName	Time	格式：string := DayName(number) 说明：该函数的作用是自1900年1月1日算起，返回指定的总天数所对应的星期中的星期几。 　　该函数中参数 number 的范围为：25568～49709（January 1，1970 到 June 2，2036）； 　　下面的例子为1970年1月1日所对应的星期数： result := Day(25568) result 的值为"Thursday"。
DeleteAtIndex	List	格式：DeleteAtIndex(anyList, index) 说明：该函数按照索引从列表中删除一个特定的元素。例如： anyList := [1, 2, 3] DeleteAtIndex(anyList, 1) anyList 的值改变为[2, 3]。

DeleteAtProperty	List	格式：DeleteAtProperty(propertyList, #property)
		说明：该函数删除在列表中第一个具有特定属性的元素。例如：
		1　propList := [#a:1, #b:2, #c:3]
		　　DeleteAtProperty(propList, #a)
		　　propList 的值为[#b:2, #c:3]；
		2　propList := [#a:1, #a:2, #a:3]
		　　DeleteAtProperty(propList, #a)
		　　PropList 的值为[#a:2, #a:3]；
		3　propList := [#a:1, #A:2, #A:3]
		　　DeleteAtProperty(propList, #A)
		　　PropList 的值为[#a:2, #a:3]。

DeleteFile	File	格式：number := DeleteFile("filename") 说明：该函数的作用是删除 filename 所指定的文件，在删除文件时，请带上文件的扩展名，避免发生误删除。函数运行后，Authorware 改变两个系统变量 IOStatus 和 IOMessage，用来存储该函数的执行信息，如果没有错误，IOStatus 的返回值为0，而 IOMessage 为空；如果有错误，IOStatus 的返回值不为0，IOMessage 中存储的是错误信息。

续表

函　　数	类　　别	格式及说明
DeleteLine	Character	格式： 1　Result ：= DeleteLine("string", n) 2　Result ：= DeleteLine("string", n , m) 3　Result ：= DeleteLine("string", n , m, delim) 说明： 1　删除字符串中的第 n 行，返回剩下的内容； 2　删除字符串中从第 n 行到第 m 行，然后返回剩下的内容； 3　删除字符串中从第 n 行到第 m 行中以 delim 指定的分界符结尾的行，然后返回剩下的内容。
DeleteObject	General	格式：DeleteObject(object) 说明：该函数删除一个由 NewObject 创建的 scripting Xtra 对象。
DisplayIcon	Icons	格式：DisplayIcon(IconID@"IconTitle") 说明：运行该函数，将 IconTitle 所指定的设计按钮中所有正文及图片对象显示在演示窗口中。
DisplayIconNoErase	Icons	格式：DisplayIconNoErase(IconID@"IconTitle") 说明：运行该函数，将 IconTitle 所指定的设计按钮中所有正文及图片对象显示在演示窗口中，并将该设计按钮的属性设置为同 Properties 对话框中的 Prevent Auto Erase 选项相同的属性。
DrawBox	Graphics	格式： 1　DrawBox(pensize) 2　DrawBox(pensize, [x1, y1, x2, y2]) 说明： 1　该函数设置的目的是使最终用户使用鼠标拖动的方法来绘制方框，线型的宽度由 pensize 来决定，用该方法使用该函数必须在热区响应区域中使用； 2　该函数是使最终用户只能在(x1,y1),(x2,y2)所限定的范围内绘制方框，方框线型由参数 pensize 决定；可以使用 SetFrame 和 SetFill 函数来调整线型的颜色和填充色。 当 pensize<0 时，方框以黑色填充； 当 pensize=0 时，方框以白色填充； 当 pensize>0 时，方框线条的宽度等于 pensize 指定的像素点的值，方框内没有填充色。

函　数	类　别	格式及说明
DrawCircle	Graphics	格式： 1　DrawCircle(pensize) 2　DrawCircle(pensize，[x1，y1，x2，y2]) 说明： 1　该函数设置的目的是使最终用户使用鼠标拖动的方法来绘制椭圆，线型的宽度由 pensize 来决定，用该方法使用该函数必须在热区响应区域中使用； 2　该函数是使最终用户只能在(x1，y1)，(x2，y2)所限定的范围内绘制椭圆，椭圆线型由参数 pensize 决定；可以使用 SetFrame 和 SetFill 函数来调整线型的颜色和填充色； 当 pensize＜0 时，椭圆内以黑色填充； 当 pensize＝0 时，椭圆内以白色填充； 当 pensize＞0 时，椭圆线条的宽度等于 pensize 指定的像素点的值，椭圆内没有填充色。
DrawLine	Graphics	格式： 1　DrawLine(pensize) 2　DrawLine(pensize，[x1，y1，x2，y2]) 说明： 1　该函数设置的目的是使最终用户使用鼠标拖动的方法来绘制直线，线型的宽度由 pensize 来决定，用该方法使用该函数必须在热区响应区域中使用； 2　该函数是使最终用户只能在(x1，y1)，(x2，y2)所限定的范围内绘制直线，直线线型由参数 pensize 决定；可以使用 SetFrame 来调整线型的颜色。
EraseAll	Icons	格式：EraseAll() 说明：该函数只能在"元素"设计按钮中使用，其作用是擦除演示窗口中显示的所有对象。
EraseIcon	Icons	格式：EraseIcon(IconID@"IconTitle") 说明：该函数的作用是擦除指定设计按钮中所有的显示对象。
Eval	Character	格式：result := Eval("expression" [，decimal，separator]) 说明：该函数的功能是计算表达式 expression 的值，并将该值赋给 result，在该函数的 expression 表达式中，不能包含赋值操作符" := "。
EvalAssign	Character	格式：result := EvalAssign("expression" [，decimal，separator]) 说明：该函数的功能同 Eval 相似，计算表达式 expression 的值，并将该值赋给 result，在该函数的 expression 表达式中，可以包含赋值操作符" := "。
Exit Repeat		格式：ExitRepeat 说明：该函数在"运算"设计按钮中使用，跳出 Repeat 循环，执行下面的内容，如果下面没有内容，则退出该"运算"设计按钮。

续表

函　数	类　别	格式及说明
Exit	Language	格式：Exit 说明：当 Authorware 7.0 在程序的执行过程中，一旦遇到该函数，在 Authorware 7.0 自动退出该"运算"设计按钮。执行其他设计按钮中的内容。 例如： if ScreenDepth >= 8 then exit Message := " You need to set your computer to display 256 colors. "
EXP	Math	格式：number := EXP(x) 说明：将 x 的自然指数的值赋给 number。
EXP10	Math	格式：number := EXP10(x) 说明：将 x 的以 10 为底的指数值赋给 number。
FileType	File	格式：number := FileType("filename") 说明：该函数的结果是返回一个数字，该数字代表文件或文件夹的不同类型： 0　表示无此文件或错误； 1　表示目录（文件夹）； 2　表示为打包的文件(.a4p)； 3　表示不包含 RunA4W 的打包文件（.a4r)； 4　表示模板文件（.a4d)； 5　表示声音文件（.aif, .pcm, .wav)； 6　表示数字电影文件(.mov, .avi, .mpg, .dir)； 7　表示 PICS 电影文件； 8　表示用户代码(.ucd, .dll)； 9　表示文本文件（.txt)； 10　表示应用程序文件(.exe, .com, .bat, .pif)； 11　表示其他文件； 12　表示库文件(.a4l)； 13　表示打包后的库文件(.a4e)；
Find	Character	格式：number := Find("pattern", "string") 说明：在字符串 string 中查找由 pattern 所指定的字符串的位置。例如： result :=Find(r,carry) result 的值为 3，如果在 string 中没有找到 patten，则返回值为 0。 该函数的参数 pattern 中可以使用通配符： "＊"：代表零个或多个字符； "?"：代表单个字符； 使用"\"来去除字符中特殊的含义。

函　　数	类　　别	格式及说明
FindProperty	List	格式：index　:= FindProperty（propertyList，♯ property，[index]） 说明：该函数返回到具有属性的列表中，从 index 往后第一个具有特定属性的字符串的位置。 例如： 1　propList := [♯a:1，♯b:2，♯c:3，♯a:1，♯b:2，♯c:3] 　index := FindProperty(propList，♯ b) 　index 的值为 2； 2　propList := [♯a:1，♯b:2，♯c:3，♯a:1，♯b:2，♯c:3] 　index := FindProperty(propList，♯ b，3) 　index 的值为 5； 3　propList := [♯a:1，♯A:2，♯A:3] 　index := FindProperty(propList，♯ A) 　index 的值为 1。
FindText	Framework	格式：number := FindText（"searchString"，scopeIconID，textOrKeywords，matchPattern，resultsInContext，convertResultsToPageIDs，searchInBackground） 说明：该函数具有强大的搜寻功能。
FindValue	List	格式：index := FindValue(anyList, value [, index]) 说明：该函数返回到列表中，从 index 往后第一个具有指定值的字符串的位置。如果没有寻找到同 value 相同的字符串或 anylist 参数不是一个列表,则该函数返回值为 0。 例如： 1　numList := [10，20，30] 　index := FindValue(numList，20) 返回的数值为 2。 2　propList := [♯a:10，♯b:20，♯c:30，♯a:10，♯b:20，♯c:30] 　index := FindValue(propList，20，3) index 的值为 5。
FlushEventQueue	General	格式：FlushEventQueue() 说明：该函数将事件队列中等待执行的某事件取消掉。
FlushKeys	General	格式：FlushKeys() 说明：该函数的作用是忽略最终用户按下的任何键。
Fraction	Math	格式：result := Fraction(number) 说明：该函数返回 number 数值中的小数点后的内容,包括小数点。例如： Result := Fraction(12.34) Result 的值为".34"。

续表

函　　数	类　　别	格式及说明
FullDate	Time	格式：string := FullDate(number) 说明：number 为总天数，该函数是从 1900 年 1 月 1 日算起，将天数转换为具体的日期，其中 number 的值的范围为：25568～49709（January，1，1970 到 June，2，2036）。 例如： FullDate(25569)的值为：January，2，1970；该函数的返回值的格式同各计算机系统的设置有关。
GetIconProperty	General	格式：result := GetIconProperty(IconID@"SpriteIconTitle"，♯property) 说明：该函数返回指定设计按钮 SpriteIconTitle 中，指定属性的值。
GetLine	Character	格式： 1　resultString := GetLine("string"，n) 2　resultString := GetLine("string"，n，m) 3　resultString := GetLine("string"，n，m，delim) 说明： 1　取出字符串中的第 n 行的内容； 2　取出字符串中从第 n 行到第 m 行中的内容； 3　取出字符串中从第 n 行到第 m 行中以 delim 指定的分界符结尾的行的内容。
GetMovieInstance	Icons	格式： identifier := GetMovieInstance(IconID@"MovieTitle") 说明：该函数返回的是由 MovieTitle 指定的设计按钮中播放的数字化电影的数字标识。
GetNumber	Character	格式：number := GetNumber(n，"string") 说明：该函数返回 string 中第 n 个数字字符的数字值，如果 n 已经超出了 string 的界限或没有在第 n 的位置找到数字字符，则该函数返回值为 0。
GetProperty	Platform	格式：value := GetProperty("window"，♯property) 说明：该函数的作用是取得 window 指定的窗口属性的值，该窗口是由 XCMD 或 UCD (DLL)所产生的。
GetSpriteProperty	General	格式：result :=GetSpriteProperty(IconID@"SpriteIconTitle"，♯property) 说明：该函数取得一个 sprite 属性的值。
GetTextContaining	Framework	格式：string := GetTextContaining(n [，m，maxlen]) 说明：该函数返回由 FindText 函数所定位的单词和该单词的上下文。 例如： 1　string := GetTextContaining(5) 该函数返回第五个相匹配的单词的内容； 2　string := GetTextContaining(5,5,20) 该实例返回第 5 次所匹配的单词的上下文，字符的总数为 20 个。

函　　数	类　　别	格式及说明
GetWord	Character	格式：resultString ：= GetWord(n, "string") 说明：该函数中返回第 n 个字符的内容，如果 n 的值超过 string 的界限，该函数返回一个空的字符串。
GoTo	Jump	格式：GoTo(IconID@"IconTitle") 说明：该函数使 Authorware 7.0 调整到 IconTitle 指定的设计按钮中。
GoToNetPage	Net	格式：GoToNetPage("URL" [, "windowType"]) 说明：该函数实现 Authorware 在网络上的跳转。例如： GoToNetPage("http://www.macromedia.com")
IconFirstChild	Icons	格式：ID ：= IconFirstChild(IconID@"IconTitle" [, flag]) 说明：该函数返回"映射"设计按钮中的第一个设计按钮的 ID 标识，或"交互作用"设计按钮中的第一分支中反馈设计按钮的 ID 标识，或者"框架"结构中第一个设计按钮的 ID 标识，在框架结构中，有三种第一个设计按钮的方式，这三种方式由参数 flag 决定。 参数 flag 的含义如下： 对于"框架"设计按钮，其分支结构分三种情况： 1　当参数 flag＝0 时，该函数返回的是页所对应的设计按钮的标题，这些页的相对位置是按从左至右的顺序进行标记； 2　当参数 flag＝1 时，该函数返回的是框架内部结构输入画面中设计按钮的标题，其相对位置是按从左至右的顺序进行标记； 3　当参数 flag＝2 时，该函数返回的是框架内部结构退出画面中设计按钮的标题，其相对位置是按从左至右的顺序进行标记。
IconLastChild	Icons	格式：ID ：= IconLastChild(IconID@"IconTitle" [, flag]) 说明：该函数返回"映射"设计按钮中的最后一个设计按钮的 ID 标识，或"交互作用"设计按钮中的最后分支中反馈设计按钮的 ID 标识，或者"框架"结构中最后一个设计按钮的 ID 标识。在框架结构中，有三种最后一个设计按钮的方式，这三种方式由参数 flag 决定。 参数 flag 的含义如下： 对于"框架"设计按钮，其分支结构分三种情况： 1　当参数 flag＝0 时，该函数返回的是页所对应的设计按钮的标题，这些页的相对位置是按从左至右的顺序进行标记； 2　当参数 flag＝1 时，该函数返回的是框架内部结构输入画面中设计按钮的标题，其相对位置是按从左至右的顺序进行标记； 3　当参数 flag＝2 时，该函数返回的是框架内部结构退出画面中设计按钮的标题，其相对位置是按从左至右的顺序进行标记。
IconLogID	Icons	格式：number ：= IconLogID(n) 说明：该函数的作用是返回从当前正在执行的设计按钮之前的第 n 个设计按钮的 ID 标识。当 n＝0 时，返回当前执行的设计按钮的 ID 标识。

函　　数	类　别	格式及说明
IconLogTitle	Icons	格式： 1　string := IconLogTitle(n) 2　string := IconLogTitle(n, m) 说明： 1　该函数的作用是返回从当前正在执行的设计按钮之前的第 n 个设计按钮的标题。当 n＝0 时，返回当前执行的设计按钮的标题。 2　该函数返回在 n 和 m 之间的所有设计按钮的标题。
IconNext	Icons	格式：ID := IconNext(IconID@"IconTitle") 说明：在"映射"设计按钮中，该函数返回当前执行的设计按钮的下一个设计按钮的 ID 标识，当在"交互作用"分支结构或"框架"结构中该函数包含当前执行的设计按钮右边的反馈分支设计按钮的 ID 标识。如果当前设计按钮为最后一个设计按钮，则该函数返回值为 0。
IconNumChildren	Icons	格式：number := IconNumChildren(IconID@"IconTitle"［，flag］) 说明：使用该函数来返回"映射"设计按钮中包含的设计按钮的数目，"交互作用"设计按钮中分支路径设计按钮的数目，对应"框架"结构，返回各分支的数目，对于框架结构使用 flag 参数来设定其特指的结构的位置，具体的内容参见 IconLastChild。
IconParent	Icons	格式：ID := IconParent(IconID@"IconTitle") 说明：该函数返回指定 IconTitle 设计按钮所属的设计按钮，对于一个 IconTitle 所指定的分支结构中的设计按钮，返回的是该设计按钮附属的组成分支结构的设计按钮。
IconPrev	Icons	格式：ID := IconPrev(IconID@"IconTitle") 说明：在"映射"设计按钮中，该函数返回当前执行的设计按钮的上一个设计按钮的 ID 标识；在"交互作用"分支结构或"框架"结构中该函数包含当前执行的设计按钮左边的反馈分支设计按钮的 ID 标识。如果当前设计按钮为第一个设计按钮，则该函数返回值为 0。
IconTitle	Icons	格式：string := IconTitle(IconID) 说明：该函数 IconID 指定的设计按钮的标题，包括对该设计按钮的注释。

函　　　数	类　　别	格式及说明
IconTitleShort	Icons	格式：string := IconTitleShort(IconID) 说明：该函数返回 IconID 指定的设计按钮的标题，不包括对该设计按钮的注释。
IconType	Icons	格式：number := IconType(IconID@"IconTitle") 说明：该函数返回 IconTitle 指定的设计按钮的类型： 0　错误的 Icon ID 标识； 1　"显示"设计按钮； 2　"移位"设计按钮； 3　"擦除"设计按钮； 4　"交互作用"设计按钮； 5　"判定"设计按钮； 6　"映射"设计按钮； 7　"等待"设计按钮； 8　"运算"设计按钮； 9　"数字化电影"设计按钮； 10　"声音"设计按钮； 11　"视频"设计按钮； 12　"框架"设计按钮； 13　"定向"设计按钮； 14　Sprite Xtra 设计按钮。
IconTypeName	Icons	格式：string := IconTypeName(n) 说明：当 n 用 0～14 中的一个数字进行替换时，该函数返回的是相应的设计按钮的描述： 1　Display 2　Motion 3　Erase 4　Interaction 5　Decision 6　Map 7　Wait 8　Calc 9　Movie 10　Sound 11　Video 12　Framework 13　Navigate 14　Xtra

函　　数	类　别	格式及说明

If-Then	Language	格式：if condition then statement
		或者　　：if condition then
		　　　　　statement(s)
		　　　end if
		或者：if condition then statement else statement
		或者：　　if condition then
		　　　　　statement(s)
		else
		　　　　　statement(s)
		end if
		或者：if condition then
		　　　　　statement(s)
		else if condition then
		　　　　　statement(s)
		else
		　　　　　statement(s)
		end if
		说明：如果 if 后的条件为 True,则执行 statements1,否则执行 statements2。

InflateRect	List	格式：InflateRect(rectangle, widthChange, heightChange) 说明：该函数改变指定矩形的尺度,widthChange 为对宽度的变化值,heightChange 为对矩形高度的改变值,负值为对矩形尺度的缩小,正值为对矩形尺度的增加。每一单位数值代表 2 个像素。
Initialize	General	格式：Initialize([variable1, variable2, ? variable10]) 说明：将 variable1,variable2 等变量的值恢复成为初始化值。
InsertLine	Character	格式： 1　Result := InsertLine("string", n, "newstring") 2　Result := InsertLine("string", n, "newstring", delim) 说明： 1　将 newstring 插入到 string 字符串中的第 n 行,并将最后结果返回给 Result。 2　使用 delim 分隔参数时,函数在指定地插入行的同时,还要插入有 delim 指定的分隔符。
Intersect	List	格式：newRectangle := Intersect(rectangle1, rectangle2) 说明：从两个矩形的交叉点,创建一个新的矩形,例如： Rectangle1 := Rect(0, 0, 20, 20) Rectangle2 := Rect(10, 10, 30, 30) Rectangle3 := Intersect(Rectangle1, Rectangle2) Rectangle3 is (10, 10, 20, 20)

函　　数	类　　别	格式及说明
INT	Math	格式：number ：= INT(x) 说明：对数 x 取整,例如： INT(3.14) 返回值 3； INT("1a2b3c") 返回值 123。
JumpFile	Jump	格式： JumpFile("filename",["variable1,variable2,…,"folder"]) 说明：该函数使 Authorware 7.0 跳转到指定的文件中。
JumpFileReturn	Jump	格式： JumpFileReturn("filename", ["variable1,variable2,…,"folder"]) 说明：该函数使 Authorware 7.0 跳转到指定的文件中,当退出 该文件后,Authorware 7.0 返回到原始的文件中。
JumpOut	Jump	格式：JumpOut("program", ["document"] [,"creator"]) 说明：该函数将把 document 指定的文件在 program 指定的应 用程序中打开。并退出 Authorware 7.0。
JumpOutReturn	Jump	格式：JumpOutReturn("program", ["document"] [,"creator"]) 说明：该函数的功能同 JumpOut 类似,唯一的不同是该函数并 不退出 Authorware 7.0,仅将 Authorware 7.0 放到后台来运行,将 programe 所指定的应用程序放到前台运行。 Creator 参数使用在 Macintosh 机上使用。
JumpPrintReturn	Jump	格式：JumpPrintReturn(["program"], "document" [, "creator"]) 说明：该函数是在 program 中指定的应用程序中打开 document 并在该应用程序中打印,打印完毕后继续演示。该函数只能在"运 算"设计按钮中使用,而不能在表达式或插入到正文对象中。 Creator 参数使用在 Macintosh 机上使用。
Keywords	Framework	格式：string ：= Keywords(IconID@ "IconTitle") 说明：返回指定设计按钮中的所有关键词,如果有多个关键词, 返回时用回车符进行分隔。
LayerDisplay	Icons	格式：LayerDisplay(LayerNumber [,IconID@ "IconTitle"]) 说明：该函数用来设定 IconTitle 设计按钮中显示对象的层数； 默认情况下,数字化电影的层次级别为1,其他显示对象的层次为0。
Line	Graphics	格式：Line(Pensize,x1,y1,x2,y2) 说明：从屏幕的(x1,y1)点至(x2,y2)点绘制一条直线,线段宽 度由 Pensize 指定。
LineCount	Character	格式：number ：= LineCount("string"[, delim]) 说明：该函数返回字符串 string 的总行数,包括空白行。
List	List	格式：List(Value) 说明：创建一个列表。 例如：String="[5,6,7,8,9]" Result=List(String) 即 Result 的值为[5,6,7,8,9]

续表

函　　数	类　别	格式及说明
ListCount	List	格式：number ：=ListCount(anyList) 说明：该函数返回列表 anyList 中最顶层（一级表）的元素个数。 例如： SomeList＝[[1，2，3]，[5，6，7]] Count＝ListCount(SomeList) 即 Count 的值为 2。
LN	Math	格式：number ：= LN(x) 说明：该参数 x 取自然对数的值。
LOG10	Math	格式：number ：= LOG10(x) 说明：该函数返回 x 的以 10 为底的对数的值。
LowerCase	Character	格式：resultString ：= LowerCase("string") 说明：将字符串 string 的字符全部转化为小写字母后返回。
MapChars	Character	格式： string ：= MapChars("string", fromPlatform [, toPlatform]) 　说明：该函数实现字体在不同系统间的转化，其参数 fromPlatform,toPlatform 的含义如下： 0＝current，1＝Windows，2＝Macintosh
Max	Math	格式：value ：= Max(anyList) value ：= Max(a [, b, c, d, e, f, g, h, i, j]) 说明：取列表中，或各参数中的最大值。
MediaPause	General	格式：MediaPause(IconID@"IconTitle", pause) 说明：该函数的作用是暂停或继续播放在指定设计按钮中的数字化电影，参数 pause 为 True 时，暂停播放，参数 pause 为 False 时，Authorware 7.0 将继续播放。
MediaPlay	General	格式：MediaPlay(IconID@"IconTitle") 说明：该函数是使指定设计按钮中的数字化电影开始播放。
MediaSeek	General	格式：MediaSeek(IconID@"IconTitle", position) 说明：该函数的作用是设置指定设计按钮中数字化电影的帧数，使 Authorware 直接定位该帧的图像。
Min	Math	格式：value ：= Min(anyList) value ：= Min(a [, b, c, d, e, f, g, h, i, j]) 说明：返回列表中，或各参数中的最大值。
MOD	Math	格式：number ：= MOD(x, y) 说明：该函数返回 x/y 的余数。 例如：将 24 小时制的时间转化为 12 小时制的时间： Hours ：= Mod(2300/100,12)
Month	Time	格式：number ：= Month(number) 说明：number 为距离 1900 年 1 月 1 日的天数，该函数返回的是从该天算起 number 天数在当前的月的数值。 　Number 参数的范围为 25568～49709（January 1，1970 到 June 2，2036）。

函　　数	类　别	格式及说明
MonthName	Time	格式：string ：= MonthName(number) 说明：number 为距离 1900 年 1 月 1 日的天数,该函数返回的是从该天算起 number 天数在当前的月的名称。 Number 参数的范围为 25568～49709 (January 1，1970 到 June 2，2036)。
MoveWindow	General	格式：MoveWindow(top，left) 说明：该函数只能在"运算"设计按钮中使用,不能作为装饰或在表达式中使用,该函数的作用是将演示窗口遇到到指定的位置。
NetDownload	Net	格式：string ：= NetDownload("URL") 说明：该函数将指定 URL 中的文件下载到本地硬盘上,并返回在下载文件在本地硬盘上的路径和文件名。
NetPreload	Net	格式：NetPreload(IconID@"IconTitle") 说明：该函数的作用是使用 Authorwared Shockwave 插件将指定设计按钮中的内容,上传到网络上,准备以后的使用。
NewObject	General	格式：object ：= NewObject("Xtra" [，arguments...]) 说明：该函数创建一个新的 scripting Xtra 并通过参数的设置来调用一个实例启动。
Next Repeat	Language	格式：Next Repeat 说明：使用该函数在循环控制中,省略后面的内容,从头重新开始新的一个循环。
Number	Math	格式：number ：= Number(x) 说明：该函数将参数 x 转化为一个实型或整型的数值。 例如：Number("1a2b3c") 返回值为 123。
NumCount	Character	格式：number ：= NumCount("string") 说明：该函数返回在字符串 string 中数字的个数。例如： NumberTotal ：= NumCount("Greg11Peter22Bobby33Marcia44Jan55Cindy66") 变量 NumberTotal 的值为 6。
OffsetRect	List	格式：NewRectangle ：= OffsetRect(rectangle，x，y) 说明：该函数的作用是按照 rectangle 的形状复制一个矩形,矩形的位置由原矩形的位置和参数 x,y 来决定,参数 x,y 是新矩形相对原矩形移动的位置,当 x 大于 0 时,新建矩形在原矩形的右边,当 y 大于 0 时,新建矩形在原矩形的下方。当参数小于 0 时,位置相反。
OLEDoVerb	OLE	格式：OLEDoVerb(IconID@"IconTitle" [，"verb"]) 说明：该函数的作用是激活指定设计按钮中 OLE 对象的某项操作,该函数的操作仅对该设计按钮中包含的 OLE 对象有效,对其他对象无效。 OLE 对象：指通过对象链接与嵌入技术而插入到设计按钮中的对象(如正文对象、图形对象)。例如,要编辑标题为"背景"的"显示"设计按钮中的 OLE 对象,则可在一个"运算"设计按钮中输入函数 OLEDoVerb(IconID@"背景"，"edit")。

函　　数	类　别	格式及说明
OLEGetObjectVerbs	OLE	格式：string := OLEGetObjectVerbs(IconID@"IconTitle") 说明：该函数的作用是对指定的"显示"设计按钮中第一个 OLE 对象的具体操作以列表的形式返回，其中列表的第一个具体操作是默认操作，每个操作名占列表中的一行。
OLEGetTrigger	OLE	格式：number := OLEGetTrigger(IconID@"IconTitle") 说明：该函数返回一个为激活 OLE 对象方式设置的数字标识，其数字的含义如下所述： 0　未设置激活方式； 1　单击鼠标激活方式； 2　双击鼠标激活方式。 　　所谓激活方式，是为让最终用户能激活一个 OLE 对象而设置的一个操作（单击或双击鼠标）。
OLEGetTriggerVerb	OLE	格式：string := OLEGetTriggerVerb(IconID@"IconTitle") 说明：该函数的作用是对指定"显示"设计按钮中第一个 OLE 对象设置的激活方式以列表的形式返回。
OLEIconize	OLE	格式：OLEIconize(IconID@"IconTitle", iconize) 说明：该函数的作用是设定将指定"显示"设计按钮中的第一个 OLE 以图标的形式来显示还是以全图的形式显示，参数 iconize 的值为 True 时，以图标的形式显示；参数 iconize 为 False 时，以全图的形式显示。
OLESetAutoUpdate	OLE	格式：OLESetAutoUpdate(IconID@"IconTitle", update) 说明：该函数用来设置指定"显示"设计按钮中第一个链接 OLE 对象的链接关系是用什么方式来得到更新的，当参数 update 为 True 时，将自动更新，当 update 为 False 时，链接关系只能手工修改。
OLESetTrigger	OLE	格式：OLESetTrigger(IconID@"IconTitle", [trigger]) 说明：该函数的作用是为激活 OLE 对象方式设置一个数字标识为参数 trigger，其数字的含义如下所述： 0　未设置激活方式； 1　单击鼠标激活方式； 2　双击鼠标激活方式。
OLESetTriggerVerb	OLE	格式：OLESetTriggerVerb(IconID@"IconTitle" [, "verb"]) 说明：该函数的作用是为指定设计按钮中的第一个 OLE 对象设置一个具体的操作；该 OLE 对象的激活方式是双击鼠标的操作。
OLEUpdateNow	OLE	格式：OLEUpdateNow(IconID@"IconTitle") 说明：该函数的作用是更新指定设计按钮中的第一个 OLE 链接对象；如果是一个 OLE 嵌入对象，则该对象将被刷新。
Overlapping	Graphics	格式：condition := Overlapping(IconID@"IconTitle", IconID@"IconTitle") 说明：如果两个 IconTitle 中的显示对象重叠放置，该函数的返回值为 True。

续表

函　　数	类　别	格式及说明
PageContaining	Framework	格式： ID := PageContaining(IconID@"IconTitle"[,@"framework"]) 说明：当不使用参数 framework 时，该函数是返回指定页所对应设计按钮的 ID 标识，可以使用该参数指定"框架"结构的标题，当指定的页在"框架"结构中时，将返回该页所对应设计按钮的 ID 标识，否则返回 0。
PageFoundID	Framework	格式：ID := PageFoundID(n) 说明：当使用 FindText( )函数来查找关键词时，该函数与该正文和关键词相匹配的正文对象所在的页的 ID 标识。当 n＝1 时，该函数返回的是第一处匹配的正文对象所在页的 ID 标识。当 n＝2 时，该函数返回的是第二处匹配的正文对象所在页的 ID 标识，其他以此类推。
PageFoundTitle	Framework	格式：title := PageFoundTitle(n [,m]) 说明：当使用 FindText( )函数来查找关键词时，该函数与该正文和关键词相匹配的正文对象所在的设计按钮的标题。当没有参数 m 时，该函数返回的是第 n 处匹配的正文对象所在设计按钮的标题；当有参数 m 时，该函数返回的是从第 n 个匹配设计按钮到第 m 个匹配正文对象所有的设计按钮标题。
PageHistoryID	Framework	格式：ID := PageHistoryID(n [,m]) 说明： 1　不使用参数 m 时，该函数返回的是最近显示页的设计按钮 ID 标识，n＝1 表示最近显示页，n＝2 表示最近显示页的前一页，其他以此类推。 2　当使用参数 m 时，该函数将返回在该范围内的所有显示页的 ID 标识，ID 标识间以回车符分隔，最后一个 ID 标识用结束符"\0"来结尾。
PageHistoryTitle	Framework	格式：title := PageHistoryTitle(n [,m]) 说明： 1　不使用参数 m 时，该函数返回的是最近显示页的设计按钮标题，n＝1 表示最近显示页，n＝2 表示最近显示页的前一页，其他以此类推。 2　当使用参数 m 时，该函数将返回在该范围内的所有显示页的标题，标题名间以回车符分隔，最后一个标题名用结束符"\0"来结尾。
Point	List	格式：MyPoint := Point(x, y) 说明：在屏幕坐标(x,y)上创建一个点。
PointInRect	List	格式：result := PointInRect(rectangle, point) 说明：如果指定的点 point 在矩形 rectangle 内，则该函数返回值为 True，否则为 False。
Preload	Icons	格式：number := Preload(IconID@"IconTitle" [, option]) 说明：将指定的设计按钮所需的图片、声音、数字化电影等对象预先调入内存，以便快速读取。

续表

函　　数	类　　别	格式及说明
PressKey	General	格式：PressKey("keyname") 说明：当在该函数中指定一个键盘按键名后，Authorware 执行该函数的效果与最终用户在键盘上按下指定按键的功能相同。
PrintScreen	General	格式：PrintScreen() 说明：将当前屏幕上显示的对象直接从设定的打印机上打印输出。
PropertyAtIndex	List	格式：Property := PropertyAtIndex(propList, index) 说明：该函数返回在具有属性的列表中选择由 index 所指定的元素，例如： PropList := [♯a:77, ♯b:88, ♯c:99] Property := PropertyAtIndex(PropList, 1) Property 的值为 ♯a。
PurgePageHistory	Framework	格式：PurgePageHistory() 说明：该函数的功能是将演示窗口中所有已显示的页的内容全部删除。
Quit	General	格式：Quit([option]) 说明：该函数的功能是使 Authorware 7.0 直接退出演示过程。Option 参数的数字含义如下所述： 0　返回到 Authorware 7.0 窗口； 1　返回到 Windows 环境，如果在演示过程中是从一个文件跳转到另一个文件，将返回到先前的文件； 2　返回到 DOS 环境。
QuitRestart	General	格式：QuitRestart([option]) 说明：该函数是使 Authorware 7.0 退出演示过程返回 DOS 或 Windows 环境以后，重新开始运行当前的交互作用应用程序。
Random	Math	格式：number := Random(min, max, units) 说明：该函数产生范围在 min、max 之间，小数点后类似 units 的随机数。
ReadExtFile	File	格式：string := ReadExtFile("filename") 说明：该函数的作用是读取文件 filename 中的内容，并将该内容赋给变量 string。
Real	Math	格式：realNum := Real(x) 说明：将参数 x 转化为实型。
Rect	List	格式：MyRect := Rect(value1, value2, value3, value4) 　　　MyRect := Rect(point, point) 说明：利用指定的值或点来绘制矩形。
Reduce	Character	格式：resultString := Reduce("set", "string") 说明：该函数的功能是使字符串 string 进行简化，简化的方法是按照 set 所指定的字符或字符串将 string 相应的字符或字符串取出，然后将剩余的字符串的值赋给变量 resultString。例如： result := Reduce(" ","The　　rain　　in　　Spain") 该函数返回的值为："The rain in Spain"。

续表

函　　数	类　别	格式及说明
RenameFile	File	格式：number := RenameFile("filename", "newfilename") 说明：该函数的功能是将文件 filename 更名为 newfilename。
Repeat With， Repeat With x In list， Repeat While	Language	格式：repeat with counter := start [down] to finish 　statement(s) end repeat repeat with element in anyList 　　statement(s) end repeat repeat while condition 　　statement(s) end repeat 说明：循环控制语句。
RepeatString	Character	格式：resultString := RepeatString("string", n) 说明：将字符串 string 重复 n 次，赋值给字符串变量 resultString。 例如： String := RepeatString("01",3) String 为"010101"。
Replace	Character	格式： resultString := Replace("pattern","replacer","string") 说明：该函数的作用是用 replacer 字符串来代替字符串 string 中的 pattern 字符串。
ReplaceLine	Character	格式：Result := ReplaceLine("string", n, "newstring" [, delim]) 说明：以字符串 newstring 来替换 string 字符串中的第 n 行。
ReplaceSelection	Icons	格式：ReplaceSelection([IconID@"IconTitle"]) 说明：该函数的目的是将对一个设计按钮的选择信息放回到存储区内。如果 IconTitle 为一个附属于"判定"设计按钮的一个设计按钮，则将该设计按钮中选择的信息送存储区；如果 IconTitle 为一个"判定"设计按钮,则附属于该设计按钮中选择的信息全部被放回存储区中
ReplaceString	Character	格式： resultString := ReplaceString("originalString", start, length, "replacement") 说明：使用 replacement 来替换 originalString 中的字符串。 例如： Newstring := ReplaceString("I like you",3,4,"really adore") 字符串"I like you" 转化为 "I really adore you"。 空格也计算在内。
ReplaceWord	Character	格式：resultString := ReplaceWord("word", "replacer", "string") 说明：使用 replacer 来替换 string 中的 Word 成本。在该函数中,可以使用通配符"＊"。

续表

函　　数	类　别	格式及说明
ResizeWindow	General	格式：ResizeWindow(width，height) 说明：重新设置演示窗口的大写。
ResumeFile	Jump	格式：ResumeFile(["recfolder"]) 说明：该函数的功能是使 Authorware 7.0 由响应 Quit(1)，Quit(2)，或 Quit(3)函数退出交互式应用程序后重新从退出的地方向下运行。该函数只有选中"File"→"Properties"对话框中的Resume 选项后才有效。 　　Authorware 7.0 要重新返回它退出的地方，必须找到用户信息的记录文件，如果存放该文件的目录不是默认目录，必须使用参数 recfolder 来指定该文件夹或文件名。
ResumeFileName	Jump	格式：ResumeFileName(["recfolder"]) 说明：当 Authorware 7.0 由响应 Quit(1)，Quit(2)，或 Quit(3)函数退出交互式应用程序时，该函数的返回值为存储用户信息的记录文件的文件名，如果该文件不是存储在默认的目录中，需要使用参数 recfolder 来指定该文件的文件夹。当没有要重返的文件时，该函数的返回值为一个空的字符串。
RFind	Character	格式：number ≔ RFind("pattern"，"string") 说明：该函数的作用是在 string 字符串中寻找到的最后一个pattern 所指定的字符串的位置；如果没有寻找到，该函数返回值为 0。
RGB	Graphics	格式：RGB(red，green，blue) 说明：该函数的作用是将红色(R)、绿色(G)、蓝色(B)的颜色值合成为单一的颜色值。 　　其中，red、green、blue 为三种颜色的颜色值，颜色值的范围为0～255。该函数只能用在"运算"设计按钮中，用于为函数 Box()、Circle()等绘图函数来设置颜色。当为这些绘图函数设置颜色的时候，该函数必须位于包含有这些绘图函数的设计按钮之前。
Round	Math	格式：number ≔ Round(x [，decimals]) 说明：该函数按照 decimals 设定的小数位数来实现四舍五入的算法。
SaveRecords	General	格式：SaveRecords() 说明：该函数将用户的信息保存在磁盘上，当用户退出一个文件后，Authorware 7.0 自动地执行保存功能。
SendEventReply	General	格式：SendEventReply(event，reply) 说明：对由 Xtras 发出的事件发送一个回应。
SetAtIndex	List	格式：SetAtIndex(anyList，value，index) 说明：该函数用来替换指定列表中指定位置的元素的值。 例如： numList ≔ [10，20，30] SetAtIndex(numList，90，1) numList 的结果为：[90，20，30] numList ≔ [10，20，30] SetAtIndex(numList，90，6) numList 的结果为：[10，20，30，0，0，90]。

函　　数	类　　别	格式及说明
SetCursor	General	格式：SetCursor(type) 说明：该函数的作用是设定鼠标指针的具体形状：参数 type 不同的值，其响应鼠标形状为： SetCursor(0)　　　箭头 SetCursor(1)　　　"I"形 SetCursor(2)　　　双箭头形状 SetCursor(3)　　　加号形状 SetCursor(4)　　　方块 SetCursor(5)　　　沙漏形状（Windows） SetCursor(6)　　　手的形状
SetFill	Graphics	格式：SetFill(flag [，color]) 说明：该函数的功能是用 RGB( )所设定的颜色来填充由绘图函数绘制的图片，当 flag＝True 时填充，否则不填充。
SetFrame	Graphics	格式：SetFrame(flag [，color]) 说明：该函数用来设置由绘图函数绘制的图形的边框。
SetIconProperty	General	格式： SetIconProperty(IconID@"SpriteIconTitle"，♯property，value) 说明：该函数用来设置 sprite icon's asset. 的属性值，该值可以通过 GetIconProperty 函数来取得。
SetKeyboardFocus	General	格式：SetKeyboardFocus(IconID@"IconTitle") 说明：该函数将当前的焦点放置到指定的 sprite 设计按钮，正文输入响应，Director 电影设计按钮等。
SetLayer	Graphics	格式：SetLayer(layer) 说明：该函数的功能是设置图层。
SetLine	Graphics	格式：SetLine(type) 说明：该函数的功能是实现直线的绘制。 0　　没有箭头； 1　　起始箭头； 2　　终止箭头； 3　　两端箭头都要。
SetMode	Graphics	格式：SetMode(mode) 说明：选择显示对象的显示模式。 mode 变量的实现过程： 0　　Matted 1　　Transparent 2　　Inverse 3　　Erase 4　　Opaque

续表

函　　数	类　别	格式及说明
SetPalette	Graphics	格式：result := SetPalette(["filename", option]) 说明：该函数用来从文件 filename 中读取调色板,然后将该调色板设定为当前演示窗口使用的调色板。 0 = 使用以前的设置; 1 = 不保留系统颜色; 2 = 使用未修改的调色板; 4 = 保留系统颜色; 8 = 使用 Modify > File > Palette 的设置。
SetProperty	Platform	格式：SetProperty("window", ♯property, value) 说明：该函数用于设置指定窗口的特征值。window 参数表示由 XCMD 或 UCD(DLL)生成的窗口名。
SetSpriteProperty	General	格式：SetSpriteProperty(IconID@"SpriteIconTitle", ♯property, value) 说明：设置由 sprite 设计按钮当前显示的 sprite 的属性的值。
ShowCursor	General	格式：ShowCursor(display) 说明：该函数的功能是显示或隐藏鼠标,参数 display 为 ON 时,显示鼠标,参数 display 为 OFF 时,隐藏鼠标。
ShowMenuBar	General	格式：ShowMenuBar(display) 说明：该函数用于显示或隐藏演示窗口中的用户菜单。 该函数仅能在"运算"设计按钮中使用,不能作为装饰或在表达式中使用。
ShowTaskBar	General	格式：ShowTaskBar(display) 说明：该函数的功能是显示或隐藏用户任务栏。要显示用户任务栏,将 display 设置为 ON,否则设置为 OFF。 该函数仅能在"运算"设计按钮中使用,不能作为装饰或在表达式中使用。
ShowTitleBar	General	格式：ShowTitleBar(display) 说明：该函数的功能是显示或隐藏用户的标题栏,要显示用户的标题栏,将 display 设置为 ON,否则设置为 OFF。 该函数仅能在"运算"设计按钮中使用,不能作为装饰或在表达式中使用。
Sign	Math	格式：number := Sign(x) 说明：当 x 为负时,该函数返回值为 −1; 　　　当 x 为 0 时,该函数返回值为 0; 　　　当 x 为正时,该函数返回值为 1;
SIN	Math	格式：number := SIN(angle) 说明：该函数取角度的正弦值。

函　数	类　别	格式及说明
SortByProperty	List	格式：SortByProperty(propertyList1[，propList2，…，propList10][，order]) 说明：将属性列表按照属性和标记作为标准来排序，将参数 order 设置为 True 时，对列表进行升序排列，当 order 设置为 False 时，对列表进行降序排列。 例如： ListA := [♯z:1，♯x:2，♯y:3] ListB := [♯a:1，♯c:2，♯b:3] SortByProperty(ListA，ListB，TRUE) ListA 的值为：[♯x:2，♯y:3，♯z:1] ListB 的值为：[♯c:2，♯b:3，♯a:1]。
SortByValue	List	格式： SortByValue(anyList1 [，anyList2，…，anyList10]，[order]) 说明：该函数的作用同上一函数的作用基本相同，对列表中的元素按照它们的值和标记来进行排序分类，将参数 order 设置为 True 时，对列表进行升序排列，当 order 设置为 False 时，对列表进行降序排列。
SQRT	Math	格式：number := SQRT(x) 说明：该函数返回参数 x 的平方根。
string	Character	格式：string := String(x) 说明：该函数将 x 由当前值转化为字符串。
Strip	Character	格式：resultString := Strip("characters"，"string") 说明：该函数的作用是将字符串 string 中由 character 指定的字符或字符串删除后返回。 例如：下面函数的目的是实现只取得字符串中的数字： EverythingButNumbers := Strip("1234567890"，EntryText) JustTheNumbers := Strip(EverythingButNumbers，EntryText)
SubStr	Character	格式：resultString := SubStr("string"，first，last) 说明：该函数的功能是在字符串 string 中取出一个子字符串，字符串的值由 first 和 last 参数决定。例如： phone number := "4155551212" area code := SubStr(phone number，1，3) area code 的值为 415。
Sum	Math	格式：value := Sum(anyList) value := Sum(a [，b，c，d，e，f，g，h，i，j]) 说明：该函数返回列表中或各参数（最多 10 个）的值的累加。例如： List := [10，20，30] TotalValue := Sum(List) 其值为 60。

函　　数	类　别	格式及说明
Symbol	Character	格式：symbol := Symbol(value) 说明：该函数将给定的 value 的当前值转化为一个符号。例如： propVar := "a" propList := [Symbol(propVar):1] propList 的值为 [♯a:1]
SyncPoint，SyncWait	General	格式：SyncPoint(option) 　　　 SyncWait(seconds) 　说明：这两个函数是相互配合起来使用，SyncWait(seconds) 用来设置一个等待时间，seconds 为等待时间的秒值。在等待的时间范围内，所有的交互作用响应均暂时不能使用，但数字化电影、动画及其他操作仍然可以继续。SyncPoint(option) 用于设定在何时对 SyncWait(seconds) 函数设置的等待时间进行计时。参数 option 的含义如下所述： 　0　表示在显示当前设计按钮中的内容前开始计时。 　1　表示在显示当前设计按钮中的内容后开始计时。 　2　表示在匹配一个响应或退出一个交互作用分支结构时，开始计时(该数字标识仅用于交互作用分支结构)。
TAN	Math	格式：number := TAN(angle) 说明：该函数返回角度 angle 的正切值。
Test	General	格式：Test(condition, true expression [, false expression]) 　说明：该函数的功能是，当 condition 的值为 True 时，Authorware 7.0 计算 true expression 中的表达式，当 condition 的值为 False 时，Authorware 7.0 计算 false expression 中的表达式。 　例如： Test(Score<50, path :=1, path :=2) 如果 Score 小于 50，则为 path 赋值为 1，否则赋值为 2。
TestPlatform	Platform	格式：string := TestPlatform(Mac, Win32 [, Win16]) 说明：该函数返回应用程序所运行的平台信息。
TextCopy	General	格式：TextCopy() 说明：该函数的作用是将当前选中的正文复制到剪贴板中。
TextCut	General	格式：TextCut() 说明：该函数的作用是将当前选中的正文剪贴到剪贴板中。
TextPaste	General	格式：TextPaste() 说明：该函数的作用是将剪贴板中的内容粘贴到当前激活的正文对象中。
TimeOutGoTo	Jump	格式：TimeOutGoTo(IconID@"IconTitle") 　说明：该函数要同函数 TimeOutLimit 来同时使用，用来监测最终用户的响应操作（按键、单击、双击、拖动等）。如果在 TimeOutLimit 的时间内，最终用户还没有实施任何响应操作，则 Authorware 7.0 将跳转到由 TimeOutGoTo 函数所指定的设计按钮中来执行。

续表

函　　数	类　别	格式及说明
Trace	General	格式：Trace("string") 说明：该函数的作用是帮助程序的调试，该函数在独立的"运算"设计按钮中使用，可以在要调试的设计按钮前加上一个"运算"设计按钮，并在该设计按钮中输入该函数，当 Authorware 7.0 遇到该函数时，会自动跳出跟踪窗口，同时，参数 string 所设定的字符串会出现在窗口中。
TypeOf	General	格式：Type::= TypeOf(value) 说明：该函数返回参数 value 的类型。 参数的类型有如下所述几种： ♯ integer ；♯ real；♯ string ；♯ linearList；♯ propList ；♯ rect；♯ point；♯ symbol；♯ event 例如： TypeOf([1，2，3]) 返回值为：♯ linearList. TypeOf(♯ a) 返回值为：♯ symbol. TypeOf("abc") 返回值为：♯ string.
UnionRect	List	格式：NewRect := UnionRect(rectangle1，rectangle2) 说明：该函数返回到矩形 rectangle1、rectangle2 中最小的一个。
Unload	Icons	格式：Unload(IconID@"IconTitle") 说明：该函数的作用是将 IconTitle 所指定的设计按钮中的内容从内存中移出。
UpperCase	Character	格式：resultString := UpperCase("string") 说明：该函数的作用是将 string 中所有的字母转化为大写字母。 例如：NewText := UpperCase("all caps") NewText 的值为 all caps。
ValueAtIndex	List	格式：ValueAtIndex(anyList，index) 说明：返回列表中给定索引号的值。
VideoChromaKey	Video	格式：VideoChromaKey(red，green，blue) 说明：该函数为视频重叠设备设置 chroma 关键颜色。
VideoDisplay	Video	格式：VideoDisplay(show) 说明：该函数来控制视频的播放，当 show 为 ON 时，显示当前视频设备上的显示对象；当 show 为 OFF 时，则停止播放当前视频设备上的内容。
VideoPause	Video	格式：VideoPause() 说明：该函数的作用是在当前帧暂停视频播放。
VideoPlay	Video	格式：VideoPlay(frame) 说明：该函数是从指定的帧开始播放视频信息。
VideoSeek	Video	格式：VideoSeek(frame) 说明：该函数的作用是设置当前视频播放的帧数，使 Authorware 7.0 直接定位该帧的图像。

函　　数	类　别	格式及说明
VideoSend	Video	格式：string := VideoSend("message"，wait) 说明：该函数将 message 参数中的信息发送到视频播放设备中，然后等待参数 wait 数值中所指定的多少个时间段，每一个时间段的时间为 1/60 秒。
VideoSound	Video	格式：VideoSound(channel，play) 说明：该函数控制视频声音的播放。 数字参数 channel 来控制声道的播放，各数字的含义如下： 1 声道 1 2 声道 2 3 双声道 参数 play 控制声音的播放： play 设置为 ON，播放声音；为 OFF，不播放声音。
VideoSpeed	Video	格式：VideoSpeed(speed) 说明：该函数用来控制视频的播放：参数 speed 各数值的含义如下： 0　　Pause 1　　Slowest 2　　Slow 3　　Normal 4　　Fast 5　　Fastest
VideoStep	Video	格式：VideoStep(reverse) 说明：该函数返回指定列表中指定位置的值。 例如： List := [10，20，30] PropList := [♯a:77，♯b:List，♯c:99] Value := ValueAtIndex(PropList，1) Value 的值为 77。 Value := ValueAtIndex(PropList，2) Value 的值为 [10，20，30]。 说明：该函数控制视频的单帧向前或向后播放。 参数 reverse 设置为 OFF，向前播放； 设置为 ON，向后播放。
VideoText	Video	格式：VideoText("string"，n) 说明：该函数使用视盘播放器在第 n 行播放 string 字符串中的信息。并非所有的视盘播放设备都支持该函数，如果不支持，Authorware 7.0 将忽略该函数。
WaitMouseUp	General	格式：WaitMouseUp( ) 说明：该函数暂停演示窗口中的内容，直到松开鼠标左键为止。

续表

函　数	类　别	格式及说明
WordCount	Character	格式：number ∶= WordCount("string") 说明：该函数返回字符串 string 单词的个数。 例如： TotalWords ∶= WordCount("Aries　Taurus　Gemini") TotalWords 的值为 3； TotalWords ∶= WordCount("（　.　♯　&　！") TotalWords 的值为 5； TotalWords ∶= WordCount("one\rtwo\rthree") TotalWords 的值为 3。
WriteExtFile	File	格式：number ∶= WriteExtFile("filename"，"string") 说明：该函数的作用是将字符串 string 中的内容写入由 filename 所指定的文件中。
Year	Time	格式：number ∶= Year(number) 说明：number 为当前时间距离 1900 年 1 月 1 日的天数,使用该参数,返回 number 所距离天数所在的年份。Number 值的范围为：25568～49709 (January 1，1970 到 June 2，2036)。 例如： result ∶= Year(25568) result 的值为 1970。
ZoomRect	General	格式：ZoomRect(x，y) 说明：该函数的作用是使 Authorware 7.0 从 (x,y) 点到对象的边缘产生变焦距显示的效果。